芜湖政协言水萃编

政协芜湖市委员会办公室◎编

安徽师范大学出版社
ANHUI NORMAL UNIVERSITY PRESS
·芜湖·

图书在版编目(CIP)数据

芜湖政协"言"水萃编 / 政协芜湖市委员会办公室编.

芜湖:安徽师范大学出版社, 2024. 9.

ISBN 978-7-5676-6902-4

Ⅰ. TV213.4-53

中国国家版本馆CIP数据核字第2024ZK3919号

芜湖政协"言"水萃编

政协芜湖市委员会办公室 ◎编

责任编辑:胡志恒　　　　　责任校对:胡志立
装帧设计:张　玲　汤彬彬　责任印制:桑国磊
出版发行:安徽师范大学出版社
　　　　　芜湖市北京中路2号安徽师范大学赭山校区
网　　址:http://www.ahnupress.com/
发 行 部:0553-3883578　5910327　5910310(传真)
印　　刷:安徽联众印刷有限公司
版　　次:2024年9月第1版
印　　次:2024年9月第1次印刷
规　　格:787 mm×1092 mm　1/16
印　　张:23　　插　页:14
字　　数:320千字
书　　号:978-7-5676-6902-4
定　　价:88.00元

凡发现图书有质量问题,请与我社联系(联系电话:0553-5910315)

1946年,芜湖城区航拍,图中上方为长江,蜿蜒的河流为青弋江

1954年,洪水中的芜湖城区,图中上方的中山桥几乎与洪水齐平

1955年,修建中的芜湖长江防洪墙(1)

1955年,修建中的芜湖长江防洪墙(2)

1955年,修建中的芜湖长江防洪墙(3)

1955年,修建中的芜湖长江防洪墙(4)

1955年,修建中的芜湖青弋江北岸防洪堤(1)

1955年,修建中的芜湖青弋江北岸防洪堤(2)

1956年,建设中的芜湖陡门巷排水工程

1956年,建设中的芜湖石桥巷排水工程

20世纪60年代,芜湖青弋江两岸风貌,图中可见加固后的青弋江北岸大堤

20世纪60年代,芜湖青弋江上的中山桥

20世纪60年代,芜湖青弋江上的弋江桥

20世纪60年代,芜湖青弋江上的老铁桥

20世纪80年代，长江与青弋江交汇处鸟瞰图

20世纪90年代，芜湖城区和长江鸟瞰图

20世纪80年代，青弋江两岸鸟瞰图

20世纪90年代，芜湖镜湖鸟瞰图

20世纪90年代，改造中的芜湖胜利渠

20世纪90年代,建设中的青弋江防洪墙南岸

1998年,芜湖市多功能防洪墙成功抵御长江特大洪水

20世纪90年代,青弋江两岸风貌

2010年,整治后的银湖中路红梅新村旁边的保兴埠景色宜人

芦花飘荡、白鹭低飞的大阳埠湿地公园

改造后的扁担河

整治后的芜申运河芜湖段航道，图为青弋江干流节制闸

扁担河中央公园

凤鸣湖

官　巷

江东水生态公园(原名朱家桥尾水净化生态公园)

镜湖公园

龙窝湖

青弋江分洪道(青安江)工程

青弋江分洪道工程

青弋江两岸

银湖公园

裕溪船闸

芜湖长江岸线

前　言

　　水是生命之源、生产之要、生态之基。

　　芜湖山环水绕、襟江带湖，素有"半城山半城水"美誉。境内湖泊众多，水网密布，号称"江南泽国""千湖之郡"。滚滚长江自西向东滚滚而来，作为支流的青弋江清波荡漾穿城而过。芜湖宛如一颗璀璨的明珠，镶嵌在长江两岸和两江之间。千百年来，芜湖依水而生，因水而兴，拥水而盛。古代芜湖得两江交汇、舟楫之利，农业、手工业、商业比较发达。近代芜湖是长江中下游地区的重要商埠，全国四大米市之一，工商业的发祥地之一，向有"长江巨埠、皖之中坚"之誉。历史上的徽商绝大多数是由青弋江顺流而下，以芜湖为前沿阵地走向全国各地。

　　纵横交错、星罗棋布的河流湖塘，赋予了芜湖充沛的水源与便捷的交通条件。芜湖人民在享受水的润泽、水运带来巨大福祉的同时，为克服水患灾害，一直进行着不懈的努力。从三国时期的"围湖造田"开始，创造了"万春圩""惠生堤""柏山渠""多功能防洪墙"等一系列著名的水利工程，为芜湖的经济社会发展奠定了良好基础。

然而，自20世纪80年代起，随着经济的快速发展和人口的增长，城乡一些湖塘渐被淹没，水资源利用方式粗放，工业废水和生活污水排放量加剧，导致河湖发生污染、水生态环境恶化等问题，严重影响到经济社会的发展和人民的生产生活。"问渠那得清如许，为有源头活水来"。1988年《中华人民共和国水法》和1989年《中华人民共和国环境保护法》颁布以来，芜湖市采取了一系列措施和办法，建立和完善水资源管理制度和水环境保护制度。新时期，面对河湖污染严重、水生态环境恶化等问题，市委、市政府除制度保障外，加快建设污水处理厂，实施污水管网建设，加强对河流、湖塘水质的监测，按照国家景观用水、灌溉用水和生产生活用水相关标准进行治理，控制污染源，进行污水综合治理。同时，充分利用"水"的优势，建设城市公园、湿地公园，如汀棠公园、滨江公园、银湖公园、大阳埠湿地公园等，初步建成功能比较齐全的防洪、灌溉、排涝、航运等工程体系，在历年抗御水旱灾害斗争中发挥了重要作用，社会、经济和生态效益十分显著。

水环境保护关系人民福祉，关乎长远发展。党的十八大以来，芜湖市深入贯彻习近平生态文明思想，实行最严格的水资源和生态环境保护制度，深化水环境综合治理、深入推进水生态系统修复，以高水平保护推动高质量发展，营造出人与自然和谐共生的人居环境。如今的芜湖是一座有山有水、山在城中、城在水中、山水交融、独具魅力的宜居城市。

中国人民政治协商会议芜湖市委员会，有着独特而深厚的发展历程。其前身——芜湖市各界人民代表会议协商委员会成立于1950年7月，随后在1955年4月，政协芜湖市第一届委员会正式诞生。然而，在 1965 年 12 月四届一次会议后，因特殊的历史原因，市政协被迫停止活动。直到 1980 年 8 月，中断近 15 年的市政协才得以恢复工作，召开了五届一次会议。自此，在中共芜湖市委的坚强领导和市人民政府的有力支持下，人民政协工作逐步走上规范化、制度化的轨道，展现出蓬勃的生机与活力。

在市政协的发展历程中，始终关注、重视"水"的治理和保护，围绕"水"开展建言献策一直是履职的重要内容。自六届政协以来，有关"水"的提案、建言数量不断增加，特别是九届政协以来，涉及"水"的议政建言范围更广泛、内容更丰富，从城市下水道的疏浚到青弋江防洪堤的修建再到滨江公园、十里江湾人民公园的建设，从黑臭水体的整治到污水处理厂的建立，从农村饮用水安全到全市水环境的保护与开发，等等，发挥出政协和委员为中心大局服务、为民履职的重要作用。九届市政协《关于切实加强银湖、凤鸣湖自然环境保护的建议案》，十届市政协《关于综合治理保兴埠环境，有序推进沿埠地区建设的建议案》，十一届市政协《关于加强龙窝湖自然环境保护的建议案》，十二届市政协《关于加强城东水系保护与开发的建议案》，十三届市政协《关于促进我市人水和谐的建议案》，都受到市委、市政府的高度肯定和积极评价。每一件提案、社情民意，每一篇会议发言、建言报告，无不凝聚着人民政协对这座城市水的治理和水环境保护的高度关注与关切，无不彰显出政协人爱水护水的深厚情怀和责任担当。

时光荏苒，时间已然来到了 2024 年，中国人民政治协商会议也已走过整整 75 年的光辉历程。在这个特别的时刻，当我们重新翻开那一页页已经泛黄的档案，重新温习当年的这些提案、建言，感佩前人"言"水之情怀、感慨治水之不易的同时，也更加珍惜今日江河安澜所带来的幸福安宁。这一部《芜湖政协"言"水萃编》，不仅是对政协

"言"水历史的铭怀，更是对护"水"志向的坚定表达。尽管我们取得了一定的成就，但人民政协和委员的"言"水之路依旧漫长而艰巨，仍需我们继续踔厉前行，为芜湖的美好未来贡献更多的智慧与力量。

目　录

第一章 政协芜湖市第六届委员会(1983—1987年)

一、六届一次会议（1983年）

1.请求解决利济巷的下水道问题

新芜区的利济巷，上通长江路，下达轮船码头，来往行人很多。路面建设焕然一新，但三岔路口的下水沟位置与路面相平，加上路是坡形，雨水不易流入沟内、直流下坡路面，很长一段路面上积存污水和杂物，不仅影响环境卫生，更让居民夜晚出行十分困难。

解决办法：

（1）三岔路口的水沟凹进几块砖、低于路面，让污水易流沟内。

（2）堵塞三岔路口的下水沟，在沟的对面墙角处将已被堵塞的下水沟恢复起来，这样使路面整洁，污水下流畅通。

2.建议从速重修防水堤（河北）和沿河路

河北防水堤现在还有一大段的泥土露在外面，一遇下雨，泥土被冲下沿河路，汽车一过，泥水四溅，行人遭殃；天晴起风时汽车一过又是尘土飞扬，群众意见很大。

沿河路码头至花津桥一段，可以说是全市最坏一段马路，须尽快翻修。要修好沿河路，就要解决防水堤问题，不让大堤的泥土再露在外面。

3.请即解决大砻坊康复路地段的生活用水问题

该区域供水紧张已非一年，附近工厂为保生产，安装高压泵抽水，以致居民生活用水紧缺。一般是白天无水，半夜来水，群众为水常产生矛盾。既影响工作，又影响居民之间的和谐。

建议：

（1）将微电处的大水管穿过铁路延伸到大砻坊。

（2）调一艘"水上水厂"到大砻坊青弋江面，接通供水。

4.关于解决半亩园、八角亭、朱家塘雨季淹水的建议

夏天每逢下大雨时半亩园、朱家巷、八角亭一带即积水成灾，给这一带工厂和广大居民正常的生产生活带来了极大的困难。为此建议：

（1）请技术部门校核相关的下水道输水能力，检查下水道技术状况。若不合规范要求应抓紧采取措施解决。

（2）改造扩建二沟排水站，更新低效率的老设备，提升排水站排

水能力及设备的可靠性。

（3）在改造二沟站时，最好能扩大水池容量，降低设计水位，增加水的落差，在水池的进口加2—3道可提出的闸门式滤栅，以滤清杂物，以免在排水吃紧时水泵发生故障。

（4）可以把范罗山坡向以上地区的水截引到北京路方向去，从陶沟排出。

5.关于请求解决中医学校"水患"的问题

中医学校地处邢家山一号（市防疫站后边），学校药厂和操场位于校园南端，地势很低。1978年市政公司修马路把一个直径一米的大涵道设在学校巷口，把陡岗路和大小赭山的水，都引向学校方向，9年后芜湖饭店又将学校门口大塘填平，盖起宿舍楼房，把一米多高的下水道建在学校药厂围墙外，1980年后电机厂、光学厂先后征用土地兴建新房，把仅有的一条小涵道全部堵死。从此，学校药厂和操场变成了一条主要水路，每年夏季，暴雨成灾，药厂机器泡在水中，中药仓库损失严重，造成药厂停工、操场停课的严重现象。学校曾多次向市有关部门报告反映，至今仍没有解决。

我们建议：

（1）请市城建部门在考虑城市规划时统一考虑流水去向，建好下水道避免水流成患。

（2）请市有关领导部门出面召集与此有关的各单位，协商统一解决。

二、六届二次会议（1984年）

1.建议及时修复中江桥南岸西街一段地下排水管道

芜湖中江桥主体工程已完成，据群众反映，在建桥时，由于桥南端有一桥墩坐落在河南西街一段排水系统管道上，致使河南西街从桥往东的一部分街道，每遇急雨，排水无通道，水最多时深达几尺，严重影响人民生活。建议及时修复已被损坏的下水管道。

2.再次要求解决大砻坊片供水问题

五届二次政协第35号：要求进一步解决大砻坊片供水的提案，承办单位市城建局1982年8月30日作了答复《已列入今年（82）计划，同时禁止用户在管路上直接抽水加压》。

事情又过去一年多了，矛盾又有增加。据了解，有的三楼用户1983年9月间曾连续10天无一滴水。对此问题再商请有关领导关心和直接过问，以保证居民基本生活需要，使职工无后顾之忧。作为过渡，请制定定时供水（市冶炼厂一天三次供水）方案，单位不得抽水，以及该片低层增加公用供水龙头。

3.关于尽快解决东郊路地区生活供水困难及弋江地区（砻坊路一带）自来水供应严重缺乏问题的建议

今年以来，市自来水公司已着手解决了一些地区供水紧张问题。例：上半年芜屯路新装了一条500—300水管，已接通到机电学院，神山附近、东郊路等地区供水紧张问题已基本解决。三季度初康复路新换装的中500自来水管竣工通水，使砻坊路一带、康复路等地区供水紧张问题基本得到解决；关于建议在青弋江建造一座自来水分厂问题，鉴于青弋江水质较差，水位不稳定等因素（早在20世纪70年代筹建二水厂，拟选青弋江畔建二水厂，由于自然条件，水质所限，被设计单位否定此地选点建水厂的设想），故青弋江不宜建大型水厂，后期到底能否建厂，有待各方面调研测定。

三、六届三次会议（1985年）

1.要求尽快解决横塘一带污水问题

因有康复路和弋江一带厂矿的污水流入我乡扬场、棠梅、神东三个行政村的横塘一带，导致横塘几百亩水面既不能养鱼，甚至部分生产队群众的吃水也很困难。要求环保局能否尽快与有关单位联系处理。

附 处理意见：这一带水处理已列入"七五"规划，1985—1990年将在元泽桥附近新建一座污水处理池，建成后，这一带工厂排放的污水全部能够得以净化处理。

四、六届四次会议（1986年）

1. 关于解决四山乡合南行政村三大自然村村民吃水塘受厂方污水污染的提案

现有四山乡合南行政村韦岗、方岗、新村三大自然村吃水塘被附近厂矿企业污水污染，使吃水塘口不能保持清洁并存在危害性。

韦岗自然村，位于芜湖锅炉厂以东。该村从古到今都是在张塘吃用水，近两年因该厂生活区的扩建、居住人数的增加，污水排放量越来越大，流入张塘内，造成水质变化，给村民吃水危害较大。要求厂方尽快采取排污措施。

方岗、新村两个自然村，位于市晶体管厂以北。该两个自然村的吃用水塘都在大沟。近几年来因晶体管厂工业生产污水大量流入大沟，另加市牛奶厂的牛尿流入大沟，严重影响了村民的饮用水安全。

为此建议：

（1）尽快建设排污下水道，保持张塘、大沟水质的清洁。

（2）给予三个自然村供应自来水，管道由厂方解决，水费由个人自理。以上建议请予考虑，望上级领导尽快给予协调解决。

第二章　政协芜湖市第七届委员会（1988—1992年）

一、七届三次会议（1990年）

1.关于在河南（芜钢至中山桥一带）兴建下水道的建议

芜湖市河南（从芜钢至中山桥杨毛梗一带）基本上没有下水道设施，造成以下矛盾：所在地工厂、单位、学校、居民直接将污水排往农民水塘农田，加剧了与农民的矛盾，以致不少单位连自来水和煤气管都无法安装。河南地区有几万居民，也有较多的工厂学校和有关单位，兴建下水管网十分重要，也十分急迫。

建议：

（1）列入规划，分阶段解决。

（2）适当集资，通过两结合方式解决。

二、七届四次会议（1991年）

1.关于及时排除污水的建议

长江路靠近香店、杨家门区段，有印染厂、毛巾厂、脱水菜厂等十几家企业。其工业污水、生活区废水须经莲塘至广福矶排水站排出。多年来，由于排水渠道不畅，加之杨家门、广福矶地势低洼，排水站不能及时将污水排出，导致部分村民生活用水及沿途农田用水污染甚至经常受涝，严重影响了蔬菜生产和居民生活。

建议：由市政府有关部门牵头协调该区段有关企业单位共同筹集资金修建一条专用排水渠（脱水菜厂至广福矶）将污水直接排出。同时，要加强对排水站工作人员的职业教育，及时排水，正常情况下如造成农田被淹，应追究其责任。

三、七届五次会议（1992年）

1.王家巷路段涨水问题亟待解决

王家巷路段雨后涨水，给职工和市民出行带来十分不便，建议有关部门能到实地现场体验一下，并尽快拟订方案加以解决。同时，立交桥下涨水问题也应彻底解决。下水道口应加盖，目前已有数人摔伤。望有关部门能够重视并尽快解决。

2.关于治理漳河的建议

漳河是长江主要支流之一，也是南陵、繁昌两县分界河。现公路交通便捷，漳河航运逐渐被忽视，致使河床长年淤积而抬高，堤坝也不断加高加固，忽视河床的疏浚工作。在枯水时期（较长一段时间），不能通航，增加了运输负担，尤其对南陵的影响较大。

建议市政府责成水利部门，组织专业人员对漳河进行专题调研，能否将漳河疏浚，以使其可全年通航。

在具体的实施过程中，也可发动两岸人民在进行冬季水利维修劳动力中抽部分人力，征集一些木船组织淤积河床疏浚，并提出规划。

3.繁昌县新大圩和螃蟹矶大堤应该列入江堤统一管理

繁昌县在 1959—1961 年修螃蟹矶大堤和大闸，1964 年建泊口闸，1971 年建峨桥闸，从而使保大、保定、高安、新大门楼塘联成一个拥有 17 万亩农田的大联圩，大大减少防汛堤段和减轻了防风压力。但目前真正承担江堤任务的新大圩 7280 米和螃蟹矶大堤 4320 米共 11.6 公里却一直没有得到重视，而该江堤的安危已经直接影响到 17 万亩农田和人民群众的生命财产安全，不能忽视，迫切需要加以解决。

建议：将该堤列入江堤统一管理，加强对该段堤防的严格规范管理，按江堤标准及早达标以保大联圩的安全（请市政府向省有关部门专题报告）。

第三章　政协芜湖市第八届委员会（1993—1997年）

一、八届一次会议（1993年）

1.关于尽快解决市长江化工厂排放未处理的有毒害工业污水的建议

据群众反映市长江化工厂以生产苯为主，把未经处理的有毒有害工业污水任意排出厂外，污水经居民区最终流入长江，而裕溪口自来水厂处于该厂下游，污水被自来水厂引上用作供裕溪口居民生活用水，尽管居民多次反映，至今仍没有得到解决。

建议：市政府责令环保部门到该厂进一步调查，并尽快拟定解决方案，及早将问题彻底解决。

附　提案办理情况：

芜湖市长江化工厂于1989年开始生产偶氮苯染料中间体。废水经炉渣吸附过滤后排放至运漕河。前段时间因运漕河大闸改造，封住上游水流、使河内成死水，淤积了该厂废水造成污染。现大闸改造完成，打开水闸后，情况已好转。该厂废水排放口距离自来水厂取水口3公里左右，其水质分析苯胺类化合物已基本不能检出。为尽量减少污染，保护水环境，我们向该厂强调：

（1）废水炉渣吸滤池要经常更换，保证有一定的治理效果。

（2）加强生产管理。降低各项原辅材料，坚持对苯胺废水采取中和、蒸馏法成吸，使废水中苯胺残余量进一步降低（目前废水中苯胺残余量为0.3%，每天排放绝对量为3kg左右）。生产工艺中避免跑冒滴漏，防止苯胺流失。

（3）加强组织领导。厂内成立的污染治理小组要把污染治理工作作为长期的工作抓实抓细。

2.对我市雨污工程建设的建议

针对我市雨水、污水工程方面的焦点问题，提一些建议：污水要尽早形成一套健全完善的管理系统，减少对河湖水面污染；保留排水明渠调蓄水；建设用地填埋沟渠要慎重，并提前做好合理规划，落实好相关补救措施。

二、八届二次会议（1994年）

1.建议对小水库进行整修

去年我在繁昌赤沙搞工作队长，经过四个月调查，发现有的小水库长期失修，如果山洪暴发直接危害人民群众生命财产安全，其他县和乡也都存在小水库长期失修的情况。

建议：农委加强对农村小水库管理，建立并落实相关责任制规定，确保有人管，管得好。

附：芜湖市人民政府关于市政协八届二次会议第24号提案办理情况的答复

为了强化新形势下农村的水利建设工作，从市到县，各级政府一是加强了对水利建设工作的领导，坚持实行行政首长负责制；二是加强了管理，特别是对重点水库、堤防明确专人加强管护；三是增加投入，根据中央和省的"进一步建立和完善分级负责、多方办水利的机制"要求，从今年起市政府又增拨专款，用于重点小水库除险加固工作。

市水利局对提案的办理情况：

全市81座水库中绝大部分是1958年"大跃进"或"农业学大寨"年代兴建，由于工程数量多，技术处理能力差，加上多年的使用，险病水库普遍存在。到目前为止，有近半没有摘掉"险病库"的帽子，存在着大坝渗漏等险情，成为安全度汛的一大隐患。

为切实加强对水库的整修，我局把水库除险加固列入全市水利"三年大变样"十大重点工作之一，除继续争取省给予投入外，今年市财政安排了十万元专项经费，同时结合水利"穿插战"和冬季水利兴修，组织群众对水库进行加高培厚，力争在三年时间内，使20余座水库脱险。此外，将按照《中华人民共和国水库大坝安全管理条例》，督促各县建立健全水库管理办法，修订完善水库汛期控制运用调度方案，确保水库在发挥灌溉效益的同时，自身安全度汛。

2.关于加强青弋江的水源管理的建议

青弋江是长江主要支流，也是我市风景、水上运输的主要通道之一。有的居民认识不足，向青弋江中倒垃圾，有的在江上洗刷马桶，还有船上人员在船上大小便直接排入江水中。日久天长，必然会造成河道的堵塞，以及水源的污染，造成传染病、流行病的传播。另外，附近工厂的污水未经处理或处理不符规范要求也排到江中，进一步加剧了水源的生态失衡和环境的污染。

建议：

（1）加大宣传力度，有关部门要进一步加强监督管理。

（2）在青弋江的两岸建立一定数量的垃圾箱并及时清理。

（3）建立标准化厕所，教育引导附近居民和船上人员不要在江中洗刷马桶，更不得把粪便排入江中。

（4）制定必要的罚款措施。

附：芜湖市人民政府关于市政协八届二次会议第120号提案办理情

况的答复

青弋江是我市重要的水上运输线，保护好青弋江的水源，对美化城市，保障人民身体健康有着积极的作用。为此，我们将采取以下几条措施：

（一）利用多种方式，大力宣传保护水资源不受污染是关系到市民身心健康的大事，使大家自觉养成良好的卫生习惯，不向江中倾倒垃圾和粪便。

（二）加强管理，严格检查、监督，凡发现乱倒垃圾、粪便者，按《芜湖市市容和环境卫生管理实施办法》进行处罚，对情节严重、态度恶劣，对人民健康造成损害者则提请司法机关追究法律责任。

（三）根据"芜湖市环境卫生设施总体规划"，积极筹措资金，设立必要的垃圾容器和公厕，并做到及时清运。

3. 对我市排水工程建设的建议

排水工程是城市的重要基础设施之一，具有系统性、综合性和艰巨性等特点。我市在1986年完成并通过专家评审的"芜湖市排水工程规划"比较系统、全面地对我市雨污水系统进行了规划。六年多来，按规划对排水工程进行科学合理的建设和管理，排水设施经受了1991年特大暴雨考验，取得的成效很明显。

随着城市开发区建立，房地产市场土地的出让转让、老区成片改造和新区大量形成，排水设施与城市发展产生了新的矛盾。为此，现就城市排水工程建设提出以下建议。

（1）新建区必须严格按照规划，搞好雨污分流，尽早形成污水管路系统。

根据对污水不同的接纳方法，排水制度基本上分为合流制和分流制。合流制是在城市道路下只埋一条排水管道，把雨污水同时接纳后排放。我市青弋江以北，团结路以南的老区基本上都采用这种形式。因为把合流制改成分流制困难诸多，规划将埋设截流管把污水截流到污水处理厂处理后排放。国内外各老城市都有这样一个发展过程。分流制是在城市道路下铺设两道排水管，即雨水管和污水管，污水进入污水处理厂后排放。分流制有环境效益好，污水处理厂有规模小，运转管理方便等优点，世界上对新规划的地区普遍都采用这种排水体制。

我市青弋江以南和团结路以北采用分流制。芜湖市区沿着长江呈现川状分布，东西宽约7公里，南北长22公里。由于这独特的地理环境，污水规划采用分散布局，共划分六个污水区。目前我市并没有形成污水处理系统，在分流制区污水都就近排入沟渠湖塘，严重影响了市容和城市环境。市人大曾两次把彻底治理胜利渠列入议案，表达市民对环境保护的强烈呼声。上半年通过建委呈交了关于"三年大变样"实施城市污水规划的意见，市政府很重视，研究后认为，目前财力不足，等待条件成熟时实施。如何解决开发一片地、污染一片水面的矛盾呢？建议政府在分流制区结合道路建设，土地出让和成片开发，逐步形成污水管路系统（埋污水管道，建为数不多的污水提升泵站），将污水送至规划污水处理厂位置，暂不建污水处理厂，先用泵将污水直接打入长江，待有财力时再建污水处理厂，将污水处理后排入长江。在芜湖市经济开发区规划时，也采用了这种方法，目前该区已按此方法初步形成系统。

其优点：①城市污水的最终出路是长江，埋设污水管路系统后污水不进入明渠，缓解了环境局面。②污水管道、泵房的投资以及运行费用一般只占污水系统总投资的30%左右，投资小、见效快。③能标本兼治，近远期结合，为以后建城市污水处理厂创造条件。④能明显改善投资环境，保留住芜湖山水风景秀丽的面貌。

（2）要尽量保留河渠作雨水排水渠道，保留较大水面作为调蓄水面以节省投资及经常费用。

利用河塘明渠虽有种种优点，但随着改革开放的不断深入也带来了与建设上的矛盾。河渠占地面积较大，穿越街坊影响了新建区土地的使用率。同时，其管理困难，易因倾倒垃圾污物致使流水不畅。污水进入明渠后产生黑臭，影响城市环境。所以，在改革开放的今天，对采用河渠排水褒贬不一。任何一次决策都希望得到经济效益、环境效益和社会效益的统一，都不能脱离当时当地的客观条件。为达成共识，现将目前矛盾比较突出的两江涵排水区做了初步的粗线条的调研和分析，供共同探讨。

①两江涵排水区的概况。该区雨水汇水面积为16.07平方公里。1982年前该区大小水面面积约有2万平方公里，其中藕、鱼塘为0.4平方公里。1984年市政府花大力气整治了保兴埠沟渠，扩建21立方米/秒排水泵站，基本上解决了该区排出雨水问题。随着城市用地规模不断扩大，小沟小塘在自然消失，排水主干渠断面越来越小，藕、鱼塘大量填埋。据不完全统计，自1986年完成排水规划以来，已填埋或即将填埋的水面达41公顷（其中沟塘20公顷）。由于经济社会发展需要和认识上不足，侵占水面情况有加剧的势态。水火无情，如何处理好这个矛盾已成当务之急。

②利用沟塘水面调蓄，作用是很大的。调蓄功能的原理是削减下雨时峰值流量，降低投资及经营费用。两江涵区如不用水面调蓄，其终点需设40立方米/秒能力泵站，需增加相应的沟渠、管道和运行电费与之配套。根据建设部排水投资估算指标并结合该区实际情况推算，

每填埋 1 公顷水面，需增加 0.095 立方米/秒的泵房排水能力，需增加 21.85 万元的排水设施投资（其中泵房 11.4 万元，管网 10.45 万元）。每年需增加运行电费 0.08 万元。由此可见水面调蓄对降低排水工程投资具有很大作用。同时，也应了解填埋水面是需要付出相应代价的。

③近期保留明渠排水是必要的。两江涵排水区面积较大，地形高差小；其最长排水线路达 6 公里长。现状呈明渠排水，底坡实际上相当小，如果要改成暗沟（渠），为保其自净流速，就必须加大底坡。这样改造需增加 4 座雨水中途提升泵房及增大原两江涵排水泵房能力。共需增加 1.87 亿元投资（其中 73 立方米/秒泵房排水能力，投资 0.91 亿元；明沟改暗渠全线长 16 公里，投资 0.96 亿元），每年需增加 153 万元运行电费，因此明渠改暗渠也不是一桩轻而易举的事。

④明渠排雨水与脏乱臭现象没有必然的联系。例如我市的镜湖、合肥的护城河、南京的秦淮河等都实施了截污工程，减少了污水进入水体的机会。通过加强管理后，水质及景观都得到明显的改善。所以在采用雨污分流措施之后，通过提高人的素质和加强管理相结合的方法是能够控制和改善沟渠的水质。

通过上述分析，在分流制地区雨水系统宜保留现有排水主明渠，并结合城市绿化规划保留较大水面作为调蓄。土地批租及城市建设占用沟塘也要慎重。如建设过程中一定要埋填水面，要结合其在整个排水系统中的地位和作用，超前采取积极的补救措施。土地批租及房地产市场开发的主要目的是多方筹集资金推进城市基础设施建设。所以市里除了要集中力量建一些大型的市政工程项目外，对征地侵占水面引起排水能力不足问题，也应同步安排专项资金加强排水工程建设。1991 年特大暴雨时，华东地区诸多城市饱受水患之苦，芜湖因为排水工作做得好，得到了国家和省领导的表扬，国内许多报纸头版头条都将芜湖市与马鞍山市作了比较报道。希望市政府在改革开放、市场经济持续快速发展的新形势下继续保持积极、科学的领导作风，既高起点又面对现实，创造条件花小钱办大事，把芜湖的排水工作做得更好。

三、八届三次会议（1995年）

1.抓紧今年塘干水浅的大好时机，开展挖塘清淤等农田水利基本建设

本人最近在省内各地考察，见到多地由于长期干旱少雨，小水库、塘坝、小河多已干涸，芜湖沿江部分情况虽然较好，但河道水位也大大下降。多年来，河塘淤浅问题严重，蓄洪、排灌能力急剧下降，尤以小河流、小水体为甚。为此建议市委、市政府给予重视和研究，如能抓住今年干旱有利于挖塘、清淤、疏浚河道的大好时机，号召、并布置开展农田水利基本建设，必将事半功倍。不仅能提高防涝抗旱减灾的能力，有效改善水运条件，也能改善环境和水质，有利于环境保护。若能大力提倡淤泥还田，还可改良土壤、提高肥力，克服长期少用有机之弊端。

建议：

（1）请市委、市政府加强调查，充分了解情况，如认为必须抓紧秋冬时机，立即布置开展。

（2）需要研究解决由于思想、体制及部分需投入的资金问题。

（3）发动舆论宣传。科教等部门结合实际开展针对性宣传教育。

(4)开展全民义务劳动。

附:芜湖市人民政府关于市政协八届三次会议第451号提案办理情况的答复

市委、市政府对挖塘打井和排灌沟渠清淤工作极为重视。为此,在布置今年兴修时,市政府提出"山圩并重"的口号,要求圩区在继续抓好万亩以上大圩达标的同时,有计划、有重点地抓好圩内沟渠清淤疏浚工作;山丘区要以增加蓄水和解决人畜饮水为重点,深挖塘,广打井。为抓好抓实挖塘清淤工作,市政府于12月14日至18日,专门组织两个检查组,分赴三县二区,重点抽查挖塘清淤开展情况。目前,我市挖塘清淤工作已取得显著成效。据12月29日统计,全市已整治大小塘坝4362口,清淤沟渠241条长219公里,新打吃水井2982眼,新增灌溉面积1.2万亩,改善灌溉面积7.8万亩,解决1.2万人饮水困难。但是由于小塘小坝点多面广,人员分散,工作难度大,挖塘清淤仍是我市一个亟待解决的薄弱环节。对此,市政府已要求各地,在继续抓好防洪工程扫尾的同时,把农田水利基本建设的重点向山丘区倾斜,大打挖塘清淤的翻身仗,全面提高水利工程的整体抗灾能力,为全市国民经济的发展和农民"奔小康"创造良好的条件。

2.治理水污染,保护水资源

芜湖市是一个水资源十分丰富的城市,近年来随着工业经济的快速发展,向青弋江和长江乱排污的现象越来越严重,这对水资源的有效利用和市民的日常生活都带来了严重的影响。因此,环保部门有必要采取有效措施,加大水污染治理力度,尽量保护好水资源。

建议：

（1）建立水质监测长效机制。定期对青弋江、长江岸边的水质进行检查，把水质的污染程度，如实告诉市民，以引起市民的重视，群策群力进行防污。

（2）做好源头治理工作。着力查清各种污染源，采取各种有效的治理措施，把污染程度降到最低限度。

附：芜湖市人民政府关于市政协第八届三次会议第11号提案办理情况的答复

经我们认真研究提出以下意见：

（1）关于长江芜湖段和青弋江芜湖段水质状况。

市环保局所属的市环境监测中心站，坚持对长江芜湖段和青弋江芜湖段的水质状况进行定期监测。1994年对枯、平、丰三个水期进行监测的统计结果表明：长江芜湖段水质，以国家地面水Ⅱ类标准评价，22项监测指标中，生化需氧量超标率为1.30%，最大超标倍数0.3倍；挥发酚超标率4%，最大超标数1；石油类超标率20.8%，最大超标倍数3.4；大肠菌群超标率50%，最大超标倍数2.38倍。其余18项指标均符合国家地面水Ⅱ类标准。青弋江芜湖市区段，以国家地面水Ⅲ类标准评价。22项监测指标中，挥发酚超标率16.6%，最大超标倍数2.3；大肠菌群超标率95.8%，最大超标倍数1.2倍；其余20项指标均符合国家地面水Ⅲ类标准。市环保局每年发布环境质量状况公报。

去年，健康路水厂水质中出现酚超标情况后，三位局长率员前往芜钢焦化分厂、市染料厂、市木材化工总厂，查找原因，采取果断措施，很快解决了水厂饮用水酚超标的问题。

（2）市环保局已建立全市污染源档案，凡污染较为严重的，列为重点污染源。每年对各污染源进行监督性监测，重点污染源年监测两次以上，有时为了掌握某一重点污染源的排放规划进行十几次甚至几十次的监测。建立了污染源档案。在此基础上对废水污染源分期分批进行了治理，至1994年底，全市建设工业废水污染治理设施106台（套）、建设医院含菌污水处理设施6套。有一支执法队长年对运行情况进行监督检查，凡是停运的，都调查原因，分清不同情况予以处罚：凡是违法排污造成污染事故的，都处以罚款，并要求限期治理；凡是因设备品配件不足停运的，都提出限期运行的时间，仍未及时运行的，加倍征收排污费，并处以适当罚款。

（3）对尚未进行治理的，已制定了规划和年度计划。对急需治理、治理工艺技术成熟可行、资金基本落实的，每年都列一批项目进入年度计划；其余的均已列入治理规划，分步实施。

（4）一切新扩改建项目，包括乡镇、区街和第三产业，都要求履行"环评"和"三同时"手续，力争不欠新账，控制新污染源产生。

3.建议下力气治理青弋江、长江芜湖段水域的污染

青弋江、长江芜湖段水域成为市区工厂、生活排污的天然"下水道"，岸边垃圾成堆，严重影响居民生活用水、生态平衡和开放城市的形象。

建议：

（1）应建设并完善生活污水处理设施。

（2）对于工业废水必须经处理达标后方可排放，要严格监督检查、依法依规处理。

（3）对执行不力的法人代表要有相应处罚。

（4）处罚在岸边乱倒生活和建筑垃圾者。

（5）加大宣传工作力度，尤其是各级领导要提高环保意识。

　　附：芜湖市人民政府关于市政协八届三次会议第118号提案答复

对青弋江的污水治理，环保部门已分别作了点源治理安排，对工业污水的治理要加大力度，在城市管理上会同水利部门对两岸乱倒垃圾者进行处理，目前对部分石矿企业我们正在按总体规划，按环境要求进行整厂的搬迁研究，同时我们将与环保部门合作，搞好环保宣传，提高全市人民的环境意识，达到自觉保护水资源的目的。

4.切实强化对青弋江河堤的管理

今年我市取得了防汛工作的完全胜利，为巩固防汛的成果，鉴于江河大堤内农作物的复活抬头，为进一步完善河堤管理，特提以下几个建议：

（1）进一步做好宣传管理工作，提高居民法律意识，提升政府管理的科学化、规范化能力水平。

（2）加大治理力度。对河岸上的农作物复活现象，要进一步强化管理，必要时请求公安部门依法进行打击，确保河堤长治久安。

　　附：芜湖市人民政府关于市政协第八届三次会议第008号提案办理情况的答复

（1）由市相关领导带领市水电局、马塘区政府等部门到现场调查了解情况。

（2）召开有关部门和单位会议，提出意见，制定措施，部署任务，强化管理，在汛前解决问题。

（3）加强检查督促，组织有关人大代表、政协委员视察。

（4）搞好日常管理，"谁主管谁负责"，奖罚分明，责任到单位和个人。

四、八届四次会议（1996年）

1.关于合理划分排水区，按受益面积进行收费的建议

马塘区辖澛港、马塘两乡，农村面积约44平方公里，两乡地处在麻风圩内，老城区以羊毛埂分界，为一独立的排水水系。两乡境内有澛港、麻浦桥、桂花桥、蔬菜、马塘、小荆山等6座排水站，装机2360kW，计27台套，承担着两乡农田和工厂居民区的天然降雨和生产、生活废水的任务。这6座排水站除蔬菜站属村集体站外，其余均属国营排水站，自收自支的全民事业单位。工人的工资办公费、机械维修等费用都从征收受益单位和农户的排涝水费解决。

近两年来，市政排涝办多次向麻风圩内的工厂征收排水费，而两乡境内并没有市政排水站，这是不合理的，希望今后不要再发生这样的事情。

现在铁桥排水站已着手筹建，铁桥的水系和两乡的水系分不开。该站建成后，由于地面高，这一片的涝水仍会向两乡流，因此合理划分排水区域，确定征收范围，就是一个突出矛盾。其次，排水站在水费面积调整后，必然产生经费不足的问题，那只有加大农业水费的比

重，加重了农民负担。因此，针对铁桥排水站管理人员不足问题，应在现有排水站工人中合理调剂，从而使这一问题得到解决。

附：芜湖市建设委员会关于市政协八届四次会议第014号政协提案办理情况的答复

关于马塘区境内的排水费征收问题，市政管理处已与马塘区农水部门进行了协商，并达成以下协议：属于马塘区排水范围的泵站暂停征收排水费（这条已经落实，今年汛后再与马塘区商定划分排水受益面积和以后如何征收排水费等问题。

2.关于尽快清除镜湖淤泥保持水质的建议

镜湖是我市对外开放、创建卫生城市的重要窗口，也是重要景点之一。多年来，由于市民环保意识低下，加之近年大搞旧城改造，大量建筑、生活垃圾、污水流入镜湖。镜湖水质受到严重污染，水变黑、变臭。治理的唯一途径，将水排干，将沉积淤泥全部清除。

办法：仿效20世纪70年代初，全民动员，组织发动全市各行各业、街道居民，分配任务，划段包干，进行挖运，定期完成任务。我市在70年代初，对镜湖淤泥就按此办法进行过一次清淤。至今二十多年过去了，现在大有必要再进行一次。使我市更加山清水秀，增强外商投资吸引力。

附：芜湖市建设委员会关于市政协八届四次会议第098号政协提案办理情况的答复

镜湖公园是我市重点风景名胜之一。多年来，由于大量污水流入镜湖，使水质严重污染，甚至变黑、变臭，其主要原因是九华山路、人民路等下水道排污量日趋加大。为尽快治理镜湖水质污染，市委、市政府对这项工作十分重视，已列入九七年治理工作的日程，目前市建委已责成市园林管理处一方面主动配合市环保部门对镜湖污染源进行整治；另一方面，将加大管理力度，加强执法检查，对向镜湖内乱扔瓜皮果壳、包装纸等不文明的行为进行查处。此外，我们还将请新闻媒介加强宣传，以增强社会各界及广大市民的环保意识，做到人人都来爱护镜湖这颗美丽的明珠。

3.建议尽快消除自来水中的苯酚污染，保护人民身体健康

由于芜钢和木材化工总厂排放的含酚废水，致使我市健康路水厂近两年来，在枯水季节自来水中的苯酚都超过国家规定标准的几倍，有时甚至十几倍，给全市近50%居民的健康造成严重威胁。如果不尽快消除自来水中高苯酚超标准问题，不仅是对人民群众健康的严重损害，也是对下一代健康的不负责任。

建议：

（1）市政主管部门经委、环保局要加强对芜钢焦化废水治理，对木材化工总厂实行转产、停止污染严重的苯酚等产品的生产，选择或采取高科技的新工艺、新产品，消除这一重点污染源。

（2）环保部门要加大力度，深入有关企业并调研，帮助研究治理办法，并督促落实。

附市领导批示：

芜钢厂、木材化工总厂要对运行设施的运行率、运行达标率认真

抓落实。经委负责议核、检查，环保监测、执法，以确保水质安全。

4.关于整治青弋江水污染的建议

青弋江水污染严重，现在非整治不可，已超过国家污染浓度标准，江中无鱼虾，江水不能吃，芜钢、染料厂等厂的污水大量排泄，芜湖的自来水也受到严重威胁，船民们无法用水，市民们反映强烈，市政府要花大气力，整治污水。

建议：

（1）建立河南污水处理厂，不达标准不准排入青弋江。

（2）不准在河南建立污染性强的工业。

（3）禁止垃圾再倒入青弋江。

五、八届五次会议（1997年）

1.关于小流域水利治理的建议

众所周知，近年来汛期大江大河的洪水水位都超过历史水平。洪涝灾害所造成的工农业损失和人民群众财产损失越来越大，因而小流域水利治理已引起国家水利部门、农业管理部门的高度关注。在20世纪50年代为了扩大耕地面积大量开发滩、湖、低湾泽地，80年代城乡开发又使许多洲、塘、低洼地消失，因此在一定程度上使陆地蓄水量明显减少，并使水系也受到不同程度的破坏。就我市而言，目前，河南地区长渠，整个团结路小区的黑鱼渠，原火车站大塘，芜纺厂周围的大小塘数十个，获港镇一条大河都消失了。汀棠、奎湖的面积都缩减了近一半，水深还不到原来的一半，许多低洼积水地都被高楼、工厂、工地所替代。在汛期，为了防止内涝，通常把各区域大量积水集中排入河道，许多大大小小的河水又在同一时间流入大的大河造成短时间内大江大河水位猛涨，常在汛期造成洪水创纪录的紧张局面。

从功能作用看，小流域水利必须能够实现旱之能灌，汛期能蓄，涝之能排，能给大旱大涝留有缓冲余地。所以，农村所有沟、塘、湖、河都要深修，要使其能充分蓄水。能搞小型水库的地区把水库搞起来，低洼废地深挖成塘，并把沟塘河库联成水网。小流域水利科学规划建设好，将对大江大河的防汛发挥不可替代的作用。

小流域水利建设规划科学，具有多方面作用，不仅能缓解大江大河的防汛压力，而且能加大小流域自身抗旱能力，能发展养殖，能改善农村人畜饮水。某种意义上，小流域水利建设亦能为农业发展打下坚实基础。

小流域水利建设必须要有长远的科学规划，要充分调动和发挥城乡水利科技人员作用，结合区域及其周边地区的生态环境、当地人力、物力、财力实际情况制定切实可行的分期分段水利规划，并明确责任部门落实专项资金预算，对于资金核算规模大的，地方政府承受有限的项目，也可以扶贫水利建设工程的形式实施。

附：芜湖市水电局关于市政协八届五次会议第025号政协提案办理情况的答复

目前我国工农业的发展及城市和农村的大规模基础建设正处于高潮期，占有耕地和水面的现象日趋严重（如围垦造田，填塘建房，挤占排水沟渠等），造成装机逐渐增大，汛期外河水位逐渐逼高。加之水土流失河床也不断抬高，因而堤防高度也逐渐增加，恶性循环，最终必然要遭到大自然的惩罚。这个问题从我们水利部门来说，已经引起了高度重视。在我们的规划编制和治理工作中，着重强调以水利流域治理为中心，并根据不同的地形条件，采取相应的治理措施。在山丘区，以水土保持为中心进行小流域综合治理，大挖山塘，扩建小水库，增大蓄水面积和蓄水容量，扩大灌溉面积，保证稳产高产。在平原圩区，结合农业综合开发和粮食自给工程项目，大抓农田配套建设，在不减少现有蓄水面积的基础上，提出"深挖沟、多蓄水、降水位、抬高田，创高产"的治理原则，实行涝、渍、旱综合治理。根据上述原则，我们分别编制了《芜当联圩防洪、除涝、灌溉综合治理规划》《南陵县柏山渠水资源综合利用治理规划》《繁昌县龙窝湖流域综合治理规划》及万亩以上圩口的除涝规划，并且在逐步实施。至于城市部分河湖排涝规划是由城建部门承担。另外，我市从青弋江、漳河流域出发，编制了《青弋江、漳河中下游水网区综合治理规划》，已上报省，待转报省委审批，一旦批准，将立即付诸实施。

2. 改进城市下水管网，改善镜湖水质

镜湖是芜湖的明珠，位于市中心，也是芜湖的象征。但镜湖水质很差，周边的七八个城市下水排污口的各种生活污水直排镜湖。特别是安徽师大门前的排污口每日污水滚滚，有损芜湖全国卫生城的形象。

建议：尽快拿出规划、计划，改进城市下水管网，通过对入镜湖的排污管截流进行系统改造后，更换镜湖水，提升镜湖水质。

附：芜湖市建设委员会关于市政协八届五次会议第123号政协提案办理情况的答复

今年我们对镜湖的分段改造主要从两个方面进行：一是美化镜湖，对镜湖部分路段（安装公司至百花剧场），将路面拓宽14米，环湖建6—10米绿化带，在湖面的一侧形成较好的景观。二是截污，对现流入镜湖的污水将采取截流措施，不让污水流入镜湖。今后我们将逐段改造，使镜湖的污染从根本上得到根治。

3.关于镜湖水质污染治理的建议

镜湖水源污染严重，因水质变坏，塘鱼时有成批因缺氧死亡，臭味冲天，湖面经常漂浮成片油带，下水道长年排污于湖，周边商店、居民在湖中洗涤拖把污物习以为常，湖面上垃圾浮动。镜湖已成了一个污水湖，严重影响了我市创建国家卫生城市的形象。

建议：

（1）改变师大岗亭等处下水道污水流向，污水沟与排涝沟不可通湖里。

（2）加大湖畔饭店排污监督力度，污水不许直接排入湖里，一经发现破坏水源，从严重罚。

（3）向周边商家、居民做好宣传，严禁入湖洗污，违者罚款。

（4）撤迁摩托游艇，减少油污对湖水水质的破坏。

（5）加强镜湖环保监督和捞污卫生人员管理，以罚没款用来"以湖养湖"。

（6）种植莲藕、水葫芦进行生态平衡，持续改善水质。

4.市区排到青弋江和长江的水要净化处理

（1）现在正处于枯水季节，我看到从花津桥排水处排到青弋江的水又黑又臭，建议做净化处理后再排出。

（2）弋矶山后的陡门沟排水处排出的水也不清洁，也望能够净化处理后再排出。

建议：排水出口处建立净化装置，做好污水的净化处置。

附：芜湖市环境保护局关于市政协八届五次会议第16号提案办理情况的答复

芜湖市位于长江东岸，青弋江由东向西穿城而过与长江汇合。我市建城已有百年历史，由于历史原因造成工业、生活污水排放均直接通过市政下水道进入青弋江和长江，随着城市规模的不断扩大，工业企业增多和不断发展，城市污水排放量也越来越多，造成青弋江水质和长江近岸处水质也时常受污染。对此市政府和市环保局非常重视这一问题，市环保部门自1987年起就开始研究解决这一问题的对策，开展了排江工程课题的研究，制定了比较完整的对策，主要工作为：

（1）全面规划，合理布局，严格控制新增污染源。

（2）从1990年起对青弋江两岸工业企业污水排放实行总量控制，加强老污染源的治理工作，对不宜进行治理的在条件成熟的情况下进行整体搬迁。

（3）确定了芜湖市饮用水源保护区。

（4）制定了《芜湖市碧水蓝天工程计划》，纳入芜湖市环境保护"九五"计划及2010年远景目标。该工程计划以保护饮用水源水质，提高大气环境质量，解决当前主要环境问题为目的，部分项目在"九五"

期间完成，其中水源保护的八个项目，计划投资 3.18 亿元。水质保护工程全部按计划完成，可在目前处理能力上日增加废水处理能力 12.5 万吨，可大大改善我市青弋江和长江的水质。

第四章　政协芜湖市第九届委员会(1998—2002年)

一、九届一次会议（1998年）

1.增强防大汛意识，确保我市江河大堤安全

（1）加大管理部门的工作力度，水利等部门要持之以恒、常抓不懈。

（2）对大堤的防大汛工作要有长久规划，逐年加固大堤。

（3）对江河中挖沙要有总体规划和年度控制计划，防止挖动河床，影响大堤安危。

（4）市直相关主管部门及各县区政府要及时清障，禁止在大堤堆放垃圾和砂石，防止污染和阻塞河道大堤，确保大堤防汛排涝。

附：芜湖市水电局关于市政协九届一次会议第023号政协提案办理

情况的答复

（一）近几年来市水行政主管部门，市、区堤防管理单位对我市的防汛和堤防管理做了大量的工作，先后完成河北一米厂至弋江桥4.3公里、河南三米厂至弋江船厂2.8公里的土堤改造成钢筋混凝土防洪墙，并做了护岸护坡。目前市水行政主管部门正在按照水利部、省政府批准的"芜湖市防洪规划"报告要求，准备实施防洪墙二期工程。

（二）市、县、区都设有堤防专管机构，负责本辖区内的堤防管理工作，目前市区还有部分堤段脏、乱、差的情况较严重，主要原因是堤防战线长，沿江居民、企业单位多，随意向堤防倒垃圾和废弃物，侵占滩地、护堤地，对保护水工程设施和防汛意识淡薄。

（三）下岗、回城人员未经堤防管理部门批准，擅自在江堤、护堤地上堆放或经营黄沙。

（四）堤防管理单位管理不力，缺少必要的执法手段。

针对以上存在的问题，市、县水利（水务）局正着手强化这方面的管理。市、县水利（水务）局正根据法规和省政府皖政［1998］4号文件精神，报告市、县政府，要求成立市水政监察支队和县水政监察大队。

2.彻底治理青弋江及长江中游水质污染

为切实执行政府工作报告中提出的今年应重点抓好十个方面工作中之一的实施"碧水蓝天"工程计划，必须依法强化环境保护监督管理。

目前根据调研发现，芜湖市钢铁厂、芜湖市染料化工厂、市乙炔厂、市洗精剂厂、油墨厂、新亚葡萄糖厂等均有废渣、废水排放。尤其是市染料化工厂腐蚀性酸水及有害物质较多，直接污染我市水源。我市已发生多起自来水异味情况，这些厂的三废治理已到了刻不容缓地步。

建议：

（1）环保部门要加强监督检查，不定期不通知地进行污水抽样检测，及时提出整改意见并严格按环保法进行处理。

（2）对具有污染而又无法实现排放达标的工业企业，可根据市政府统一规划推动整体搬迁工作。

（3）建立污水排放分类处理和净化污水工程。

附：芜湖市环境保护局关于市政协九届一次会议第12号提案办理情况的答复

根据青弋江污染现状、污染原因，市政府采取了一系列防治措施及对策。现将办理情况答复如下：

（一）污染现状

青弋江源于我省的黟县，自陈村水库的下游为青弋江，干流全长200多公里，为长江一级支流。青弋江污染主要在两头：一是泾县上百家的中小型造纸厂，成为泾县集中纳污段，在枯水期会严重污染我市南陵、芜湖两县青弋江水质；二是市区段的工业废水及生活污水，年约1800万吨工业废水及生活污水流入，其中20%为工业废水，超标严重的污染物有挥发酚及COD，在青弋江与长江入口处形成明显的污染带，对下游1800米处的一水厂水质有一定的影响，污染我市一水厂饮用水源水质。

（二）污染的主要原因

1. 上游泾县造纸行业，是青弋江水环境污染大户。

2. 造成生活污水大量流入水体的：芜湖县湾址镇，年排污染水60万吨；芜湖市区段花津桥及陶沟两厂排污口，在青弋江及一水厂上游形成明显污染带。

3. 市区沿岸工业企业废水排放，主要厂家有芜湖钢铁厂、市利民染料厂、市木材化工厂、市曙光针织厂等单位。

（三）治理措施及防治对策

为有效地治理青弋江水质污染问题，市政府1998年上半年采取了一系列措施：

1. 市环保部门加大污染治理设施运行管理力度，保证设施正常运行。其中，市合成洗涤厂、市曙光针织厂、凤凰造漆厂设施始终保持正常运行。

2. 市利民染料厂作为污染大户，为减轻强酸性废水对青弋江及双陡门污染，年初即停止生产分散兰染料中间体，酸含量减少60%，挥发酚基本达标排放。

3. 关停市飞鹰木材化工有限责任公司苯酚车间。1998年4月份，我市一水厂水源受到严重污染，市委、市政府十分关心，立即组织市环保局、市经贸委、市化工局对污染情况进行了调查，确认造成水质挥发酚严重超标的主要原因为市飞鹰公司苯酚车间所排含酚废水所致，于4月24日作出关停决定，4月29日苯酚车间全线关停，大大地减轻了青弋江水体挥发酚污染负荷。

根据青弋江及长江中游水污染现状，主要防治对策如下：

（1）加大环境保护宣传与执法力度，提高广大干群的环境保护意识。

（2）严格"三同时"制度，控制新增污染。青弋江流域污染主要来自乡镇企业，市区芜湖段禁止"十五小"企业的生存，市政府于

1998年4月份对市飞鹰公司新上的分散兰染料项目进行了关停。新建项目环境保护将严格落实"三同时"制度，杜绝新污染源的产生，减轻污染负荷。

（3）认真落实国务院《关于环境保护若干问题的决定》及省政府《关于切实加强环境保护工作的决定》，对污染企业进行限期治理，确保所有水污染企业在2000年全部达标排放，彻底解决水污染问题。

（4）市政府、市环境保护部门在对企业进行限期治理的同时，针对目前企业经济效益情况，对治理无望、经济效益较差的企业，或污染严重的车间予以关停，转产或搬迁。

3.应立法禁止向镜湖排放污水

镜湖是我市美丽的风景线，在省内是少有的，这是镜湖的自豪。过去有一项规定，禁止在镜湖岛上建有烟染的产业，但是在迎宾阁周围建立了几家大的酒店，每天排放的污水给镜湖造成严重污染，久而久之镜湖将变成臭水塘。

建议：

（1）加大立法力度，严禁向湖内倾倒污水，保持水质清净，保护镜湖，美化镜湖。

（2）加大治理力度，依法有序撤销大型污染的饮食业，办一些娱乐业为主的产业。

（3）环保部门也要经常加强水质的动态监测。

附：芜湖市建设委员会关于市政协九届一次会议第085号政协提案办理情况的答复

镜湖是我市的一颗明珠，近几年来，由于管理不够，致使湖水变黑，污染严重。对此，市政府已将镜湖截污工程列入1998年政府为民办十件实事之一。镜湖的治理工作采取截污、清淤、引水（含换水）的方式，现截污工程已完成一半，引水工程亦在同步施工，预计整个工程十一月份完工。此外，我们还草拟了"芜湖市镜湖风景区管理办法"，经市建委行政办公会审定后，已送政府法制局审核，并征求市各有关部门意见，待政府常务会审批，报市人大批准后执行。镜湖风景区的管理工作将逐步走上规范化、法治化轨道。

4.九莲塘亟待整治

九华山路东九莲塘为市中心两大湖面（与镜湖）之一，更是不可多得的又一公园，但现在周围已被居民蚕食之殆尽。环塘南至西面居民盖房填塘以致环塘道最窄处不到两米，两米中间还有环塘树屹立，晨练跑步者迎面而过必须闪躲方可；靠西北更有据说是人才培训中心打的地基要盖大楼、一块大三角地带全被占了，九莲塘已不成公园了。更有周围居民公开朝塘里倾倒尿屎，塘水污染不堪，目不忍睹。

建议：成立九莲塘整治小组，由市政府牵头下文，明确规定环塘范围（设定一个标准，五十或一百米）内非法建居户（大多数）或合法（极少数）限期拆迁，拆过后进行统一规划建设。为便于启动，建议由城建、土地、规划、市政等部门参加组团，成立推进工作领导小组，列入市政议事日程，整体推进，力争半年见效。总之，九莲塘应该像镜湖一般宽敞美丽，真正还市民一个公园。

附：芜湖市建设委员会关于市政协九届一次会议第094号提案办理

情况的答复

镜湖、九莲塘等水面的水污染治理工作是十分必要的，它不仅能美化我市的环境，而且能给市民提供良好的娱乐、休憩场所。但由于受我市财力所限，今年只能先对镜湖加以整治，九莲塘的治理将在镜湖整治工程完工后，随黄山路的拓宽改造后，逐步实施。镜湖治理工程采取截污、清淤、引水（换水）的方式进行，现截污工程已完成一半，引水工程亦在同步施工，预计整个工程今年十一月份完工。此外，市园林管理处将加强管理，严格执法，定人、定责、定位、定时清理镜湖、九莲塘水面的脏物，确保湖面清洁。

5.市中心湖水面应保持洁净

芜湖美，美在市中心有山有水，有镜湖、九莲塘。目前镜湖、九莲塘湖面，水面不清洁，有垃圾漂浮物，如瓜皮果壳、废纸、塑料袋，甚至还有死的小鲢子鱼漂浮，严重影响芜湖美。

建议：有关部门应加强管理，多宣传、教育，提高市民素质，做到以芜湖美为荣。

附：芜湖市建设委员会关于市政协九届一次会议第107号政协提案办理情况的答复

镜湖、九莲塘等水面的水污染治理工作是十分必要的，它不仅能美化我市的环境，而且能给市民提供良好的娱乐、休憩场所。但由于受我市财力所限，今年只能先对镜湖加以整治，九莲塘的治理将在镜湖整治工程完工后，随黄山路的拓宽改造后，逐步实施，望您能予以谅解。镜湖治理工程采取截污、清淤、引水（换水）的方式进行，现截污工程已完成一半，引水工程亦在同步施工，预计整个工程今年十一月份完工。此外，市园林管理处将加强管理，严格执法，定人、定规、定位、定时清理镜湖、九莲塘水面的脏物，确保湖面清洁。

6.关于治理市区"两湖两塘"水质污染的问题

我市市区有镜湖、西洋湖、九莲塘、盆塘等四个水面较大的湖、塘，从某种意义上说，这些湖、塘应为我市的环境起到净化、美化的作用。但事实上，由于市区的生活污水及工业污水被排放到这些湖、塘后，不仅水质被严重污染，而且也污染了周围的环境，影响了我市文明卫生城市的创建工作，为此特提出以下建议：

（1）停止向这些湖、塘排放生活污水及工业污水，或这些污水被净化处理达标后方可排放。

（2）流水不腐，死水一潭容易被污染，可能的话应经常向这些湖塘注入活水，使其常年保持着清洁水质，以达到净化、美化环境的目的。

附：芜湖市建设委员会关于市政协九届一次会议第123号政协提案办理情况的答复

镜湖、西洋湖、九莲塘、盆塘四个水面的水污染治理工作是非常必要的，它不仅能美化我市的环境，而且能给市民提供良好的娱乐、休憩场所。但由于受我市财力状况的限制，"两湖、两塘"水污染的整治只能逐步实施，望您能予以谅解。今年我们已开始了对镜湖的治理工作，采取截污、清淤、引水（含换水）的方式进行综合治理。现截污工程已完成一半，引水工程亦在同步施工，预计整个工程十一月份完工。对其他水面的治理，我们将在总结镜湖治理经验的基础上，按照突出重点原则，分步实施。

二、九届二次会议（1999年）

1.关于切实加强银湖、凤鸣湖自然环境保护的建议案

市政府：

1999年2月，根据市政协主席会议的要求，本会经济委员会组织调研组，在芜湖经济技术开发区、鸠江区和规划、环保、旅游等部门的配合下，对银湖、凤鸣湖（原名为蜻蜓湖和大河塘）自然环境的保护、规划问题进行了专题调研。调研组认为，我市是江南著名的鱼米之乡，过去水面分布比较广，但由于种种原因，现今水面已经锐减，而银湖、凤鸣湖则是我市仅存的一块面积较大、水质较好的水面，保护规划好"两湖"的自然环境，对于提高城市的环境质量，促进城市发展，造福子孙后代，具有重要的意义，也是我们贯彻落实党中央、国务院最近关于加强生态环境建设重要指示精神，大力实施可持续发展战略的具体举措。市政协九届六次常委会议审议并通过了《关于切实加强银湖、凤鸣湖自然环境保护的建议》，现呈送给你们，请研究处理，并切望复告。

政协芜湖市委员会

1999年3月23日

关于切实加强银湖、凤鸣湖自然环境保护的建议

（市政协经济委员会调研组）

银湖、凤鸣湖位于城区北边，芜宁路西侧，与芜湖经济技术开发区毗邻。银湖属湾里镇地域，凤鸣湖则跨湾里、大桥两镇地域。银湖实际面积750亩，凤鸣湖3200亩，"两湖"合计水面积相当于16个镜湖的大小。"两湖"连接成一个蜿蜒曲折的狭长水带，向北延伸与大桥镇内的龙头山连成一体，形成了山水互相辉映的自然景色。

中共芜湖市委对保护好这块水面的自然环境非常重视，曾于1994年10月14日召开常委会议讨论城市总体规划修订工作时，指出银湖、凤鸣湖"现有的水面要保护管理好，以利今后更好地、合理地开发利用。要严格控制水面周围区域，不允许在水面周围一定范围内搞建筑，必须建的，应由市高层次决策机构来定"。可惜这一指示精神未曾得到很好的贯彻落实，"两湖"的水污染范围正在逐步扩大，程度也在逐渐加重。据初步了解，对"两湖"的点源污染有来自2个砖瓦厂、杨王造纸厂和铁路东站机务段，还有一个在建的三星化工厂，面源污染有来自农田化肥的渗入和周围生活污水的排放，对"两湖"的生态环境构成威胁；沿湖周围有的地方已兴建了一些别墅区和住房，这显然有悖于市委常委会议对严格控制湖边建筑的精神；龙头山目前仍在开山取土，原来生长的松林因虫害被砍伐，山林地貌和植被遭到严重破坏。特别是随着开发区的港湾路和龙山路的建设，港湾路将横穿凤鸣湖，并在湖上架起一座凤鸣桥，龙山路将沿着凤鸣湖西岸走向建设，再加上沿路开发建设的兴起，如不保护和规划好，势必对"两湖"自然环境造成更大的影响，因此，我们认为对"两湖"自然环境的保护已到了刻不容缓的地步，否则一旦遭到破坏将难以恢复。为了切实贯彻落实市委常委会议精神，下最大的决心把"两湖"的自然环境保护好、

规划好，我们特提出如下几点建议：

一、划定风景保护区的范围，实施严而又严的保护措施。首先要保护好现有的水面，坚持不减少水面面积的原则，严禁填埋。在规划编制前，对沿湖的建设开发，要进行严格的管理和控制，冻结各种开发建设项目，更不允许突击抢建。对已经在建的项目，无论规模大小，均应执行"三同时"和建设项目环境评价制度，坚决杜绝新的严重破坏生态环境的行为发生。由于龙山路的建设，需要拆迁一批农民的住房，要统筹安排好农民再建房的问题，不能等规划好了再来控制。

二、认真贯彻污染防治和生态环境保护并重方针，加大污染源限期治理的力度。建议市环保部门对"两湖"的点、面污染源进行详细调查，提出控制和治污的具体方案。要抓好企业的污染治理，本着"谁污染，谁治理"的原则。逐个企业落实达标排放时间计划，不能限期达标排放的要予以关闭。对"两湖"周围生活污水的处理，可铺设排污管道，尽快实现生活污水不入湖。同时，要严格控制低科技含量、无污染防治措施的企业上马。

三、加强对龙头山山体的保护，立即停止开山取土，维护好山体地貌，同时要搞好植树造林，提高绿化档次。

四、抓紧做好"两湖"和龙头山的整体规划编制工作，以保持山水一体的自然特色。建议成立有权威性的市级规划领导小组（或工作小组），负责全区域规划设计工作，组织技术力量并拨专款，以保证规划前期工作能够顺利进行。在编制规划的过程中，要多方听取意见，可邀请有关单位和专家参加设计投标，进行可行性论证。

五、建议将"两湖"的综合整治工程列入规划考虑，可采取开挖、清淤、砌岸等措施，将现在被切断的"两湖水面"互相贯通起来。估计此项工程完成后，"两湖"水面积可达5000亩，长度可达8公里。

六、在"两湖"的开发方向上，应把开发旅游资源和发展生态性产业列入规划考虑。我们建议，根据桥梁设计的功能和体量，选用中国和世界的名桥桥式，如赵州桥、卢沟桥、南浦大桥、美国旧金山金门大桥、英国伦敦塔桥等，在"两湖"的水面上建造5—10座桥梁（包括现已设计但尚未施工的应参照这个建议修改设计），以形成独特的景点；根据环湖各地块的功能，可修建多种风格的建筑物，以形成相当规模的旅游"水城"，与芜湖长江大桥一起形成一个桥文化博览旅游风景区；还可利用水面作为水上运动基地，开发水上娱乐项目。

七、加大宣传教育的力度，进一步增强各级领导和群众的环保意识，充分认识保护自然资源，保持良好的生态环境是我国的基本国策，也是我们这一代人对未来应切实担负起的责任，以扩大各级领导和群众在环境保护上的参与度，为保护"两湖"的自然环境奠定坚实的思想基础。

八、我们认为，做好"两湖"自然环境的保护、规划、开发工作是一项长期的目标任务，需要几届政府共同努力才能实现。希望政府切实负起保护环境的责任，在实施过程中把"党政一把手负总责、亲自抓"的制度落到实处，把环境保护工作做得更好，同时市政协也将自始至终地给予关注。

1999年3月

2. 关于坚持不懈地做好银湖、凤鸣湖、龙头山自然环境保护、规划、开发工作的意见

1999年9月28日，政协九届八次常委会议认真听取和讨论了市政府的《关于办理市政协切实加强银湖、凤鸣湖自然环境保护建议案的

报告》。经此次主席会议研究，提出意见如下：

一、实施经济、社会与环境协调发展的可持续发展战略，是党的十五大确定的战略方针。近年来，我市的经济一直保持着较好的发展势头，与"两湖一山"相邻的经济技术开发区已成为举足轻重的新的经济增长点。随着长江大桥的建成通车，大桥经济园区建设的启动，新的发展前景迫切需要我们更加注意经济建设与环境保护的协调，使我市以经济技术开发区为中心的北部地区的发展起点更高，具有更强大的吸引力。"两湖一山"的保护和开发，有利于提高全市尤其是北部地区的环境品位和经济增长的综合质量，有利于为子孙后代营造更广阔的发展生存空间，有利于我市目前的发展和长远发展的后劲。要使"两湖一山"的保护、规划、开发工作长期进行下去，就必须用可持续发展的战略，用科学的发展观统一思想，这是前提。

二、把"两湖一山"的保护开发纳入全市经济和社会发展的长远规划和年度计划之中。从地理位置和发展现状来看，"两湖一山"和经济技术开发区、大桥经济园区及其周边地区互相渗透，连成了一个具有优越区位的地域。把它们作为一个整体纳入全市经济和社会发展计划，统一规划，分步实施，有利于形成工业设施和自然景观交相辉映，经济建设和社会事业协调发展的新格局，更好地发挥区位的整体优势和功能。"两湖一山"规划确定后，每年要确定一批项目，列入市政府发展计划和财政预算，多渠道筹集资金，做到每年办成几件实事，年年有新的进展。当前，在规划出台前，首先要抓好"两湖一山"的环境保护工作，在规划控制区域内，立即着手环境状况包括防疫状况的调查和检测，提出治理方案。对现有的环境污染，尽快提出实施有力的控制和治污方案，坚决杜绝新的破坏环境行为的发生。

三、通过必要程序，使"两湖一山"的保护、开发的规划具有权威性和长期性。"两湖一山"的保护开发，是一项规模较大，牵涉面较广、要求较高、时间较长的工程，需要几届政府的连续努力才能实现。为了不因领导人的改变而改变，不因领导人注意力和看法的改变而改变，"两湖一山"的保护、规划、开发方案一经市政府确定后，建议依照法定程序提请市人大常委会审议批准，向全市公布。通过新闻媒体等各种渠道进行广泛宣传，使广大群众充分了解保护、开发"两湖一山"的意义，充分了解市委、市政府克服困难、谋求全市人民长远利益的举措和决心，发动全市人民都来关心、支持、参与这项工程，使规划的实施具有广泛的群众基础。

四、"两湖"的规划、开发要注意体现"名桥"特色。有无特色，这是规划和开发成败的关键。关于"两湖"开发中的建桥问题，市政协九届六次常委会的建议案中明确提出在"两湖"水面上建造一批桥梁，根据地理环境和桥梁的功能体量，选用中国和世界的名桥，如赵州桥、卢沟桥、南浦大桥、颐和园十七孔桥、英国伦敦的塔桥等，与长江大桥互相呼应，形成实用性和观赏性相结合的名桥博览区。在这里，关键在于是否"名桥"。实施中，要尽量做到名桥原貌的再现，包括桥型、桥式、尺寸、建筑材料等都应和原桥相同；有些水面受客观条件限制不能完全再现名桥的，也要按照名桥的桥型和尺寸放大或缩小，不能走样。在特殊状况下，也可采用名桥桥式。

五、市政协要坚持工作的连续性，扎扎实实地关注"两湖一山"的保护、规划、开发工作。关于"两湖一山"的建议案，是市政协第一次经常委会议审议通过、向市政府郑重提出的建议案，得到了市委、市政府的大力支持和重视，目前办理工作已进入重要阶段。今后，市政协将把工作重点放在建议案实施的推动和监督方面。在本届任期内，"两湖一山"的保护开发将是市政协民主监督参政议政的重要内容。从

1999 年开始，每年将向政协全委会报告一次建议案有关进展情况，列入下一年的工作任务；市政协主席会议或经济委员会、提案委员会议每半年至少听取一次关于建议案办理进展情况的通报；市政协常委会每年至少听取和讨论一次市政府关于建议案办理进展情况的报告；组织必要的专题视察和调研，及时提出意见和建议；今年内的工作重点是推动"两湖一山"规划的制定出台、环境状况的调查及相应治理。为了使"两湖一山"的保护开发成为今后各届政协承上启下的共同任务，必要时将请政协全委会作出相应决议。

附：关于办理市政协"切实加强银湖、凤鸣湖自然环境保护的建议案"的报告

芜湖市人民政府副市长

（一九九九年九月二十八日）

受市政府委托，现将市政协"切实加强银湖、凤鸣湖自然环境保护的建议案"的办理情况报告如下：

市政协九届六次常委会提出了"关于切实加强银湖、凤鸣湖自然环境保护"的建议案，这是我市政协有史以来提出的第一个建议案，引起了各方面的高度重视。市委、市政府主要领导先后作了重要批示，市政府主要领导明确提出由市建委牵头，开发区管委会、鸠江区政府、规划局、环保局、土地局、旅游局等单位共同办理。几个月来，大家不断加深理解，不断提高认识，不断加大力度，使建议案的办理工作取得了实质性的进展。

一、基本情况

"两湖一山"位于我市城北，即凤鸣湖（蜻蜓湖、大河塘）、银湖（张湖）和龙山，与经济技术开发区毗邻，总面积约761.3公顷，其中

水面面积约297.2公顷，凤鸣湖为南北向，长5760米，银湖为东西向，长3350米，两湖宽300米左右不等。凤鸣湖现状为一个蜿蜒曲折的狭长湖面，北面延伸到龙山，形成山水相互辉映的自然风光。近年来湖旁先后建起了小化工厂、小造纸厂、砖瓦厂、公墓等，加上农田化肥残留物的渗入和周围生活用水的排放，对该湖的生态环境构成威胁；龙山也被开山取土，山林地貌和植被遭到破坏。目前，就"两湖一山"环境来看，随着开发区港湾路和龙山路的建设，港湾路将横穿凤鸣湖，并在湖上架设跨湖大桥；龙山路也将沿凤鸣湖西侧建设，沿路开发建设在即，如不保护则势必对"两湖一山"自然环境造成更大的影响。因此，实施市政协建议案，切实加强对"两湖一山"自然环境保护，既十分必要，也非常及时。

二、办理工作进展情况

1. 成立"凤鸣湖风景区"规划保护委员会。1999年6月20日，市政府成立了由常务副市长为主任，相关部门主要负责人为副主任的"银湖、凤鸣湖、龙山规划保护委员会"。后因人事变动，为进一步加强领导，市政府研究，并再次发文，对凤鸣湖风景区规划保护委员会组成人员进行调整，正式成立了由市长担任主任，副市长、市长助理兼开发区管委会主任，副秘书长兼建委党委书记任副主任，市建委、规划局、开发区管委会鸠江区政府、环保局、土地局、旅游局等相关单位和部门的主要负责同志为成员的高规格、强有力的领导机构。

2. 认真编制"凤鸣湖风景区"规划大纲。为切实办好市政协的建议案，市规划设计研究院于1999年5月就成立了该项目规划大纲编制组，多次深入实地进行踏勘、调研；市勘察设计研究院也组织人员赴现场测量水面和湖底高程，为两湖全面贯通提供了详实的数据。7月初，市规划院提出了初步规划大纲，经院部技术委员会审查后，报市规划局。市规划局及时组织了专家委员会进行认真评审，市建委两次到市政协征求意见，根据专家和各方面意见，市规划院对规划大纲进行了多次修改。9月24日晚，市政府主要领导主持召开了芜湖市规划委员会暨凤鸣湖风景区规划保护委员会会议，审议了规划大纲。会议首先对项目名称进行了认真推敲，认为定为"凤鸣湖风景区"为宜。一是凤鸣寓意腾飞，凤鸣湖与龙山联为一体象征"龙凤呈祥"，又能反映经济技术开发区筑巢引凤，开发开放。二是与自然环境保护区相比，风景区更能体现市政协建议案对"两湖一山"规划、保护和开发建设的初衷。会议认为必须对两湖现有水面进行必要的开挖修整，包括将一部分陆地划入风景区，有利于规划和开发建设。会议确定了"凤鸣湖风景区"规划控制范围，为由银湖南路、延安北路、银湖北路、龙山路、凤鸣湖西路（暂定名）、龙山北路（暂定名）、凤鸣湖东路（暂定名），以及芜宁路部分路段围合的区域，规划控制用地761.3公顷。会议确定了规划指导思想：第一，建设以名桥为主题，国际独特、国内一流的风景区；第二，达到环境效益、社会效益和经济效益相统一的目标；第三，实行整体规划，分步实施，多元筹资，综合开发，量力而行，大力推进，依法保护，科学管理的工作方针。

3. 着手开展对"凤鸣湖风景区"的环境保护工作，市政府已发出通知，要求市环保局立即着手对凤鸣湖规划控制范围及周边地区环境状况进行调查，并对附近厂矿企业、农户的"三废"污染情况提出有针对性的治理措施。同时，要求按照污染防治和生态环境保护并重的原则，对这一区域环境污染，提出具体的控制和治污的具体方案。本着"谁污染、谁治理"的原则，逐个对现有企业污染提出落实排放时间计划，不能限期达标排放的依法予以关闭，严格控制无污染防治措施的企业上马，严禁出现新的污染源。

4. 加强对"凤鸣湖风景区"的规划控制。市规划局已于 1999 年 7 月 7 日发布了"关于对银湖、凤鸣湖和龙山及周边用地实行全面规划控制的通告"，决定对银湖、凤鸣湖和龙山及其周边用地实行全面规划控制，明确规定自通告发布之日起，上述范围内停止除市政基础设施以外的其他新建、改建、扩建项目，未批准的不再批准；已批在建的项目也要立即停止建设，违者视同违法建设，将按《城市规划法》等法律法规严肃查处，待"凤鸣湖风景区"规划审批后，市政府将发布通告，对这一区域进行规划和环保控制。此外，市政府已责成鸠江区和大桥镇政府加强对龙山山体的保护，立即停止开山取土，维护好山体地貌。同时，经市规划委员会研究，并发出通知，要求开发区管委会根据凤鸣湖风景区规划控制范围，调整编制凤鸣湖风景区周边用地规划、控制性详规，报市规划委员会审定。要求风景区周边规划用地和建设，必须服从风景区规划，与风景区保持相协调。

5. 加强对"凤鸣湖风景区"的水面保护。8 月 13 日，在向市政协汇报后，市政协领导提出了十分中肯的建议，受此启发，我们又组织编制了"芜湖市水面保护规划"，制定了"芜湖市城市水域保护管理办法"，本着贯彻"清、疏、拆、治、截、建、绿、管"八字方针，从规划与建设、保护与管理等方面作出了明确规定和相应的罚则，使全市现有水面和凤鸣湖风景区内的一切景物和自然环境保护，做到有法可依，有章可循，违法必究。目前，"芜湖市水面保护规划"也经专家委员会审查，近期市规划委员会将组织审查；"芜湖市城市水域保护办法"，市政府法制局已审议、修改，并征求了市人大、市政协和有关单位专家的意见和领导的意见，待市政府常务会议审定后，便可颁布实施。

6. 利用水面优势，突出桥文化。根据"凤鸣湖风景区"规划大纲，结合开发区路网规划，将在银湖、凤鸣湖上架设若干座桥梁，这些桥梁将按中外名桥桥式建设，既满足交通功能，又充实景区景观，现已确定在港湾路上架设一座仿北京颐和园昆明湖上的17孔桥，为了实现银湖、凤鸣湖贯通，决定在龙山路上增设一座桥梁等。此外，还将根据两湖自然状况，再缩微建一些中外名桥，与芜湖长江大桥一起形成一个桥文化的游览区。目前，港湾路上的17孔桥由上海市政设计研究院正在进行深化设计，10月下旬将拿出招投标方案，计划年内开工，力争明年与芜湖长江大桥同期完成，龙山路桥正由市规划设计研究院进行深化设计，与龙山路同步建成。

三、下一步的工作

1. 10月20日前，完成"凤鸣湖风景区"规划设计招标准备工作，进行公开招投标，拟选择国内一流的大院、高手对"凤鸣湖风景区"进行规划设计，待规划设计方案完成后，广泛征求社会各界的意见，使"凤鸣湖风景区"的规划建设做到起点高、大手笔、上档次。

2. 加大对"凤鸣湖风景区"规划宣传力度，让广大市民充分认识到加强银湖、凤鸣湖、龙山自然环境保护工作是一项功在当代、造福子孙的大事，从而进一步增强各级领导和广大市民的规划和环保意识，充分认识到保护自然资源，保持良好的生态环境是我国的基本国策，是每个公民都必须自觉履行的义务，为开发凤鸣湖风景区奠定坚实的思想基础。

3. 制定"凤鸣湖风景区环境保护管理办法"和"凤鸣湖风景区规划保护管理办法"，经市政府常务会审议通过颁布施行，对凤鸣湖风景区采取切实可行，行之有效的保护措施。

4. 根据"凤鸣湖风景区"规划，编制分年度实施计划，逐年安排实施。

5. 对龙山公墓的状况进行调查，市政府已作出决定，从现在起，任何单位和集体不得在鸠江区境内建公墓、陵园，现有的公墓不得扩大。

6. 待规划正式确定后，将"凤鸣湖风景区"内的世界名桥微缩园区、水上娱乐、水上竞技等项目编印成资料，对外招商，以加快开发建设进度。

7. 为了使办理建议案的各项工作得到落实，"凤鸣湖风景区规划保护委员会"下设立办公室，由市建委总工负责，从建委公用事业科、园林管理处、绿化办、规划设计研究院等单位抽调人员，负责各项具体工作。

8. 市政府决定安排一定的资金，确保"凤鸣湖风景区"的规划等前期准备工作的落实。

9. 进一步明确：

（1）凤鸣湖风景区自然环境保护工作，由市环保局负责；

（2）凤鸣湖风景区规划编制和规划控制工作，由市规划局负责；

（3）开发区管委会和鸠江区政府有关管理部门，负责依据规划和管理规定予以控制保护和实施监督。

3.对九八洪水的思考及搞好我市水利建设的建议（大会发言）

1998 年汛期，长江发生了自 1954 年以来的全流域性大洪水。在此期间，地处抗洪一线的江城芜湖也经受住了洪水的严峻考验，200 多万江城儿女，在市委、市政府的坚强领导下，先后打好了防汛抗洪的四大战役，确保了 2 千亩以上圩口无一失守，胜利实现了既定目标。在洪水位仅低于 1954 年，高水位远远超过 1983 年、1996 年的严峻形势下，我市洪灾造成的损失仅及1996年的38.6%，而且，全市防汛期无一人因灾死亡，创造了"大水无大灾"的奇迹。

在旷日持久的抗洪抢险斗争中，全市共投入抗洪抢险经费2940万元，动用了大批人力和防汛物资。洪水使全市2.6万公顷的农作物受灾，其中绝收面积占22%，造成了43.88万人口受灾，其中成灾26.33万人。另外，由于江、河堤长时间受高水位浸泡，全市长江干堤和内河下游成圈圩堤出现各类险情818处，其中重大险情61处，给我市干群敲了警钟。

我们认为：近年来，在历届市领导的关心重视下，我市经过六年的不懈努力，于1998年4月全线高质量地完成了城市一期防洪工程，使总长7.1公里的多功能防洪墙巍然屹立青弋江两岸，有效地抵御着洪水的侵袭，使市区生产、生活井然有序。但是，由于历史的欠账较多，加之受财力等因素的影响和制约，芜湖市的水利建设中还存在着不少需要引起重视的薄弱环节，突出地表现在以下几个方面：

（一）城市还不能确保安全抗御"54型"大洪水，长江部分干堤及5万亩以上圩口多数堤身单薄，不够标准，万亩圩口则标准更低，一些堤段堤身为沙壤质土所修成，容易发生散浸和渗漏。

（二）由于年久失修，险工隐患较多，长江水势不稳，江堤严重崩塌时有发生。另外，青弋江、水阳江、漳河等长江重要的支流两岸存在着白蚁隐患、内塘外河、管涌渗漏等险工险段，特别是涵闸斗门大多修建于五六十年代，因年久失修，地质结构发生变化，遇到大的洪水容易造成决口。

（三）河道、堤防人为设障较严重，产生了人水争地、人堤争地的矛盾。

（四）排灌不配套，沟渠淤积严重，排灌效益得不到充分发挥。一些泵站设备老化，有的"带病"运行。

（五）山丘区水库缺少护理与兴修，库坝的高度不足，水库调蓄水量的能力下降，并在一定程度上存在不安全因素。一些山塘太浅，蓄水不多，致使灌溉保证度不高，遇到大旱年份问题更加突出。由于芜湖市地处长江中下游，跨江带河，境内河网密布，水系紊乱，山地、丘陵、圩田俱全，全市有70%的耕地、80%的人口和90%的资产位于江河洪水威胁之下，加之东南山丘地区没有骨干蓄水、引水工程，受地理条件的制约和复杂气候的影响，而呈现出水旱灾害频发的特点。

为了提高和加强水利工程整体抗灾能力，实现经济社会的可持续发展，我们提出如下建议：

第一，确保随着本地区经济的发展而增加水利建设的投入。按照"分级负责，各抓重点"的原则，做到三落实：分管领导落实，兴修水利工程落实，资金落实。层层管，层层抓，层层负责，切实打好水利建设这场硬仗。

第二，要认真贯彻执行国务院提出的"封山育林，退耕还林，平垸泄洪，退田还湖，以工代赈，移民建镇，加固干堤，疏浚河湖"的方针，对全市1300公里江、河、圩堤，81座水库，19192口山塘，按照"全面规划，统筹兼顾，标本兼治，综合治理"的原则，针对具体情况，制定出切实可行的治理规划，做到一张蓝图绘到底。我们的具体想法是：

①兴建城市二期防洪工程时，防洪墙的长度、高度和质量要求等都要一步到位。做到规划设计讲科学，操作施工按规定，加强监督管理，坚持质量第一。

②对长江干堤和万亩以上大圩堤要严格贯彻执行《水法》《防洪法》和《河道管理条例》的规定，按照预防"54型"大洪水的标准，

进行清障和加高加固干堤，力求全面达标。

③对支流堤身可采取堆土灌浆、填塘固基、退田还水等办法，确保堤身抵御洪水的能力。对今年大水中管涌多的险工险段，可进行地基勘探，对基础不坚固又无法加固的，宜重勘新基，重筑新堤。

④对水库、山塘，除做好对病、险水库的除险加固外，要重视对近2万口山塘的整治工作，有计划地对水库、山塘进行清淤深挖，固堤固坎，增加库、塘的蓄水量，做到防洪、防旱并举，蓄水养殖结合。

第三，要治山治水相结合，有规划地进行植树造林、绿化荒山的工作。为改善生态环境，保持水土，防止水土流失阻塞江、河水道，在治山植树造林中，要提高森林质量，做到林种比例合理，改变过去中幼林多、针叶林多、用材林多而防护林少的局面。同时，在江河干堤的临水一侧，要加强防浪林的营造，据有关资料介绍，江堤外有5—10行防浪林，林外风力四级时，林内只有一级；林外浪高0.3米时，林内只有0.1米。可见防浪林可起到明显的减洪缓洪、防风防浪保护堤身作用，需要大力加以营造。

第四，要加快移民建镇工作。对住在江堤、圩堤上的居民户，一定要加大力度搬迁；对住在低洼区和江心洲等易受洪水侵袭的居民，要有计划地组织搬迁，并将此项工作与农村小城镇建设结合起来，建镇选址一定要避开洪水威胁，做到一劳永逸，避免盲目的低水平的重复建设。

第五，加大水政管理力度。为改变过去行业管理、上下级管理为依法管理，建议按照有关法规的要求，尽快组建、培训一支政治素质高、业务能力强的水政执法队伍，真正使水政管理做到有法必依，执法必严。

第六，根据每到汛期，我市内河水流加上区间来水注入长江时，若遇到长江高水位"顶托"，便形成了我市防汛中最怕出现的"龙虎斗"态势，从而使堤防不堪重负，防汛压力加大，为消除因江水倒灌顶托，避免"龙虎斗"，有关部门应对青弋江等注入长江的河流，兴建控制工程，现在就可着手进行可行性研究。

4.关于对保兴埠水域市区段沿线加强管理、控制水体污染的建议

保兴埠是芜湖市的一条泄洪纳污水系，其上游水质尚可，而进入市区后，因沿线企业的生产废水和居民生活污水均排入其中，加上各类垃圾亦不受限制地倾倒其中，致使水质污染严重；尤其是延安中路至江东船厂（北埝及其以内）段，水体发黑，水面尽是漂浮物，散发着臭气，夏天可明显见到水体富营养化现象。此水系经西江涵排水站排入长江。而杨家门水厂的水源地都在该排水站下游不过 1 公里范围内，因此，在一定程度上亦影响饮水源水质。如此该水系的严重污染无疑会妨碍我市的城市创建和人民群众的身体健康。为了加快我市的两个文明建设，促进我市的改革开放，特建议加强对此水系的管理，使区域环境保持清洁，进而改善芜湖市水环境的质量。

（1）分段分地区管理，责任到单位，责任到户，并与经济利益挂钩。

（2）制定包括以上条款的沿线环境管理办法，发布告示，要求各排污企业切实实行污水治理后再排放，严禁向水体内倾倒各类垃圾，成立环境卫生巡逻队，一旦发现违规者，即给予警告并处以罚款。

（3）对上述区段水体进行清淤，并在其中种植能净化水体的植物。

（4）沿线两岸建起栅栏，防止百姓向渠内倾倒垃圾。

附：新芜区人民政府、市环境保护局、市建设委员会关于市政协九届二次会议第011号政协提案办理情况的答复（略）

5.西洋湖治污问题应列入议事日程

随着我市二环路建成通车及市区建设延伸，西洋湖已在市区范围。由于管理工作没有跟上，沿湖少数居民向湖中倾倒垃圾及沿湖单位向湖中排放污水，导致湖水夏天发臭，湖中漂浮污物，杂草丛生。西洋湖面积较大，若不及时加强管理，将会恶化周围居民生存环境，影响本市创建文明城市工作。

建议落实责任单位，加强对西洋湖管理整治工作。

6.关于改善镜湖水质的建议

近几年来，镜湖由于不断受到严重污染，水质明显恶化。随着镜湖公园陆地的改建扩建，镜湖水质的处理已刻不容缓。目前，环湖四周截污工程和黄山路的建设将在近期内完成。因此，建议在今年雨季到来之前完成湖底清淤和湖水置换工程。

清淤仅需在污染比较严重的东镜湖进行，在步月桥下筑临时土坝，排空湖水，清淤机械可进入湖底作业，并辅之以人力配合，施工期短，对环境污染影响不大，可结合黄山路改建扩建工程同步施工。

镜湖截污后，除应增设溢流口作为天然置换水源之一。现利用人防地下水置换，由于其流量太小，杯水车薪起不到作用。建议在公园陆地择定孔位，打一口二百米以下深井，约需经费四万元。根据我市地下水文普查及有关资料分析，有可能打出承压裂隙水，即使找不到裂隙水，经扩孔后，仍可以地下水作水源，估计每天约有两千吨水量，总投资拾余万元，且仍可在湖心设置喷泉，一举多得，增加景观。

附：芜湖市建设委员会关于市政协九届二次会议第028号政协提案办理情况的答复

镜湖是我市的一颗明珠，是旅游、观光、休闲、晨练的主要场所之一。因此，改善镜湖水质，对镜湖实行清淤势在必行。市政府已将镜湖综合整治列入了今年为民办的十件实事之一。目前，镜湖清淤工作已全面展开，可望于9月20日前全部完工。清淤完工后，将对镜湖第一次全部换成自来水，并对湖岸护坡、出水口、水井、湖心亭等游乐场所及设施进行改造，并配置绿化、雕塑等园林小品，使镜湖公园真正成为芜湖一颗璀璨的明珠。

7.切实加强水政监察力量，确保依法治水顺利进行

从1988年至今，我国相继颁布实施了《水法》《水土保持法》《防洪法》《河道管理条例》《水利产业政策》等一批水法规，使我国水土资源开发混乱、水利工程管理无序的现象得到了控制。但是，一些地方、部门和个人的法治观念淡薄，有法不依、执法不严的情况依然存在；无证取水、违禁开垦、侵占河道，人为设障、人水争地、人水争堤和拖欠拒交水规费等违法行为时有发生，严重影响水利工程的建设和管理，危及防洪安全和职工队伍的稳定。为此，水利部以（1995）493号文下达了《关于加强水政监察规范化建设的通知》。

建议：

（1）尚未成立专职执法队伍的单位，应尽快向当地人民政府汇报，并积极地与政府编制部门联系。水行政主管部门的主要领导协调落实，力争在1999年初完成我市（县、区）水政监察支队、大队的组建工作。

（2）有关部门千万不能抱有应付的想法，搞形式上的挂牌组建，而要帽子下有人，实实在在地定岗定编定人。皖政（1998）号文件批转至水利《关于加强水政管理工作意见的通知》。通知要求，各地应建立健全水政监察制度，依法加强水政管理，逐步扭转执法难、收费难的局面；各地要在1998年底完成水政专职执法队伍的组建工作，使水政监察成为一支集监督检查、许可审批、依法收费于一体的执法队伍；省、地市、县水政监察执法队伍的名称分别定为水政监察总队、支队和大队。目前，我市至今未能完成组建工作，影响了我市依法治水、依法管理工作进程。

（3）要为水政监察队伍配备必要的交通、通讯、勘察工具等执法设备，改善办公条件，落实办案补贴、水政监察活动经费。可以从财政专项依法征收的水费、河道管理费等行政事业性费中列支。

8.加强对自来水取口水污染源的治理

由于历史的原因，我市部分污染严重的企业都建在自来水厂取水口的上游，如芜钢、染料厂、造漆厂等。生产中排出的大量污水没有充分稀释就可能进入城市自来水管网中，对居民的身体健康十分不利，建议切实对此事引起重视，对这类污染及企业迅速进行治理。无法治理要关停和搬迁。不能以部分企业的局部利益影响全市人民生命的大局。

9.陶沟污水应先净化后排放

镜湖之水虽得以澄清，然截污后的污水由陶沟直接引往长江，加重了长江的污染。这是与当前国际国内都十分重视的环境保护的观点完全相违背。再者从本市局部看来，杨家门水厂就处在上述排污点的下游，现在杨家门水厂自来水水质（细菌数量、微量元素含量等水质指标）跟陶沟排污前有无进行过抽样？对此关系到排污下游自来水用户的饮水安全。因此，本市应尽快解决陶沟污水净化，做到先净化后排放。

附：芜湖市建设委员会关于市政协九届二次会议第210号政协提案办理情况的答复

陶沟水系改造工程已被列为今年政府为民办的十件实事之一，年底前，我们将建成403米钢筋砼涵，改造泵站，箱涵及现陶沟区域进行硬覆盖，上面将建成公交停车场。关于提出的净化污水问题，在污水管网系统中已有考虑，但必须等杨家门污水处理厂和污水管系统建成后，陶沟的污水将不再直接排入长江，而进入污水处理厂净化。目前，我们已成立了杨家门污水处理厂筹建处，正着手进行一系列开工前的准备工作，该项目可望年内开工，陶沟乃至全市污水净化不久将会实现。

10.关于对镜湖周边餐饮业油污水排进行有效管理的建议

镜湖是我市的一颗明珠，它使江城更加秀丽迷人。去年以来，市政府在改造镜湖路的同时切断了市区居民对镜湖的污水排放，为保护镜湖水质起了很好的作用。但是影响水质的另一个隐患还未根除，这就是在镜湖明周边的餐饮业，尤其是镜湖美食城和迎宾阁、船体餐厅等。这些饭店的大量油污水仍有排放到镜湖之中，严重影响着镜湖水质和风景环境。另外，迎宾阁东角（消防支队的方向），环境污染十分严重，必须要尽快加以改造。

建议：

（1）对这些饭店的油污水排放，有关部门必须进行有效的管理和考评，发放经营特殊许可证。

（2）实行油污水定向处理（必须长期进行）或改造排水管道，坚决杜绝油污水对镜湖的排放。

（3）如仍然出现排放油污水应对其饭店予以停业处罚，严重的要限期迁址。

附1：芜湖市环境保护局关于市政协九届二次会议第226号政协提案办理情况的答复

镜湖乃我市的一颗明珠，为了使它更加秀丽，市政府从去年开始已对镜湖进行了截污，并将采取一系列措施（清污、换水等）继续对它进行治理。您提出的关于镜湖周边餐饮业油污水的排放问题，市环保局领导非常重视，派人对镜湖周边的餐饮业进行了详细的调查，迎宾阁、镜湖美食城的餐饮及生活污水有专用管道与城市下水管网相连，废水不排入镜湖；市书画院、烟雨墩有少量洗漱用水排入镜湖，船体餐厅废水由桶装收集后，排入城市下水道。环保部门将会同其他有关部门，按照《芜湖市镜湖风景区管理办法》，进一步加强对镜湖餐饮业的管理，进行不定期检查；严禁油污水向镜湖排放。同时，进一步加大宣传力度，提高广大居民的环保意识，克服乱倒、乱扔的坏习惯，自觉保护我市明珠——镜湖的环境。

附2：芜湖市建设委员会关于市政协九届二次会议第226号政协提案办理情况的答复

《芜湖市镜湖风景区管理办法》已于1998年12月31日由市政府颁布实施。1999年3月5日，市政府又召开了镜湖风景区环境整治工作会议，对镜湖风景区环境整治工作的职责进行了分解，由市建委牵头，镜湖区配合，工商、公安、环保、文化等相关行政管理部门共同对镜湖风景区进行综合整治。根据市政府的要求，市建委制定了《镜湖风景区整治方案》，成立了镜湖风景区整治领导小组、镜湖整治综合办公室、镜湖风景区综治办联合执法队，从4月1日至4月20日对镜湖风景区进行统一整治，4月21日后转入综合整治办公室正常管理。通过整治，清除了风景区内的卡拉OK夜市。取缔了乱设摊位的无证摊贩，解决了占道经营无序管理的现象，并对风景区内证照齐全经营户的摊位进行了统一设置。同时，对风景区内的镜湖美食城、迎宾阁等餐饮业已作出限期整改或迁出的决定，限制周边餐饮业的发展，今年4月份迎宾阁已由园林管理处收回，解决一处大的污染源。尽管做了许多工作，镜湖风景区面貌已有较大的变化，但也还存在着不少问题，我们将继续按规定强化管理。

11.关于加强市郊水系沟塘排污管理的建议

理由：

（1）环境保护是我国的基本国策，是可持续发展战略的重要组成部分。

（2）沟塘水系污染直接影响城市形象，影响投资环境，直接威胁人民的身体健康。

（3）我市近郊沟塘水系污染严重成为我市重要污染源。

建议：

（1）严禁向市政排污管网之外的任何水系、沟塘排放工业污水、生活污水及垃圾。

（2）在近郊村镇倡导实行垃圾袋装化，集中清运处理。

（3）对近郊沟塘水系按辖地原则划分环保卫生责任区。

附：芜湖市环境保护局关于市政协九届二次会议第105号政协提案办理情况的答复

一、按照国家《饮用水源保护区污染防治管理规定》，我市制定并实施了《芜湖市城市饮用水源保护区污染防治管理办法》。《办法》规定禁止向饮用水源保护区水域倾倒工业废渣、城市垃圾、粪便及其他废弃物；禁止向一级水源保护区水域排放污水；向二级水源保护区和准保护区水域排放的污水必须符合国家规定的排放标准。对严重污染城市饮用水源的工业污染源，我们依法采取了关停措施，如关停了飞鹰木材化工有限公司苯酚生产车间，对利民染料厂排出的含酸废水污染青弋江水系又治理无望，我们正在酝酿采取关停措施。同时按国家要求，2000年底所有工业污染源排放的污染物必须达到国家排放标准。市环保行政主管部门正在加大这方面的工作力度，至1999年底，我市工业污染源已有80%以上完成达标排放的任务，至2000年底，我市所有工业污染源都将按要求达标排放，逾期不能达标的，将依法予以关停。

二、积极争取利用国家开发银行贷款和国家特债建设城市生活污水处理厂和城市生活垃圾处理厂。日处理10万吨生活污水的朱家桥生活污水处理厂1999年已开工建设，同时，在新建宾馆、住宅小区等工程中推广无动力污水处理装置,削减污水中污染物排放量。城市生活垃圾处理厂一期工程正在积极建设,今年底可望竣工。

三、市辖四区环保部门按照各自的职责分工,做好辖区内环境保护工作,加大环境管理的监督力度。

四、《芜湖市市区水面管理办法》目前正在征求有关管理部门的意见,该办法明确了水面管理中各有关部门的职责,争取早日颁布施行。

三、九届三次会议(2000年)

1.关于加大我市"两湖一山"保护、规划、开发力度的意见

3月8日,市政协听取了市建委《关于切实加强银湖、凤鸣湖自然环境保护的建议案》办理情况的通报。认为市政府对政协这一建议案很重视,市政府有关部门也做了很多前期工作,拟成立"凤鸣湖风景区旅游开发公司"按市场化操作的措施可取。但目前工作进展和力度还不理想,存在一些亟待解决的问题。主要是:上次常委会议至今已有半年了,这项工作还未有明显的进展,总体协调力度不够,对建议案的办理还没有摆到应有的位置。"二湖"总体规划编制工作至今没有进行。建议政府将规划编制工作落实到部门,明确专人负责,尽快组织规划设计招投标。总之,规划不出台,下一件一件干不下去,现在做不了的事,可留给后人接着搞,定要高标准高起点严要求做出精品,使之成为全国闻名的有桥文化特色的风景区。

附：关于对市政协"切实加强银湖、凤鸣湖自然环境保护"建议案办理进展情况的通报（2000年6月20日）

对市政协九届六次常委会提出的"关于切实加强银湖、凤鸣湖自然环境保护"这一建议案，市政府及相关部门一直高度重视。一年多来，办理工作取得的主要进展是：

一、出台了《凤鸣湖风景区环境保护和规划管理办法》（以下简称《办法》），该《办法》经市政府第37次常务会议讨论通过，并于4月19日以芜政（2000）14号文件下发，就其规划管理、环境保护等作了具体规定，同时，成立了以副市长为主任的凤鸣湖风景区管理委员会，负责风景区的环境保护和规划管理，并明确市规划局作为办事机构，在风景区管委会领导下，负责风景区的日常具体管理工作。

二、组织了凤鸣湖风景区规划设计方案招标

根据市规划委员会审议通过的凤鸣湖地区规划大纲，市规划部门及时组织编制了凤鸣湖风景区规划设计方案招标文件。市招标办采用网上公开招标、定向邀标等多种渠道多种方式在全国范围内广泛发出招标邀请，通过有关部门的共同努力，邀请了北京等地的三家设计单位应标，标书已于6月15日发出，定于8月31日报送设计方案。

三、按照《办法》要求，切实加强了凤鸣湖风景区的规划监察管理。

《凤鸣湖风景区环境保护和规划管理办法》出台后，市规划局及时制定了《关于认真贯彻〈凤鸣湖风景区环境保护和规划管理办法〉的通知》，要求鸠江区建委、开发区规土局等部门积极配合，共同做好凤鸣湖风景区的规划管理工作，并多次组织有关管理人员深入现场了解情况，严格控制凤鸣湖及周边地区各类项目的审批工作；责成市规划监察队加强巡查，坚决杜绝乱搭乱建等违法行为。对一直禁而未止的龙头山开山取土问题，6月19日、21日，市长、副市长又先后两次率建委、开发区、鸠江区和规划部门的负责同志前往凤鸣湖风景区现场办公，针对龙头山开山取土问题，要求发布通告，立即封山、育林、断路，对周边的小窑厂，清理造册，逐步取缔，从源头杜绝此类现象再发生。

四、安排了市勘测设计院对两湖的水面高程和湖底高程进行了实地勘测。初步选定了两湖沟通的最佳位置，为实现两湖沟通提供了基础资料。

五、组织完成了凤鸣湖风景区环境质量调查。

调查范围是以凤鸣湖风景区规划控制区域为核心，涉及经济技术开发区和大桥镇龙山、红星、大圣、永丰等4个行政村，湾里镇秋口、杨王、河塘、三塘、石城、齐落山、桥楼、湾里等9个行政村，共约300公顷的城郊地区。调查内容包括自然环境、社会经济环境、污染源、区域环境质量监测等，并对凤鸣湖风景区环境保护工作提出了具体的建议。

六、安排了市规划设计院组织编制了凤鸣湖风景区控制区规划。待规划方案全面完成后，将及时组织评审，报批，并严格实施。

七、加大了对凤鸣湖风景区的宣传力度。

今年4月，在《城市规划法》颁布实施十周年之际，市规划部门及时组织了对包括凤鸣湖风景区在内的几项重点工程项目进行了广泛宣传，通过安徽省暨芜湖市新闻媒体发布消息，在中山路步行街现场通过展示图版、图片、图表等多种形式，较为系统地宣传了凤鸣湖风景区的规划设想和现状自然风光，引起了许多市民的浓厚兴趣。

八、凤鸣湖桥、龙山路桥（暂定名）均已完成了方案设计，并进行了施工招投标。中标单位已进场施工作业，两桥可望10月底建成。

九、关于银广厦科技园建设问题。

银广厦科技园是开发区招商引资的重点项目，由于当时凤鸣湖风景区规划尚未确定，经市规划委员会研究，同意广厦科技园在凤鸣湖支叉选址建设，并提出填160亩水面，挖202亩水面补偿置换。为更好地保护凤鸣湖水面，目前，市政府已要求该项目实施时环湖必须预留绿色通道，并将西北角三角地让出，作为桥头绿地，同时责成开发区负责督促实施。

十、下一步工作安排。

1. 抓紧完成规划设计方案，待各设计单位8月底将设计方案送达后，将邀请省内外专家进行评审，力争9月底前完成评审工作。同时，广泛征求社会各界意见，博采众长，广纳良言，加以修改完善。

2. 进一步加大对凤鸣湖风景区的宣传力度，系统地、全面地进行深入宣传，广泛招商，欢迎海内外投资者参与开发、经营。力争明年上半年有1—2个旅游项目先期启动。

3. 进一步加大对凤鸣湖风景区的管理力度。严格按照市政府《关于加强凤鸣湖风景区的环境保护和规划管理办法》的要求，切实采取措施，对该区域实行严格控制和保护，杜绝违规行为，责成市规划监察队除常规巡查外，还应与开发区、鸠江区密切配合，建立举报、查处网络，随时发现，随时查处。

4. 实施两湖沟通工程。待凤鸣湖风景区规划设计正式确定后，于今冬明春立项建设。

2. 关于进一步加大力度，做好"银湖、凤鸣湖、龙山自然环境保护建议案"办理工作的几点建议（2000年7月11日）

6月27日，市政协九届十二次常委会议听取并协商讨论了市政府关于保护"两湖一山"自然环境建议案办理进展情况的通报，听取了市政协经济委员会关于建议案办理进展情况的视察调研报告。

会议认为，关于加强银湖、凤鸣湖、龙山自然环境保护的建议案，是芜湖市政协常委会有史以来的第一个建议案。建议案的酝酿和提出，始终得到市委、市政府主要领导的关心和支持。建议案提出的问题，不但关系到保护市区4500余亩优质水面和龙山的自然环境，而且直接关系到全市的环境质量，关系到造福子孙后代。为此，芜湖市政协常委会组成人员和广大政协委员把它作为政治协商、参政议政的重点课题之一，倾注了很多心血。市政协已组织了四次共一百人次参加的专题视察调研，召开了三次常委会、五次主席会、七次协商通报会进行专题讨论，为一件建议案投入力量之大、委员参与面之广、热情之高，在芜湖市政协历史上也是少见的。广大政协委员为保护、规划、开发"两湖一山"积极建言献策，热切期盼建议案的办理能不断取得新的成果，使它成为我市决策民主化科学化的成功范例之一，成为尊重人民政协、广纳各方良策、共谋芜湖长远发展的一段佳话。

然而，当前"两湖一山"保护中存在的问题使委员们深感忧虑：在龙山山体上开山取石、在龙山脚下挖土烧砖的活动一直没有停止，对地形地貌的人为破坏愈演愈烈；凤鸣湖风景区内银广夏科技园项目的上马，使环湖100米内绿色通道有被切断的危险；部分企业和单位的生产、生活污水继续对水体造成污染，等等。这些状况说明，去年以来市政府所发布的关于保护"两湖一山"的规定、办法没有得到认真落实，存在执法不严、有章不循、保护不力、规划滞后的问题；有些单位和部门的领导缺乏可持续发展的战略眼光，从局部和眼前的利益出发，对"两湖一山"的保护工作态度消极。因而建议案的办理工作进展不快，某些问题出现了反复。

为此，根据常委会的协商讨论意见，就进一步做好建议案的办理工作提出如下建议：

（1）吸取历史的经验教训，以党的十五大精神和可持续发展战略进一步统一认识。实施经济、社会和生态环境协调发展的可持续发展战略，是当今全球的共识，是党的十五大确定的战略方针，是我国经济社会发展进程中急需解决的重大课题，我市同样面临这个问题。回顾我市历史，南宋著名爱国词人、状元张孝祥"捐田百亩、汇而成湖"的镜湖，给芜湖的发展和广大群众带来了无穷的好处和效益，几百年来一直被人民赞颂，其中的道理发人深思。经济社会发展中片面追求增长速度、忽视科学规划带来的环境污染、建筑污染等一系列负面效应，其中的深刻教训值得汲取。而改造中山路、建设中心广场、创建旅游城市等一系列重大举措则反映了市委、市政府领导对芜湖长远发展的前瞻性思索。我们应当彻底摒弃重开发、轻保护的粗放型发展模式，坚持可持续发展的正确思路。当前，我市经济发展势头较好，与"两湖一山"相邻的开发区已成为举足轻重的新的经济增长点，随着长江大桥的建成通车，大桥经济园区建设的加快，新的发展前景迫切需要我们更加注意经济建设与生态环境的协调发展，使我市的投资环境具有更高的起点和更强大的吸引力。"两湖一山"的保护和开发，有利于提高我市城北地区的环境品位，有利于我市目前的发展和增强长远发展的后劲，有利于为后代留下一个生存发展的空间，以便谱写更美好的篇章。我们要用可持续发展的战略，用历史的经验教训，用科学的发展观统一各级领导的思想，使"两湖一山"的保护、规划、开发工作卓有成效地进行下去。

（2）从加强"保护"着手，全面贯彻执行《凤鸣湖风景区环境保护和规划管理办法》（即14号文件）。《办法》规定了"风景保护区"和"风景区规划控制区"的范围，对规划管理和环境保护等方面提出了具体要求和措施，是一个好文件。我们认为，当前，首先要突出"保护"这个重点。在规划没有出台之前，要按照《办法》规定的保护范围和保护措施，确保"两湖一山"的自然环境不再遭到人为破坏。要从源头杜绝对龙山山体和山脚的开挖现象；在银广夏科技园项目建设中，要加强科学规划和论证，坚持节约土地的原则，确保市政府关于水面置换和环湖预留绿色通道的要求得到落实。依据国家和省市关于保护和开发利用风景区资源的相关法律法规，今后在风景区内不宜再上新的工业项目；要执行《办法》的有关规定，禁止继续向风景区内水体排放污水，继续全面加强风景区环境保护的监管。为了推动14号文件的贯彻和各项保护措施的落实，建议把保护"两湖一山"的任务分解落实到具体单位和个人，采取得力措施，加强检查协调，确保政令畅通。

（3）抓紧风景区的规划编制工作。这是科学规范地保护、开发风景区的迫切需要。建议市政府加强对规划编制工作的领导和相关力量，力争尽快完成此项工作。鉴于规定了"风景保护区"和"风景区规划控制区"的范围，对规划管理和环境保护等方面提出了具体要求和措施、是一个好文件。我们认为，当前，首先要突出"保护"这个重点。在规划没有出台之前，要按照《办法》规定的保护范围和保护措施，确保"两湖一山"的自然环境不再遭到人为破坏。要从源头杜绝对龙山山体和山脚的开挖现象；在银广夏科技园项目建设中，要加强科学规划和论证，坚持节约土地的原则，确保市政府关于水面置换和环湖预留绿色通道的要求得到落实。依据国家和省市关于保护和开发利用风景区资源的法律法规和规章，今后在风景区内不宜再上新的工业项目；要执行《办法》的有关规定，禁止继续向风景区内水体排放污水，继续全面加强风景区环境保护的监管。为了推动14号文件的贯彻和各项保护措施的落实，建议把保护"两湖一山"的任务分解落实到具体单位和个人，采取得力措施，加强检查协调，确保政令畅通。

（4）进一步加强对政协的情况通报工作。人民政协是实现中国共产党领导的多党合作和政治协商这一基本政治制度的重要机构，是发扬社会主义民主的重要渠道，坚持党的领导，围绕中心，服务大局，是我们履行职能始终遵循的原则；化解矛盾，维护稳定，同心同德，群策群力，推动全市经济建设和各项社会事业更快更好地发展，是我们的共同心愿。在履行政协职能的过程中，我们将一如既往，主动争取党委的领导和政府的支持，同时建议政府及有关部门进一步加强对政协的情况通报工作。有关"两湖一山"建议案办理进程中的重要事项，及时向政协通报说明，以便准确了解政府意图，及时反馈委员的意见和建议，有针对性地做好宣传解释工作，更好地保护和调动广大委员参政议政的积极性，支持配合政府，把全市改革、发展、稳定的事情办好。

附：关于"银湖、凤鸣湖、龙山自然环境保护建议案"办理中存在问题及相应建议的紧急报告（2000年7月11日）

市委：

6月27日，市政协九届十二次常委会议听取并协商讨论了市政府关于保护"两湖一山"自然环境建议案办理进展情况的通报，听取了市政协经济委员会关于建议案办理进展情况的视察调研报告。会议认为，自建议案提出以来，市政府及有关部门比较重视，今年初，市政府向市政协九届三次会议所作的政府工作报告（协商稿）中，把规划建设凤鸣湖风景区列入了新一年工作任务的内容；成立了凤鸣湖风景区管理委员会，明确了规划局为管委会的办事机构；制定下发了《凤鸣湖风景区环境保护和规划管理办法》等规范性文件；仿北京颐和园17孔桥的凤鸣湖桥已经动工兴建；对风景区环境质量的测评也已基本完成。会议对建议案办理中，市政府及有关部门所做的大量基础性工作和取得的成效，给予了积极评价和充分肯定。

会议认为，关于加强银湖、凤鸣湖、龙山自然环境保护的建议案，是芜湖市政协常委会有史以来的第一个建议案。建议案的酝酿和提出，始终得到市委、市政府主要领导的赞同和支持。建议案提出的问题，不但关系到保护市区4500余亩优质水面和龙山的自然环境，而且对开发区眼前和长远的发展也十分有利。为此，市政协常委会组成人员和广大政协委员把它作为政治协商、参政议政的重点课题之一，倾注了很多心血。市政协已组织了四次共一百余人次委员参加的专题视察调研，召开了三次常委会、五次主席会、七次协商通报会进行专题讨论。为一件建议案投入力量之大、委员参与面之广、热情之高，在政协历史上也是少见的。广大政协委员为保护、规划、开发"两湖一山"积极建言献策，热切期盼建议案的办理不断取得新成果，使它成为我市决策民主化、科学化的成功范例，成为尊重人民政协、广纳各方良策、共谋芜湖长远发展的一段佳话。

然而，当前"两湖一山"保护中存在的问题使委员们深感忧虑。建议案提出一年半时间过去了，在龙山山体上开山取石、在龙山脚下挖土烧砖的活动一直没有停止，对地形地貌的人为破坏愈演愈烈；凤鸣湖风景区内广夏科技园项目的上马，使环湖100米保护区有被切断的危险；部分企业和单位的生产、生活污水继续对水体造成污染，等等。这些状况说明，去年以来市政府所发布的关于保护"两湖一山"的规定、办法没有得到认真落实，存在着有令不行、有禁不止、有章不循、保护不力、规划滞后的问题；有些单位和部门的领导缺乏可持续发展的战略眼光，从局部和眼前的利益出发，对"两湖一山"的保护工作态度消极，因而建议案的办理工作进展不快，某些方面出现了反复。

对于上述情况，委员们反应比较强烈，市政协对此十分关注。曾于6月20日第三十一次主席会议进行了专题研究，6月19日和6月21日部分主席两次与市政府领导和有关单位负责人进行了协商并明确提出了意见和建议。7月11日市政协党组讨论认为，此类现象如不注意，将可能对委员参政议政的积极性产生消极影响。为此，就进一步做好该建议案的办理工作提出如下建议：

一、吸取历史的经验教训，用党的十五大精神和可持续发展战略进一步统一认识。实施经济、社会和生态环境协调发展的可持续发展战略，是当今全球的共识，是党的十五大确定的战略方针，是我国经济社会发展进程中急需解决的重大课题，我市同样面临这个问题。从我市历史上看，南宋著名爱国词人、状元张孝祥"捐田百亩、汇而成湖"的镜湖，给芜湖的发展和广大群众带来并将继续带来的无穷好处和效益，几百年来一直被人民赞颂，其中的道理发人深思。经济社会发展中片面追求经济增长速度、忽视科学规划带来的环境污染、建筑污染、重复建设等一系列负面效应，其中的深刻教训值得汲取。而改造中山路、建设中心广场、创建旅游城市等一系列重大举措，则反映了市委、市政府领导对芜湖长远发展负责的前瞻性思索和决心。我们应当彻底摒弃重开发、轻保护的粗放型发展模式，坚持可持续发展的正确思路。当前，我市经济发展势头较好，与"两湖一山"相邻的开发区已成为举足轻重的新的经济增长点，随着长江大桥的建成通车，大桥经济园区建设的加快，新的发展前景迫切需要我们更加注意经济建设与生态环境的协调发展，使我市的投资环境具有更高的起点和更大的吸引力。"两湖一山"的保护和开发，有利于提高我市城北地区的环境品位，有利于我市目前的发展和增强长远发展的后劲，有利于为后代留下一个生存发展的空间，以便谱写更美好的篇章。我们要用可持续发展的战略，用历史的经验教训，用科学的发展观统一各级领导的思想，使"两湖一山"的保护、规划、开发工作卓有成效地进行下去。

二、从加强"保护"着手，全面贯彻执行《凤鸣湖风景区环境保护和规划管理办法》（即 14 号文件）。《办法》规定了"风景保护区"和"风景区规划控制区"的范围，对规划管理和环境保护等方面提出了具体要求和措施，是一个好文件。我们认为，当前，首先要突出"保护"这个重点。在规划没有出台之前，要按照《办法》规定的保护范围和保护措施，确保"两湖一山"的自然环境不再遭到人为破坏。要从源头杜绝对龙山山体和山脚的开挖现象；在广夏科技园项目建设中，要贯彻 14 号文件精神，加强科学规划和论证、本着保护"两湖一山"自然环境的原则调整项目用地，确保环湖保护区的完整性；依据国家关于保护和开发利用风景区资源的相关法律法规，今后在风景区内不宜再上新的工业项目；要执行《办法》的有关规定，禁止继续向风景区内水体排放污水，继续全面加强风景区环境保护的监管。为了推动 14 号文件的贯彻和各项保护措施的落实，建议把保护"两湖一山"的任务分解落实到具体单位和个人，采取得力措施，加强检查协调，确保政令畅通，务求工作落实。

三、抓紧风景区的规划编制工作。这是科学规范地保护、开发风景区的迫切需要。建议市政府加强对规划编制工作的领导和相关力量，力争尽快完成此项工作。鉴于凤鸣湖风景区的保护开发是一项规模较大、投入较多、要求较高、延续时间较长的工程，可能需要几届政府的努力才能实现，为了不因领导人的改变而改变，不因领导人注意力和看法的改变而改变，建议把此项工作纳入全市经济和社会发展"十五"计划和2015年远景规划之中，统筹安排，分步实施，做到每年办成几件事，年年有新的进展。风景区规划方案一经市政府确定后，建议依照法定程序提请市人大常委会审议批准，通过新闻媒体向全市公布和宣传，使广大群众充分了解建设凤鸣湖风景区的意义，充分了解市委、市政府谋求全市人民长远根本利益的决心和举措，发动全市人民都来关心、支持、参与这项工程，使规划的实施具有广泛的群众基础。市政协将坚持工作的连续性，继续扎扎实实地关注"两湖一山"的保护、规划、开发工作。

四、风景区规划、开发中的建桥要注意"名桥"特色。在"两湖"水面上适当建造一批桥梁，是改善交通、方便生活和景区建设的客观要求。所建桥梁有无特色，将直接影响景区建设的成效。市政协建议案中曾明确提出根据地理环境和桥梁功能体量，选用中国和世界名桥的设计、建设。实施中，要尽量做到名桥原貌的再现；有些水面受客观条件限制不能完全再现名桥的，也要按照名桥原尺寸放大或缩小；在特殊情况下，也可只采用桥式，以形成世界名桥和长江大桥互相辉映、实用性和观赏性相结合的名桥博览区。凤鸣湖桥的开工建设，已经开了好头；应该认识到：风景区的桥梁数量是有限的，每座桥都是宝贵资源，一定要珍惜。据称龙山路桥也在酝酿上马，建议亦应保持上述特色。

五、进一步加强情况通报工作。人民政协是实现中国共产党领导的多党合作和政治协商这一基本政治制度的重要机构,是发扬社会主义民主的重要渠道。坚持党的领导,围绕中心,服务大局,是我们履行政协职能始终遵循的原则;化解矛盾,维护稳定,同心同德,群策群力,推动全市经济建设和各项社会事业更快更好地发展,是我们的共同心愿。在履行政协职能的过程中,我们将一如既往,主动争取市委的领导和政府的支持,同时建议政府及有关部门进一步加强向政协的情况通报工作,以利于广大委员更好地知情参政。有关"两湖一山"建议案办理进程中的重要事项,请及时向市政协通报说明,以便准确了解政府意图,及时反馈委员的意见和建议,有针对性地做好宣传解释工作,更好地保护和调动广大委员参政议政的积极性,支持配合政府,把有关建议案的事情办好,把全市改革、发展、稳定的事情办好。

3.焦化废水应尽快治理

焦化废水含苯酚等多种污染物质,苯酚经自来水加氯后形成氯酚,是致癌物。而三期煤气焦炉位于市一水厂、二水厂上游,枯水季节自来水中常有氯酚异味,严重影响市委、市政府、市人大、政协等首脑机关和市中心地带约20万人的饮水安全。焦化废水应尽快治理,确保达标排放,保护全市人民群众的身体健康。

建议市经贸委督促芜钢提出具体解决焦化废水治理的方案和意见,向市政府汇报,与市建委煤气公司等有关部门协调,尽快使焦化废水得到治理,确保焦化废水经治理后达标排放。

附1:芜湖市环境保护局关于市政协九届三次会议第185号政协提

案办理情况的答复

到 2000 年底，所有工业企业必须达标排放，这是党中央、国务院确定的环境保护战略目标，省、市各级领导都极为重视。省政府在多次会议上强调，对 2000 年工业企业达标排放坚持目标不变、期限不变、要求和标准不变，要求各级政府、部门、企业"一把手亲自抓，负总责"。我市领导高度重视，由书记、市长亲自担任市达排领导组组长，召开全部达标排放工作会议，布置任务，与各企业主管部门签订责任状，将达排完成情况列为对各部门的年终考核内容。

作为治理污染主体，我市各有关企业都积极主动，制定了计划，多方筹资，把达排工作当作企业的生命工程来抓，全市达排工作取得一定成效。

焦化废水是我市三期煤气工程的生产废水，牵涉到多个部门，目前存在着产权不明的问题，所以难以确立污染治理的投资主体。目前，市政府正组织产权各方、体改委等部门协商解决此事。根据"谁污染，谁治理"的原则，督促污染主体单位尽快确定方案，确保年底前完成达标排放。

附 2：芜湖市经济贸易委员会关于市政协九届三次会议第 185 号政协提案办理情况的答复

青弋江是我市的饮用水源，市政府历来重视该饮用水源的保护，早在 20 世纪 80 年代中期市有关部门就拿出了两套青弋江排水治理方案，着手该流域污水治理。

焦化废水因含有苯酚等致癌物，严重危害人们的健康。为消除这一污染源，市政府针对产生含酚废水污染源的三个企业：市利民染料厂、芜湖木材厂、芜湖钢铁厂采取了相应的措施，于 1997 年、1999 年先后关停了芜湖木材厂和市利民染料厂，从根本上杜绝了含酚废水的产生。而芜湖钢铁厂在 1985 年 3 月由市计委（85）125 号文批准立项，新建一套焦化废水生化处理工程，该工程总投资 405.76 万元，废水处理量 100m/h，于 1989 年 2 月开工，1992 年 9 月竣工，1993 年 10 月 30 日通过省环保局、市人大、市环保局等 19 个单位组织的验收，工程投入运行后，有害物均达标排放。

根据市煤气三期工程建设的需要，原芜钢焦炉拆除，芜钢原有的焦化废水已不复存在。随着市煤气三期工程的投入运行，又产生了新的焦化废水这一危及饮用水源的污染源。

由于市煤气三期工程是市政府的城建工程，该工程目前生产在芜钢厂，使用在煤气公司，截至现在该工程没有进行正式的交接验收工作，其产权归属不清晰。而工程由于受资金限制，在环保方面没有做到"三同时"，这部分治理设施费用无着落。目前，市政府正在积极协调、着力解决煤气三期工程的遗留问题。尽管如此，我们仍十分重视，要求芜钢厂摸清新焦化废水的污水产生量，拿出切实可行的治理方案（包括启动扩建原有焦化废水生化处理工程方案在内）报市政府。目前此项工作正在紧锣密鼓地进行中。相信此项德政工程在你们的关注下，在市政府的重视和各有关部门的积极配合下，一定能早日解决。

4.关于改建双陡门排水站自流水系的建议

双陡门排水站坐落在我区马塘镇境内，该站原装机容量 90 千瓦 3 台套卧式泵，与双陡门涵闸配套，排水面积约 2 平方公里。受益范围主要有染料厂、芜钢厂、水煤气厂、利民路以北居民及马塘镇部分行政村农田。

1998年汛后，从铁桥至袁泽桥新建钢筋混凝土防洪墙，为防止染料厂的酸水腐蚀涵闸，已将双陡门涵闸封堵，并由区水利部门筹措资金在距双陡门800米处新建小陡门。双陡门排水站汛期排涝、机泵操作原由马塘镇松元行政村派员，其人员工资、排水电费、机电设备维修费均由染料厂、芜钢厂、水煤气厂三家合理负担。目前，染料厂已倒闭，其每年的排水电费20多万元无力承担（该站原只需开机排水4个月左右，双陡门封堵后，需常年开机），机电设备的维修和人员工资也无从着落，给马塘镇政府防汛排涝工作造成很大的压力。

建议：将该泵站、水系的整治纳入城市排水范围，在该地段主渠道未污染的水源建一条宽约3米、深2.5米的浆砌块石渠道引至小星坝陡门自流，汛期通过杆子沟流经小荆山排水站水泵外排。

附：芜湖市水电局关于市政协九届三次会议第485号提案办理情况的答复

双陡门排水站主要担负芜钢、染料厂和水煤气厂等企业的工业废水和该片居民区生活污水的排放，由于城市配套建设和管理工作的滞后，市政统一建设和管理的目标一时还达不到。我们将努力创造条件做好以下两方面的工作：一是加快城市排水建设的力度，争取早日重建双陡门排水站，并将该站纳入市区统一排水管理的范围。二是加大环保执法力度，使芜钢厂、染料厂和水煤气厂的工业废水经处理达标排放。在上述两项工作未完成前，双陡门排水仍维持现状，由马塘区政府协调受益单位承担排水费和机械维修费，考虑到企业的困难，市政府可考虑适当补助。

5.城南的开发应重视水面的保护和利用

芜湖老城区本来有不少小湖、大塘，可惜若干年来逐渐被填为土地了，现在市内有一点水都十分难得。城南（马塘区）尚有大量水面，在开发中应特别加以爱惜，应根据发展的需要将水中养殖、水上娱乐、水畔美化、水边居住等方面综合开发利用。

建议：市政府与马塘区规划建设部门具体研究，尽量保护一切水面，不要轻易填平。

附：芜湖市马塘区人民政府对芜湖市政协九届三次会议第140号提案办理情况的答复

1.根据市委、市政府把马塘区建设成现代化、高科技、生态型的城南新区的指示精神，我区在实施旧城改造中，力争保留现有的天然水面，并对塘进行疏理清淤，以便增加排水调蓄能力。

2.在旧城改造过程中，搞好规划的排水骨干长网串通，保证改造后的城南新区不受涝，我区已将这条作为重要的规划意见向市规划局反映，以期得以实施。

四、九届四次会议（2001年）

1.关于"两湖一山"建议案办理情况的意见和建议

2001年6月11日上午，市政协召开九届十七次常委会议，听取了市政府《关于市政协"切实加强银湖、凤鸣湖自然环境保护"建议案办理进展情况的通报》；听取了市政协经济委员会所作的《关于"两湖一山"建议案办理情况的视察报告》；听取了芜湖经济技术开发区、市规划院等有关方面主要负责同志对"两湖一山"周边环境保护规划工作及存在问题等有关情况的介绍。

会议围绕建议案提出两年多来市政府及有关部门的办理情况进行了认真协商讨论。现根据中共中央1995年中委〔1995〕13号文件转发的政协全国委员会关于政治协商、民主监督、参政议政的规定第十三条要求，将市政协九届十七次常委会议上提出的，关于进一步推动建议案办理的意见和建议函告，请研究处理并尽快以正式文件答复。

（1）有关部门特别是领导同志，要进一步提高认识，真正统一思想。要立足全局，着眼长远，从坚持经济和社会全面发展，坚持可持续发展道路，坚持提高人民生活质量的高度，充分认识切实保护和科学地开发建设"两湖一山"的重要性，更加积极自觉地推进建议案的办理工作。

市政府有关部门，要自觉地严格执行市政府14号文件和有关法律法规，带头维护有关法规的严肃性，维护市政府的正确决策和工作权威。对凤鸣湖风景区内已出现的违反规划法的建筑物，建议市政府依法严肃处理。对有关责任部门和责任人，要进行必要的教育和批评。

（2）要加快两个规划的编制进程。凤鸣湖风景区周边地区的控制性规划编制和凤鸣湖风景区规划的修订，要求在三季度前按程序确定，最迟年底前完成。两个规划完成后，要纳入市区总体规划，并在全市广泛开展宣传教育，各有关单位都应无例外地严格执行。

为防止对"两湖一山"风景区规划范围认识不一，建议在规划划定的风景区范围周边地区设立界桩，更进一步确定景区范围。凤鸣湖风景区管委会的办事机构要增强工作权威和责任感，明确责任，认真督查，严格执法，坚决杜绝类似情况再度发生。

（3）风景区水面应尽量保持现有的自然风貌，尽量不作人为改造，以免破坏江南水乡沟汊纵横的特点，必须挖填整合的，也要先挖后填；要依托沟汊植树造桥，形成独具江南特色的休闲旅游景观；风景区桥梁应凸显"桥文化"特色，每一座在建和拟建桥梁都是宝贵的景观资源，必须精心规划、建设。要根据具体地理环境和桥梁功能、体量，精选中国和世界名桥桥式，体现其风貌神韵，使之既具应有的交通功能，又具有较高的观赏价值，与景区环境相得益彰。

（4）采取有力措施，切实保护龙山和凤鸣湖风景区水体。鉴于龙山山梁已被挖断、越过龙山的道路现仍通行的现状，建议凤鸣湖桥竣工后将施工围堰土方回填到龙山断梁部位。对龙山规划管理权属和周边的窑厂，应尽快研究处理方案，以切实解决开山取土和龙山周边环境的现实问题；要高度重视银湖、凤鸣湖的水质保护，尽快制定"两湖"水质保护措施，切实保证水体不受污染。

（5）加强凤鸣湖风景区保护、规划和开发进展情况的宣传工作，可将重点项目方案公诸社会，集思广益。对不服从规划，破坏风景区环境的典型事例必须严肃处理，必要时给予"曝光"；在依靠群众、群策群力的基础上，要注重发挥人民政协的独特优势，进一步畅通政协委员知情出力的渠道。有关凤鸣湖风景区保护、规划、开发的重大事项，请市政府和有关部门及时向市政协通报情况沟通协商，听取市政协的意见和建议，齐心协力为继续办好建议案，把"两湖一山"和芜湖建设得更加美好而共同努力。

附1：关于"两湖一山"建议案办理情况的视察报告

（2001年6月11日在市政协九届十七次常委会议上）

1999年3月，经过充分调研和深入思考，市政协九届六次常委会议提出了《关于切实加强银湖、凤鸣湖自然环境保护的建议案》。此建议案的酝酿、提出，始终得到了市委、市政府主要负责同志的高度重视和支持。市政府在办理建议案过程中成立了以市长为主任、分管副市长为副主任的凤鸣湖风景区管理委员会，负责风景区的环境保护和规划管理工作，明确市规划局作为办事机构。去年4月，市政府以芜政〔2000〕14号文颁发了《凤鸣湖风景区环境保护和规划管理办法》。今年3月，市规划局又向开发区土地规划环保局下达了《凤鸣湖风景区周边地区规划编制纲要》。市政府和有关部门对建议案的办理做了大量工作，并于1999年9月28日和2000年6月27日分别就办理情况向市政协常委会议作了通报。

市政协一直高度关注"两湖一山"（银湖、凤鸣湖和龙山）的保护、规划和开发工作，并将此作为工作的重点之一。建议案提出后，市政协常委会密切注视办理的进展情况，责成市政协经济委员会进行追踪督察。两年来，先后6次组织政协委员专题视察调研，召开了4次常委会、6次主席会和9次协商通报会进行专题讨论，提出了许多建设性意见和建议。为一件建议案投入力量之大、委员参与面之广、热情之高，在市政协历史上是少见的。广大政协委员为保护、规划和开发"两湖一山"积极建言献策，倾注了很多心血。认为该建议案事关重大，一经提出，不办则已，办就要办好。大家热切期盼建议案的办理不断取得新成果，通过办理落实，进一步体现市委、市政府科学决策，民主管理和造福人民的坚定决心，体现市委、市政府坚持经济社会协调发展、坚持可持续发展的远见卓识。

今年年初，市政协九届四次全会工作报告根据广大委员和全市人民的愿望，明确提出：要抓好建议案的办理。坚持当前利益与长远利益、局部利益与整体利益的统一，锲而不舍地促进"两湖一山"详细规划的制定和落实，把"两湖一山"建议案一年一年、一届一届地办下去，以期产生良好的经济、社会和生态环境效益，为子孙后代造福。4月27日，市政协相关领导和10多位常委、委员，在市政府有关部门、开发区管委会和鸠江区领导同志陪同下，再次实地视察了凤鸣湖大桥、濒湖建设项目、龙山等凤鸣湖风景区保护开发情况。4月30日，市政府主要领导和开发区、市建委、规划局、鸠江区的领导向市政协主席（扩大）会议通报了去年以来建议案的办理情况，并进行了专题协商讨论。5月14日，市政协经济委员会有关人员重点调研了濒湖建设项目和龙山山体保护情况。根据调研所见及通报所知，一年来市政协建议案的办理，在市政府及有关部门的重视和努力下，有了一定进展，但办理工作进展缓慢，不尽如人意，存在有法不依、有规不循现象，与市政府芜政〔2000〕14号文件相悖的事情屡有发生。现将有关情况综合报告如下：

一、当前存在的主要问题

1. 市政府关于《凤鸣湖风景区环境保护和规划管理办法》芜政〔2000〕14号文明确指出："风景区保护区指风景区内现有水域向外延伸100米的区域。""风景区保护区内的土地作为公共绿地。保护区内不得有任何建筑物，已存在的建筑物限期拆除。"该条款规定是十分重要和必要的。但在执行中缺乏及时有力的检查督促，有的部门并未认真执行，片面强调各种理由，有令不行，有禁不止，造成不应出现的后果，也使市政府的工作权威受到影响。

2. 濒湖建设未按市政府芜政〔2000〕14号文件办理。调研中发现，凤鸣湖风景区现有沿湖边水域100米内的区域内,出现了7处已经建成或正在建设的建筑物,建筑面积约为1.27万平方米(其中建筑面积7776平方米的两处建筑物刚完成基础,其余已建成或基本建成),它们大多位于距凤鸣湖水面30—40米的湖边,最近的距水面仅16米。这样,环湖绿化带及人行通道均被切断。据了解,这些建筑项目未依法办理"一书两证"和建筑施工许可证,业主也未同有关部门签订土地出让合同。

3. 有关部门没有尽责尽力,工作不落实。如1999年,市政府即已及时提出,要加紧制定凤鸣湖风景区的有关规划。至今时隔两年,"两湖一山"风景区规划及周边地区控制性规划虽已着手制定,但进展不快。现风景区规划尚在修改报批过程中,控制性规划也仍在编制中。

4. 龙山山体保护亟待加强。鸠江区对龙山的绿化工作已经开展,栽植了松槐、棕榈等树木。但龙山山体被挖断部位通向四褐山的越山道路依然通行机动车,有关部门只是在市政协调研前临时将路面挖断不足1米,调研后又填平如初。龙山周围的几个窑厂,也继续在附近挖土烧砖。

5. 银湖、凤鸣湖的沟通及"两湖一山"生态环境和旅游资源的保护工作需要切实加强。宽60米、长20米的龙山路桥现已建成,但桥两侧的银湖、凤鸣湖尚未沟通。凤鸣湖风景区及周边地区的分级控制工作也未真正落实。

二、进一步推进建议案办理工作的建议

1. 继续提高对切实保护"两湖一山"生态环境和科学合理地开发其旅游资源重要性的认识。"两湖一山"具有鲜明的江南水乡特色,蕴藏着珍贵的生态和旅游资源。保护和开发"两湖一山"是我市长远发展的需要,符合全市人民的根本利益,也是一件造福民众、惠及子孙的大事。有关部门特别是领导同志要进一步提高认识,真正统一思想,增强全局意识,正确处理局部利益和整体利益、当前利益和长远利益,从坚持可持续发展、保护生态环境、发展旅游经济着眼,积极自觉地推进建议案的办理工作。

2. 坚决维护有关法规的严肃性,维护市政府的正确决策和必要的工作权威。对凤鸣湖风景区内已出现的违反规划法和有关规定的建筑物,建议市政府依法严肃处理。

3. 注重发挥人民政协的独特优势,进一步畅通政协委员知情出力的渠道。有关凤鸣湖风景区保护、规划、开发的重大事项,市政府和有关部门要及时向市政协通报情况,进行沟通协商,听取政协的意见和建议。

4. 着力加快两个规划的编制进度。应及早改变规划滞后的被动状况。凤鸣湖风景区周边地区的控制性规划务于今年 6 月编制完成。凤鸣湖风景区规划也要加紧修订报批。两个规划按程序确定后,要纳入市区总体规划,并在全市广泛开展宣传教育,各有关单位都应无例外地严格执行。凤鸣湖风景区管委会的办事机构要增强工作权威和责任感,认真督查,严格执法。

5. 风景区桥梁应凸现"桥文化"特色。风景区内每座在建和拟建桥梁,都是宝贵的景观资源,必须精心规划、建设。要根据具体地理环境和桥梁功能、体量,精选中国和世界名桥桥式,体现其风貌神韵和"桥文化"特色,使之既具有应有的交通功能,又具备较高的观赏价值,与周围环境相得益彰。

6. 采取有力措施,切实保护龙山和凤鸣湖风景区水体。鉴于龙山山梁已被挖断、越过龙山的道路现仍通行的现状,建议凤鸣湖桥竣工后将施工围堰土方回填到龙山断梁部位。这样做一可恢复山体外貌,二可从根本上解决山体挖断部位无法绿化的问题，三可彻底阻断越山道路，使龙山山体得到切实保护。对龙山周边的窑厂应尽快研究处置方案，切实解决开山取土和破坏周边环境的问题。要高度重视银湖、凤鸣湖的水质保护，切实保证水体不受污染。

7. 加强凤鸣湖风景区保护、规划和开发进展情况的宣传工作。保护、开发"两湖一山"是全市人民热切期待的德政工程，要通过新闻媒介及时将进展情况告诉广大人民群众，必要时也可将重点项目方案公诸社会集思广益。对不服从规划，破坏风景区环境的典型事例必须严肃处理，必要时进行"曝光"。要依靠群众，群策群力，克服困难，把"两湖一山"和芜湖建设得更加美好。

附2：关于市政协"切实加强银湖、凤鸣湖自然环境保护"建议案办理进展情况的通报

市规划局局长

（2001年4月30日）

主席、各位副主席、秘书长：

我受市政府委托，现将市政协"切实加强银湖、凤鸣湖自然环境保护"建议案办理进展情况汇报如下：

市政协九届六次常委会提出的"关于切实加强银湖、凤鸣湖自然环境保护"建议案，市政府及相关部门高度重视，并立即着手组织实施。前期主要是成立领导机构，明确责任部门，重点抓规划编制和规划环保控制。市政府出台了《凤鸣湖风景区环境保护和规划管理办法》，就风景区规划管理、环境保护作了具体规定。成立了市长为主任，分管副市长为副主任的凤鸣湖风景区管理委员会，负责风景区的环境保护和规划管理工作，并明确了市规划局作为办事机构，在风景

区管委会的领导下,负责风景区的日常工作。风景区管委会及时将规划管理、环境保护、绿化龙山等工作进行了责任分解,组织完成了凤鸣湖风景区环境质量调查,对两湖水面高程和湖底高程进行了实地勘测,组织了凤鸣湖风景区规划设计方案招标和评审,加强对风景区规划监察管理,在管委会的领导下,凤鸣湖风景区规划管理和环境保护的各项基础性工作全面展开。

1. 组织开展凤鸣湖风景区规划设计。凤鸣湖风景区规划设计方案由市建投公司公开进行全国招标,最后由北京北林地景园林规划设计院、北京中华建规划设计研究院中标设计,设计方案于去年11月17日送达,市规划委员会办公室、市规划局立即于18日组织有关专家召开评审会,邀请部分市政协委员和相关部门、开发区、鸠江区负责人参加评审会,从凤鸣湖风景区性质定位、结构布局、规划范围、景区路网、植物配置、水位控制、景点设置、污水排放、设计概算等9个方面提出了具体的意见和建议。尤其是风景区的主题和特色方面,专家组提出必须突出以下几点:一是利用现有水面加以改造调整,因地制宜地建设若干中外名桥,与芜湖长江大桥一起形成桥博览和桥文化;二是整个景区要突出生态性,充分体现自然淳朴的江南水乡特色;三是通过与市区及周边地区旅游资源结合,形成特色鲜明的旅游风景区,为广大市民和外来游客提供休闲、旅游、娱乐和观光服务。目前,设计单位根据专家评审意见,对原方案进行了修改,市规划委第十三次会议对此也进行了审查,原则同意,要求进一步深化设计,按程序报批。此项工作要求于6月底前完成。

2. 凤鸣湖风景区周边地区控制性规划已开始编制。为有效实施对凤鸣湖周边地区的规划控制,合理安排规划建设用地,处理好保护与开发建设的关系,风景区管委会已安排经济技术开发区管委会组织编制凤鸣湖周边地区控制性规划，开发区管委会已经委托市规划设计研究院按市规划局下达的控规纲要进行编制，并要求6月前完成。

该控规纲要对凤鸣湖景区及周边地区分三个区域进行分级控制，明确凤鸣湖风景区为核心保护区（含按规划整合后沿水面100米范围），该区域内不得建设与景区功能无关的任何建筑物和构筑物，所有按规划要求建设的景点和与景区功能配套的建筑，其风格和整体效果必须与景区风貌一致；景区外围周边200米范围内为景观协调区，该区域可建一类居住、科研教育机构、高新技术产业项目。建筑高度为低层（3层以下），风格、色彩要求与景区风貌相协调，严格禁止有噪声污染、空气污染以及对水体污染的一切建设项目；景观协调区以外至相邻城市道路间所覆盖的区域为建筑控制区，该区域内可建一、二类居住，一类工业企业及高新技术产业项目，建筑风格须与景区协调，严禁建有较大噪声污染、空气污染、水体污染以及破坏景区景观的项目。

目前我们已按上述控制要求对景区及周边控制区进行严格规划控制。

3.龙山封山育林和绿化工作已经启动。风景区管委会已责成鸠江区对龙山进行封山育林和绿化工作，发布了对龙山山体进行封山育林加强管理的通告，制定了封山育林和绿化工作方案，并于去年着手培育适合龙山栽植的树种。今年春季以来，在培育3000多株油茶，50万株三角枫和香樟的基础上，又栽植了松槐8000多株，棕榈1000多株，紫荆1000多株，紫薇、小冬青、日本樱花等树木名花，共计12600株。

4.凤鸣湖风景区周边违法建设得到有效遏制，开山取土采石得到制止。风景区管委会和鸠江区及大桥镇政府采取切实措施，制止违法建设。如市规划局采取了集中巡查和日常巡查、发动群众举报、广泛宣传教育、零星查处等多种方式进行教育和制止；鸠江区也要求区建委及监察队加强巡查。针对在龙头山开山取土采石现象，风景区管委会及时发布通告，大桥镇采取挖断通往龙山的道路，设置隔离桩及禁行标志等措施，收到较好的效果。目前景区内违法建设和开山取土得到有效制止。

5. 风景区环境保护工作向纵深推进，新的污染源得到严格控制。根据市政府《关于切实加强凤鸣湖风景区环境保护有关工作的通知》精神，市环保局对凤鸣湖风景区规划控制区域的环境状况进行了深入调查，并提出了有针对性的治理措施。按照污染防治与生态环境保护并重的原则，逐个对凤鸣湖周边现有企业的污染提出了落实达标排放要求，严格控制无污染防治措施的企业上马、凤鸣湖风景区的环境污染得到了有效控制。

6. 凤鸣湖大桥建设情况。凤鸣湖大桥是开发区和芜湖市通往205国道的一座重要的桥梁，因横跨凤鸣湖，具有交通和景观双重功能，是市重点建设项目之一。根据设计要求，凤鸣湖大桥全长275米，宽26.3米，采用仿北京颐和园十七孔桥桥型，全桥按景观桥装饰设计，由上海市政工程设计院设计。该桥由市投资公司招标，由中国铁路建设总公司承建。总投资约3000万元。目前桥梁土建主体工程已基本完成，进入装修阶段，市政府要求8月底全面竣工。

另外，为了实现银湖、凤鸣湖两湖之间沟通，开发区管委会根据规划，在建设凤鸣湖路（原龙山路）同时，建成了龙山路桥（原名），并且完成了凤鸣湖路以东水系的开挖，为下一步两湖沟通奠定了基础。

为了使凤鸣湖风景区自然保护和开发建设工作顺利推进，我们考虑下一步在继续开展规划环保控制的同时，着手开展规划实施和开发建设工作。年内主要工作安排如下：

1. 进一步深化设计，完善规划的法律审批程序，使之具有权威性和法律的约束力。一是对凤鸣湖风景区规划履行审批手续；二是加快凤鸣湖周边地区控制性规划的编制并履行审批手续。

2. 把风景区的开发建设工作提上日程，着手研究一个切实可行的管理体制和运作机制，按照市场化的思路成立旅游开发投资公司，具体承担风景区的开发建设工作。

3. 对已编制审批的规划编印成册，向广大市民公布并对外广泛宣传。

4. 广泛招商，由旅游开发投资公司将风景区进行总体包装，通过多种途径广泛对外招商，吸纳各种资金参与风景区开发建设。根据风景区规划编制修建性详细规划，成熟一个，开发一个。

5. 在组织实施过程中，继续加大力度，严格执行规划控制和环境保护，坚决杜绝违法建设。

6. 进一步加强对此项工作的领导，鉴于市政府领导变动，调整风景区管委会组织机构。

附3：市政协关于"两湖一山"建议案办理情况主席会议纪要（市政协办公室2001年5月25日）

4月30日上午，市政协召开关于"两湖一山"建议案办理情况主席会议，市政府以及市政府办公室、规划局、环保局、鸠江区政府等负责同志参加了会议。

一、会议听取了市政府《关于市政协"切实加强银湖、凤鸣湖自然环境保护"建议案办理的进展情况》的通报。自1999年6月建议案提出以来近两年的主要办理工作：

一是组织开展了凤鸣湖风景区规划设计，此项工作将于今年6月底前完成；二是凤鸣湖风景区周边地区控制性规划已开始编制，也拟于今年6月前完成；三是龙山封山育林和绿化工作已经启动，已栽植花木12600株；四是凤鸣湖风景区周边违法建设得到有效遏制，开山取土采石得到制止；五是风景区保护工作向纵深推进，新的污染源得到严格控制；六是凤鸣湖大桥桥梁土建工程基本完成。

年内建议案办理的主要工作是：

1. 进一步深化设计，完善规划的法律审批程序。

2. 按照市场化的思路成立旅游开发投资公司，具体承担风景区开发建设工作。

3. 对已编制审批的规划编印成册，向广大市民公布并对外广泛宣传。

4. 广泛招商，吸纳各种资金参与风景区开发建设。

5. 严格实行规划控制和环境保护，坚决杜绝违法建设。

6. 进一步加强对此项工作的领导，鉴于市政府领导变动，现由宣林市长担任风景区管委会主任。

二、会议经过认真协商讨论认为

1. 加强"两湖一山"的自然环境保护和合理开发利用，是芜湖市长远发展的需要，是造福子孙后代的一项德政工程。市政协提出的建议案得到了市委和市政府的重视和支持，也是芜湖市政协有史以来的第一个建议案。也引起了我市各界的广泛关注。因此，事关重大，一定要认真办好。

2. 建议案自1999年6月提出，市政府及有关部门做了不少工作，"两湖一山"的保护和开发取得了进展，但还不尽如人意，亟待加强。

3. 凤鸣湖风景区规划设计规划及周边地区控制性规划都尚未完成，少数部门和单位对市政府芜政〔2000〕14号文件执行不力，龙山取土，凤鸣湖沟汊被填，沿湖100米内建房等问题仍禁而不止。要尽快拿出两个规划，特别是控制性规划，在规划未编出前，要严格执行好市政府芜政〔2000〕14号文件。

4. "两湖一山"是我市非常宝贵的自然风景和很有潜力的旅游资源，更是失而不可复得的资源。因此，我们的经济建设必须与保护生态环境协调发展，近期利益必须与长远利益兼顾，局部利益必须服从全局利益。

5. 为了更好地把"两湖一山"建议案办好，应增加办理透明度，建议在凤鸣湖风景区管委会成员中增加市政协负责同志，以便及时通气，把好事办好。

三、要坚持经济建设和环境保护协调发展的指导思想。对具体工作中存在的不协调和脱节现象，任何部门不能以一些借口推脱责任。当务之急是抓紧制定"两湖一山"风景区控制性规划，要在6月份政协常委会前拿出。规划制定后要广泛宣传，严格执行。

附4：关于推进市政协"两湖一山"建议案办理工作的情况通报

市政协《关于"两湖一山"建议案办理情况的意见和建议》收到后，市政府十分重视。现将凤鸣湖风景区规划保护近期有关工作通报如下：

一、各有关部门要进一步学习市委、市政府主要领导关于办理这一建议案的一系列指示精神，统一思想，提高认识，立足全局，着眼长远，从坚持经济和社会全面发展，坚持可持续发展，坚持提高人民生活质量的高度，本着对全市人民负责、对城市负责的原则，克服被动应付的思想，坚定信念，求真务实，十分珍惜不可再生的自然资源，充分认识加强凤鸣湖规划保护的重要性和必要性。特别是要自觉地、严格地、模范地执行经过批准的凤鸣湖风景区周边区域控制性详细规划，带头维护有关法规的严肃性，维护市政府的正确决策和工作权威，按照市规划委员会第十四次全体会议确定的分工原则，落实到人。即风景区核心保护区、景观协调区由规划局负责规划控制和管理；建筑控制区由经济技术开发区管委会负责管理，但项目安排时须先征求规划、土地、环保局的意见；龙山由鸠江区进行控制，市规划局负责监督；周围工业污水和生活污水处理由市环保局负责监督。市政府要求各部门齐心协力，齐抓共管，各司其职，各负其责，共同把这一建议案办理工作不断向前推进。

对于凤鸣湖风景区内已出现的芜湖广厦科技园违反规划的建筑物，经研究，初步提出如下处理意见：

（一）依据市规划委员会第十四次全体会议审查通过的凤鸣湖风景区周边区域控制性详细规划的要求，并已向市政协九届十七次常委会协商通报，按照"先挖后填"的原则，对广厦公司已建的一幢专家楼和食堂采取挖湖填湖的办法予以整改；对于在建的两座仓库作相应后移处理，以保证达到规划要求的建筑距支汊水面不小于40米距离。

（二）责成广厦公司尽快编制园区总平面等设计报批，尽快编制环境影响评价报告。今后广厦科技园所有建设项目都必须按有关法规依法报建，办理相关手续。

上述两项工作由开发区管委会于8月底前落实完成。

二、关于加快两个规划的编制进程问题。凤鸣湖风景区周边区域控制性详细规划和凤鸣湖风景区规划均已编制完成，规划确定的规划控制范围，是由风景区界线以外至九华北路、齐落山路、长江路、裕安路、珠江路、凤鸣湖路、天门大道围合的区域，规划控制用地总面积10.09平方公里（不含风景区7.78平方公里）。规划还提出对风景区及周边地区分核心保护区、景观协调区和建筑控制区实行不同强度的分级控制。市规划部门及时组织了专家评审，已经市规划委员会全体会议审查并原则通过，近期将由市政府审批发布。

对于设计景区道路和设立界桩工作，市规划局已布置市勘测设计院立即补测该地区地形图，布置市规划设计院尽快进行现状调研并开展景区道路设计，待设计方案确定后，即可埋设界桩，目前，勘测和设计工作正在抓紧进行。

三、关于凤鸣湖风景区的景区特色、桥梁设计及植树问题。关于景区特色，在规划编制过程中，我们已充分考虑市政协的意见。凤鸣湖风景区周边区域控制性详细规划中已经最大限度地保持了现有的水系自然风貌，体现了人与自然和谐共生的田园风光。

关于桥梁设计，在今后风景区具体建设时涉及的桥梁单项设计，我们将注意凸现"桥文化"特色，力求体现其风貌神韵。

关于水面整合，对于经专家论证必须进行水面整合的，坚持"先挖后填"的原则严格把关。

关于植树问题，由于景区土地仍属集体性质，所以一时还难以进行，将按照"建设一块，实施一块"的要求做好景区植树工作。

四、关于采取有力措施，切实保护龙山和凤鸣湖风景区水体的问题。

1. 市政府已责成市环保局正抓紧制定《凤鸣湖风景区水体保护办法》。

2. 关于建议中提出凤鸣湖大桥竣工后将施工围堰土方回填到龙山断梁部位的问题，经过认真研究，认为此建议是好的，但实施难度很大，一是距离远，运费大，目前路还不畅通；二是大桥竣工后围堰土方量很小，无法满足回填需要。

3. 关于龙山及周边窑厂问题，市政府已责成鸠江区提出具体实施方案，将在两年内逐步迁出。

五、关于进一步加强风景区规划保护的宣传工作问题。待规划正式审批后，将组织系统地、全面地对凤鸣湖风景区有关情况进行广泛宣传，凤鸣湖风景区周边区域控制性详细规划正式审批后，我们将通过媒体公布于众，对于重点项目实施时，将广泛征求包括市政协在内的各级领导和社会各界的意见，集思广益、博采众长，并扩大宣传声势，逐步在全市形成了解凤鸣湖、关注凤鸣湖、保护凤鸣湖的舆论氛围。此项工作由规划局负责落实。

六、加强对凤鸣湖风景区的规划管理、环境保护和合理开发利用，是芜湖长远发展的需要，是一项造福子孙后代的德政工程，我们将以市政协九届十七次常委会为契机，及时与政协沟通协商，正确处理近期利益与长远利益，局部利益与整体利益，环境利益与经济利益的关系，加大力度、加快进度、锲而不舍、持之以恒地把凤鸣湖风景区规划好、保护好。

2.增强环保意识，保护水资源（大会发言）

水是生命体的主要构造物，是人包括一切生物赖以生存的基础。据有关统计，人类所能饮用的淡水只占全球水总量的0.6%，随着人口每年以1200万—1300万数量的增加，缺水的问题将会越来越突出。

中国淡水资源总量仅有28124亿立方米，其中河川流量27115亿立方米，占世界第六位；但人均水量仅有2710立方米，约为世界人均水量的1/4，排在世界第88位，是淡水资源严重不足的国家之一。不仅如此，目前还存在水体环境的污染问题，有的地区还相当严重。

中国和整个人类一样，正面临着缺水的严重压力和保护水环境的严峻挑战，这就使我们想到了芜湖水环境保护问题。

我市饮用水的水资源全部来源于长江，三个水厂分布在长江南岸，都遭受企业污水排放和居民生活用水排污口的危害。一水厂位于我市的长江中段，遭受全市三个排污口的直接危害，同时也遭受被城市十个排污口危害的青弋江的严重影响。在枯水季节，青弋江受到苯酚污染大户芜湖焦化厂的危害最为严重，一水厂也因此更受其害。二水厂位于我市中下段，受到城市十七个排污口的直接危害和青弋江水系的侵害。四水厂位于我市长江的上段，但也受到洗涤剂厂等几家企业排放污水的危害。

据年报统计，对我市居民饮用水造成危害的是每年直接排入长江的近4000万吨的废污水，通过我们的调查，具体情况如下：

（一）各企业的废水。污染大的水量要算造纸、漂染、冶炼（焦化），废水处理率由1999年86.4%到现在的95%，这说明，相关企业是具有污水处理能力的。但据群众举报偷排污水的现象较为严重，环保监测人员来检查治污设备就开，人一走就关；有的单位宁愿交排污费，也不愿治理污染问题。在市委、市政府的重视和正确领导下，全市用于污水治理的费用逐年增加，由1999年的2141.2万元上升到2000年投资4764.7万元，其中治理污染源投资2512.7万元，新开项目"三同时"投资2252万元。我市环保部门曾多次执法检查，对12家违反环保法律法规的单位实施行政处罚，关停了对市区饮用水源造成危害的污染源。

（二）我市60多万城市居民的生活废水。生活废水属于有机物污染的占60%，属于悬浮物污染的占30%多。随着城市人口的增加和生活水平的提高，污废水也在逐年增加。这方面的污染绝不可小视，以总磷为例，每人每年约为0.36—1.72公斤，按此计算每年有21600—1032000公斤排入水体。水体含磷如果超过0.2毫克/升，就会造成藻类过度繁殖，使水质呈富营养化，游离氧急剧减少，进而使水体产生和积聚硫化氢等毒物，连鱼类也很难生存。

（三）农业用水的污染。随着农业现代化的进程加快，施用化肥、农药数量在逐年增多。全市耕地面积为91379公顷，其中水田占87.6%，旱地占12.4%，施用化肥平均40公斤/亩（美国控制为0.3公斤/亩），总量估计为548274吨/年，按照40%吸收，每年有328964吨化肥直接进入水体，施用农药，为2—6两/亩，吸收率为10%～20%，总量估计为每年274吨，通过土壤进入水体约233吨。这种无规则面的污染，致使一些水面连鱼类都难以生存，如我市开发区的张塘、黄山东路的西洋湖，以及黄山中路上的九莲塘里的鱼都有难闻的煤油味。

（四）固体废物对水体的污染。固体废物可分为工业垃圾和生活垃圾，多属于二次污染物。工业垃圾主要是发电厂粉煤灰以及造纸行业的白色垃圾（过去没有报过它们的存量），我市目前的堆存量估计为170.3万吨。生活垃圾每年以3%～5%的速度增加。

从以上四个方面的简要分析不难看出，我市的水环境已经呈现污染和恶化的趋势，亟待加强保护和治理。

为此，首先有必要在全市特别是相关的企业和单位有计划地开展保护水环境的教育。由于我市位于长江中下游，是长江段的最后一个深水港，水资源丰富，"水荒"对我们来说并不存在，市民的水环境保护意识和对水环境存在的问题缺乏忧患意识，没有引起警惕，更谈不上引起足够的重视。因此，要通过环境保护教育，使市民普遍关心我市的水环境，增强水环境保护意识，争当爱护水环境的文明企业和文明市民。

其次，在水环境的治理上应尽快建立城市污水处理站，做到将城市21个排污口的污水全部引进污水站进行处理后再排放；将没有处理能力的企业污水也引到污水站进行处理。让人们站在防水墙上再也看不见浑浊乌黑的污水流入长江，为保护长江尽到自己的职责。为了减少垃圾处理量，应对垃圾进行分类收集，分类处理，这是推动垃圾无害化、资源化的基本途径。处理农业污染问题，主要的办法应当是控制肥料的使用量，多用有机肥，少用化肥，并且大力发展生态农业。

再次，建立和强化水环境监测和检查制度，加强对水环境的执法检查和监督管理，特别是对有设施而不运作或少运作的企业，要给予适时的必要处罚。

最后，切实贯彻执行有关法律法规，加强对水环境监测的领导工作。作为基本国策的环境保护工作，是社会可持续发展战略的基本内容。为了加大污染防治和水资源保护的力度，根据《水污染防治法》《环境保护法》《水土保持法》等一系列法律法规的规定，安徽省于2001年7月28日召开九届人大常委会通过了《安徽省城镇生活饮用水环境保护条例》（2001年10月1日起执行）。根据《条例》，长江应属于国家地面水环境质量标准Ⅱ类标准。所以，要按照一级环境保护区的水质要求执行。我市有关主管部门应尽快按照这些指示精神，建立健全相应的领导工作体制，加强领导，认真组织实施。

我们相信，通过上述努力，我市水环境污染问题一定能逐步得到改善，保障我市居民始终能喝上安全水。

3.关于做好"陶辛水韵"开发，打造旅游新亮点的建议

芜湖县陶辛镇距芜湖市10余公里，田地2万余亩、河沟水面1万多亩，有40里长的水网，是典型的圩区。筑圩于北宋大观二年（1108年），独成体系、呈乌龟形，其河网有"水上八卦""河网迷宫"之称。

碧水环绕，一派江南水乡特色，"陶辛水韵"，已被评为芜湖市"新十景"之一。

芜湖市当前亟须开辟一处独具特色、投资较少、吸引力很强的闪亮的旅游热点。根据我们较长时期的调查与分析，陶辛是近期可以立即启动开发，马上可以见效的旅游新亮点。

一是特色性和新颖性：陶辛是典型的鱼米之乡，出门就要行舟，平畴沃野，一派田园风光，给久居繁喧闹市的人们一种宁静清新感，这正是当前人们追求的时尚；而且这里水质极好，生态环境质量很高，还可进一步开发休闲度假旅游。

二是神秘性和文化性：沟河交错、水网密布，确实是"水上八卦""河网迷宫"。这里还有不少"灵龟"、朱元璋、李白等的历史传说和故事。乡土文化、水文化，大有文章可做。市委书记詹夏来曾说过："芜湖可以做水上文章""要挖掘文化、创造文化"，首先可以在陶辛下笔。

三是生态性与社会性：陶辛水质好、污染少，是难得的一块净土，可以建成生态农业示范镇，对外可宣传和推广生态环境保护和建设的知识和经验，特别是结合"水文化"宣传水资源的保护和合理利用，也可作为学生和青少年的教育基地，舍身救人的"少年英雄"承少多的事迹就发生在这里，还可以开展凭吊英雄、学习英雄的教育。

四是经济性与综合性：旅游不仅可以带来一定的经济效益，更能促进交通、餐饮、住宿、土特农副产品和旅游纪念品的开发。陶辛水产品丰富，可以品尝，也可以做成各种产品销售。旅游的开发还可以带动农村乡镇建设、商贸和引资。因此，可以综合开发，既打"旅游经济牌"，又打"水乡（产）特色牌""生态农业牌""绿色城镇牌"。

五是紧迫性与可行性：从芜湖市和周边城市居民来说，节假日近处实在无处可去，作为全国优秀旅游城市的芜湖来说更需要一处闪亮的旅游点，所以十分迫切。近在眼前的仅十余公里的陶辛镇，皖赣线铁路（有陶辛站）和新开发的湾石公路穿镇而过，交通十分方便。该镇领导十分重视开发旅游，并得到安徽师范大学旅游学院有关旅游和生态专家的关注，已有一批初步《规划》，开发了"香湖岛"，开发条件较好。

为此建议：

（1）市委、市政府经研究后可将开发"陶辛水韵"列入即期计划。

（2）由芜湖县、陶辛镇政府牵头，市里支持，组织少数专家研究即期开发的计划，立即着手实施。

（3）立即做好绿化和环境保护工作。此两项工作不需等候就可立即开展，趁冬季和早春在河边植树插柳、清理河道；请环保部门监测水体质量，制订保护措施；政府先少量拨款，并请有关部门支持完成前期工作。

如能抓紧时机，及早决策，共同努力，加快开发，相信不久"陶辛水韵"便能成为芜湖市的一颗水色晶莹、碧波粼粼、光彩四溢的旅游绿色明珠，而且也是一个鱼美粮丰、共同发展、财源滚滚的绿色聚宝盆。

附：芜湖县人民政府对市政协九届四次会议第015号提案办理情况的答复

为了使拥有千年古圩、万亩水系的"陶辛水韵"尽早成为独具特色的旅游新亮点，我们依据专家组编制的规划大纲，就"陶辛水韵"的前期开发，已经做了如下工作：

1. 及时成立了由镇领导直接主管的"陶辛水韵"旅游开发管理办公室，全面负责整个景区的规划、开发、管理并招商，明确了开发特色旅游经济的发展方向，建立健全了组织机构。

2. 加强了规划区内的道路建设，投资完成了荆十路过境段6.2公里水泥路面的铺设，其他支路路基及砂石路面工程业已完成。

3. 加强了环境整治，成立了环卫组，增添保洁员，加强了规划区内的地面及水面的环境管理和保洁工作，大力宣传环保法规，落实环保措施，大力推行改水改厕，改变居民直接用作物秸秆作为主要燃料的习惯，取而代之的是液化气、煤炭、太阳能、沼气的运用，严禁可产生污染的水上交通工具参与水运，禁止可产生污染的项目上马，定期请县环保部门进行大气、水质、噪声等环境因素的监测，根据环保报告制定环保规划和措施。

4. 全面启动了规划区内的绿化建设。湾石路陶辛段绿色长廊工程已初见成效，完成了湾石路陶辛集镇段的道路拓宽改造、绿化和亮化工作，根据规划大纲在纵横交错的水网沿岸栽种了十公里的垂柳，形成杨柳依依的临水景观，在香湖岛恢复种植了大面积的野荷花，可迅速形成夏日观荷景观。

5. 灵龟墩垂钓中心的开发已全面铺开，基础工程已经完成，从水产科研院所引进了多个特色垂钓、观赏鱼种，扬子鳄的观赏养殖上级林业部门已经批准，正在落实之中，湖岸绿化，休闲木屋、垂钓园等建设，已初步建成见效。

6. 加大了宣传力度，利用机会广泛宣传"陶辛水韵"，扩大知名度。印制了"陶辛水韵"旅游宣传画册，竖立了"陶辛水韵"大型广告牌，编制了"陶辛水韵"项目建议书和可行性研究报告，全面推介招商。

近期我们对"陶辛水韵"开发作如下安排：筹措资金，争取支持，采取多种形式的合作开发方式，广泛宣传，形成全民参与的格局。

1. 由市级主管部门主持邀请旅游、环保专家实地考察，依据规划大纲，编制"陶辛水韵"旅游开发详规和控制性详细规划，为整个景区的开发创造先决条件，避免低层次盲目无序开发。

2. 启动香湖岛改造项目。依据详规对岛上现有的亭、桥、路、绿化等进行合理规划和改造，筹建香湖岛宾馆。

3. 改造集镇区沿水、沿路街道立面，改造陶辛水网上的桥梁，建竹、木、石桥等，使之符合水乡环境空间的要求。

4. 购置清淤机械，对水沟里的淤泥进行彻底清理，加强管理，严禁各种污水的直接排放，以保持"陶辛水韵"碧水常在。

5. 筹建垃圾中转站和污水处理等环保项目。

6. 成立旅游船管理组织，提高服务水平，加强安全管理。

通过以上的努力和实施，作为芜湖新十景之一的"陶辛水韵"，必将以清新、宁静、自然的水乡田园风光展现在世人面前。

芜湖市作为"全国优秀旅游城市"，随着城市的承载力和辐射力不断增强，一个承东启西，经纬南北，集人流、物流、信息流为一体的中心城市位置的形成，更需要一处闪亮的旅游点。而规划当中的"陶辛水韵"离芜湖市仅十余公里，且铁路、公路交通又十分便捷，十纵十横四十里的古水乡及水环境的保护，其独一无二的不可替代的文化含量，是不能被复制的独特资源，符合开发水乡特色旅游的自然条件，而我市及周边市场又缺乏强势旅游资源和旅游地，旅游市场需求旺盛又客观存在，加之陶辛镇又是通达皖南大旅游区的通道，客源市场广阔，我们希望上级部门尽快在市级层面上部署"陶辛水韵"开发计划，整体规划，把"陶辛水韵"的旅游开发放在应有的位置上加以重视，做活"水"文章，极力打造旅游这一"朝阳产业"。

7. 通过努力争取成为市政府确定的生态旅游示范区。重点做好近期规划，形成一年起步、三年初见成效、五年大见成效、十年后在全国有影响、华东地区有吸引力的生态旅游观光区和市区假日旅游休闲地。

4.关于尽快实施市区至南陵供水工程的建议

理由：

一、解决南陵城关地区饮用水问题已刻不容缓。南陵城关地区目前建成区面积7.4平方公里，常住人口近6万人，供水需求平均每日为1万吨，高峰期每日达3万吨。该地区居民饮用水现以漳河水为水源，该水源不仅水质欠佳，且很不稳定，从1981—1998年的统计中可以看出，相对集中的断流或流量不足就有一个多月。再加上自来水厂自身设备条件有限，供水能力只有1万吨每日，超负荷也只达到1.2吨每日，净化设施老化，使生产出的自来水无论是水量，还是水质，都不能满足城区居民的生活需求。供需矛盾事实上已十分突出，严重影响了城区居民的正常生活，制约了城市的发展。随着该区域面积不断扩大，人口日益增长，工业区迅速发展，二、三产业不断增多，2—3年内饮用水问题必将成为严重阻碍该地区经济建设和城区发展的障碍。因此解决南陵城关地区饮用水问题已迫在眉睫、时不我待。

二、引芜湖自来水入南陵城关是解决该地区饮用水问题的最佳方案。南陵县委、县政府高度重视城关地区饮用水问题，已作为县城区可持续发展的重要工作内容，摆上重要议事日程，并委托县人大、县政协作专题调研。县人大、县政协组成了专门调研小组，围绕水源、水质、效益等重点问题，针对可能实施的方案，历时三个月，收集了大量的技术资料，广泛听取了各方面的意见和建议，经过反复论证，深入分析，最后一致认为引芜湖自来水方案是最佳方案，只有此方案，才能永久性地解决南陵城关地区饮用水的水源和水质问题，有效地提高城关地区及沿线乡镇群众的生活质量，而且对农业、农村用水不存在丝毫影响。

一是操作性强。市带县的城市，不少县城自来水都是由市区铺设管道供应的。我省肥西县自来水就是由合肥市区提供，我市的自来水管道也延伸至繁昌的三山镇、芜湖县的清水镇和火龙岗镇。芜湖市供水公司的供水规划早就做到我县的奎湖镇，2001年6月1日《芜湖日报》头版"城市发展供水先行"一文中，就提到了"全长40余公里的市区至南陵供水工程可行性研究也在紧锣密鼓地进行之中"。实际上，从火龙岗镇接管至南陵城关只有33公里，这个距离在国内北京、上海等大城市的自来水管网建设中均为常见。因此，只要市委、市政府重视，南陵作为市供水总公司用水大户是完全可行的。

二是效益双赢。市供水总公司现供水能力70万吨每日，而目前供水最高峰的需求也没超过40万吨每日。南陵城关作为发展中的县城，按照县城规划，2005年人口达到10万，加上工业区的发展，连同沿线的5个集镇，供水总量将达到5万吨每日。因此，市供水总公司如能投资将南陵作为用水大户，不仅能盘活现有的存量资产，而且能发挥市供水总公司的最大能力，经济和社会效益将更为显著。而南陵在不需重复投资建水厂的情况下，解决了城关地区和沿途乡镇的饮用水问题，确实是一件双方都有利的好事。

三是水源稳定。芜湖自来水以长江作为水源，水源稳定可靠。从南陵长远发展观点来看，引芜湖自来水就能根本上永久性地从水源和水质上，保证城关地区包括沿途乡镇的供水需求。

四是水质较好。芜湖自来水厂设备先进，自动化程度高，该水厂水质检测达到五十几项指标，符合国家标准，并在国内同行业检测评比中名列前位。南陵饮用芜湖自来水是最好的选择。

五是带动能力强。从芜湖引水不仅能解决南陵城关地区供水，还能顾及沿途奎湖、黄墓、九连、石铺以及家发等乡镇及周边群众。这些乡镇虽在圩区水源丰富，但因水质问题，自来水至今仍未解决，如能从芜湖市引水，这一难题就迎刃而解。从而将进一步促进这些小城镇的可持续发展和经济建设，提高城镇居民及周边群众的生活质量。

建议：

（1）市委、市政府要加强领导和协调。南陵是芜湖所辖三县之一，南陵城关地区又是南陵政治、经济、文化中心。保持该地区的长远健康持续发展，既是南陵人民的愿望，也符合市委、市政府的决策意图。当前严重制约该地区进一步发展的"瓶颈"之一，就是城关地区的饮用水问题。因此，迫切需要市委、市政府把该工程提到重要位置，加强领导和协调。

（2）要尽快成立专门组织。引芜湖自来水入南陵城关地区是一项大的系统工程。应组织有相关部门参加的较为稳定的工作班子，做到有领导、有人员、有计划，扎扎实实开展推进工作。

（3）要尽快制定实施方案。要认真做好前期勘察、测量，以及沿途乡镇饮水管道铺设规划工作，尽快制定切实可行的实施方案。

（4）要尽快组织实施。解决南陵城关地区饮用水问题已迫在眉睫。在成立班子、制定方案后，应尽快上马，抓紧实施。要列出时间表，采用倒计时办法，力求早日建成，造福南陵人民。

5.建议尽快修复青弋江南陵弋江段河岸

青弋江南陵弋江段，是指南陵县弋江镇南从新弋江大桥、北至老弋江大桥一段。该河段沿岸为弋江镇老城区，居民居住密集，商业繁荣，涉及两个居民员会，4000多人，还有两所学校、一所医院，是弋江镇人流、物流较为集中的中心地带。

该段河岸由于1983年大水冲刷，崩塌严重。之后，又经多次洪水冲击，河岸险情愈加严重。目前，该河岸已大面积溃塌，并出现大的裂痕，如遇大水，后果难以预料。去年，河对岸宣城地区已将河岸砌护，假以时日，洪水来临，该河段承受的压力将会更大。

为此建议：

（1）市委、市政府要高度重视，市有关职能部门应从保护人民生命财产安全出发，实地了解情况，制定切实可行的修复方案，尽快付诸实施。

（2）加大资金投入，要积极筹措资金，可采取市里拿一点、县镇出一点的拼盘办法，解决修复河岸的资金问题。据了解，宣城地区为砌护河岸，共投资约50万元，我市能否可以参照执行。

附：芜湖市水电局对芜湖市政协九届四次会议第476号提案办理情况答复的函

由于多年大水，我市江河堤防崩塌不断发生，虽年复一年地开展水利兴修，使堤防的防洪标准不断地得到提高，但仍存在着投入严重不足的问题，因而不能从根本上迅速及时地消除堤防崩塌等险情。梅本成委员提到的青弋江南陵弋江段就属于这方面的问题。

为了解决我市内河堤防存在的标准不足、隐患较多等险情，我市除了每年通过水利兴修加高培厚险工要段提高防洪标准外，还根据轻重缓急对一些影响度汛安全的工程进行汛前应急处理，以确保安全度汛。有关青弋江南陵弋江等段除险加固工程，市水电局已专题上报省水利厅，要求作为2002年汛前应急工程进行处理。在省水利厅的关心与支持下，近期该段的除险加固计划已得到批复，省一次性下达计划补助经费80万元，主要用于南陵县奚滩、弋江、东河段青弋江堤防的除险加固工程。目前该工程的设计文件等有关材料已上报省厅，待批文下达后，即组织实施，确保明年汛前完工，发挥效益。

五、九届五次会议（2002年）

1.关于利用我市山水资源优势加大旅游宣传的建议

随着我国加入WTO，市委、市政府加大了对芜湖旅游经济的开发。旅游业的快速发展必将拉动相关产业发展，而加大相关产业开放度也将促进旅游业的发展。同时，旅游经济又是知名度经济、注意力经济。如何吸引客人、留住客人，给相关行业带来实实在在的商机，我认为要利用芜湖自身的优势打山水牌进行宣传促销，把芜湖推向全国，推向世界。

芜湖是座历史悠久的美丽古城，有辖区内的山山水水进行开发。如市中心的赭山、镜湖、九莲塘，郊区的神山、天门山、汀棠、凤鸣湖，县区的陶辛、奎湖的河网水韵，西山、马仁山的翠峰，将这些山山水水、古迹、民间故事与现代休闲娱乐融为一体，将这些景观进行整合，有重点地进行科学规划，使其具备特色。从类型上可分为度假休闲、商务，从消费层次上分为周边、国内、国际；政府要统一宣传口径，打山水牌进行宣传，建立自己的网站，通过互联网进行宣传，市官方媒体以各种方式进行宣传，以营造浓厚的旅游宣传氛围，把芜湖推出去，把客人引进来。

建议：

（1）组织专家或专业班子进行调研。

（2）科学规划、确定市场开拓目标。

（3）绘制芜湖的水系系列画和 VCD 光盘，并要求全市各宾馆、饭店等窗口和政府、企事业单位的会议室悬挂芜湖的山水画，并在人口密集区和车站码头、通往景点的要道口设置芜湖山水风光广告。

附：芜湖市旅游事业管理局对市政协九届五次会议第 91 号建议办理情况的答复

我市近几年通过开展创建中国优秀旅游城市活动以来，市委、市政府对全市的旅游业发展十分重视，拨专款编制了《芜湖市"十五"旅游发展规划》，芜湖的城市面貌也有了较大的改善，去年市旅游局推荐广济寺、赭山公园、汀棠公园申报国家 AA 级旅游区（点），并获得了批准。今年，又申报了马仁奇峰公园为 AA 级旅游区（点），通过申报提升了风景区的档次和知名度。今年为创优复核，拟准备制作优城标识物和大型旅游广告（其中包括芜湖山水风光广告）。又于近期拟开通芜湖—陶辛、芜湖—马仁、芜湖—乌霞寺的一日游旅游专线，为来芜湖的游客和广大市民游览芜湖山水风光提供了便利。今年市旅游局还组织了天门山、陶辛水韵等景区参加了国内、国际旅游交易会，推介芜湖的景区（点）。《芜湖日报》开辟了《游园》专版，《大江晚报》开辟了《城市旅游》专版，分别介绍芜湖的景区（点）和芜湖的人文历史，提高了芜湖风景区、人文历史的知名度。有关制作芜湖山水画、VCD光盘、联网宣传芜湖目前有一定的困难，主要是经费不足，难以完成。我局就这些意见向市政府作出反映，争取市政府给予经费支持，加以完善。

2. 再提尽快实施市区至南陵供水工程的建议

一、解决南陵城关饮用水问题刻不容缓，在去年基础上，再次提出本提案，主要原因有三：

1. 从市域总体规划角度看，向南陵境内实施引水工程是落实芜湖市域规划的必然要求。在芜湖市域规划中，芜湖自来水已规划供到南陵奎湖，而奎湖已纳入许镇中心镇，故南陵许镇与芜湖县清水、繁昌县三山皆作为中心镇列入市区统一规划之内，都应是市供水的有机组成部分。因此，在支持，促进这三个中心镇发展上应该待遇同等。目前，芜湖县清水、火龙岗，繁昌三山在市委、市政府的关心和市建委支持下，都已由市供水总公司供水，唯独南陵县许镇的供水问题没有兑现。如果许镇由芜湖供水总公司供水，则将自来水延伸到距离该镇只有十几公里的南陵城关，可以说是水到渠成的事。

2. 从市供水总公司供水能力看，实施引芜湖自来水入南陵工程完全可行。一是水量能保证。据我们了解，市供水总公司现有47.5万立方米/日供水能力与实际供水量比，仍有一定的富余能力，完全可以满足目前南陵用水量。同时，市供水总公司除目前已有的供水能力外，仍预留有25万立方米/日的供水设备和装置，依照芜湖市当前的发展速度，即使不向南陵供水，也必然很快启动该设备。一旦预留的供水设备启动，向南陵供水能力不仅更不成问题，而且有利于提高供水效应。二是距离可接受。南陵城关引芜湖自来水是从火龙岗接管，距离南陵城关只有33公里，这个距离在北京、上海等大城市的输水工程中较为常见，合肥市也已将自来水输送到肥西县。三是效益较可观。供水工程是短期投资、长远受益。虽然实施该工程前期要投入较多的资金，但南陵城关包括沿线乡镇发展迅速，用水潜力很大，其产生的后发效益将十分可观。同时，南陵城关及沿线乡镇就无须各自建水厂，可优化资源配置。如繁昌县三山镇，现从芜湖引水，只需要1236万元，而自建水厂就要2000余万元。因此，从芜湖市域整体和全局看，效益十分明显。从市供水总公司长远受益看，完全可以使市供水总公司与南陵县双赢。

3. 从市带县的战略部署看，引水入南陵工程是实施该战略的重要举措。事实证明，市供水总公司供水至繁昌县三山、芜湖县清水，大大解决了二镇的后顾之忧，为其经济发展注入生机和活力。如果将市自来水延伸至南陵城关，就彻底解决了制约南陵城关发展的瓶颈问题，不仅增添了南陵发展后劲，更从根本上解决了南陵城关及沿线乡镇近15万人口的饮用水问题，其经济、社会、生态效益远远大于市供水总公司投资到芜湖县清水和繁昌县三山，不仅发挥了市带县的优势，功在当代、利在千秋，也是实践"三个代表"重要思想的具体体现。

二、南陵城关地区饮用水供需矛盾已日益突出。南陵城关地区目前建成区面积7.4平方公里，常住人口近6万人，供水需求平均每日为1万吨，高峰期每日达3万吨。该地区居民饮用水现以漳河水为水源，该水源不仅很不稳定，水质更不完全符合饮用水标准。再加上自来水厂自身设备条件有限，供水能力只有1万吨每日，超负荷也只达到1.2

吨每日，净化设施老化，生产出的自来水无论是水量，还是水质，都不能满足城区居民的生活需求。供需矛盾事实上已十分突出，严重影响了城区居民的正常生活，制约了城市的发展。就在去年我提出"建议尽快实施引芜湖水入南陵工程案"后，南陵城关饮用水矛盾凸现更为明显，随着该区域面积不断扩大，人口日益增长，工业区迅速发展，二、三产业不断增多，2—3年内饮用水问题必将成为严重阻碍该地区经济建设和城区发展的障碍。因此解决南陵城关饮用水问题已时不我待。

三、引芜湖自来水入南陵城关是解决该地区饮用水问题的唯一方案。南陵县委、县政府高度重视城关地区饮用水问题，已作为县城区可持续发展的重要工作内容，摆上重要议事日程，并委托县人大、县政协作了专题调研。我县自来水水源取自漳河，而漳河每年在7、8、9月就出现断流。青弋江水源虽较为丰富，但在旱季仍会出现枯水断流，特别是该水源又受到泾县上游的污染和沿线血吸虫、农药等二次污染后，水质已根本达不到饮用水标准，加之弋江地区还有十八万亩良田和十七万人口的用水，因此不管水质还是水量，都不宜从青弋江引水解决南陵城关用水问题。因此，引长江水入陵是在根本上彻底解决南陵城关饮用水问题必由之路。而从长江引水有两种选择，一是从繁昌引水，二是从芜湖引水。经过我们认真调研、测算，引繁昌水入陵的资金投入是引芜湖水入陵的两倍。更重要的是，引芜湖水入陵还能解决沿线奎湖、许镇、家发、黄墓、九连等乡镇的饮用水问题，这些乡镇的饮用水问题一直是困扰当地发展的一大难题。所以说，引芜湖自来水入南陵城关是解决南陵城关及沿线乡镇饮用水问题的最佳方案，只有此方案才能永久性地解决南陵城关地区饮用水的水源和水质问题，有效地提高城关地区及沿线乡镇群众的生活质量，而且对农业、农村用水不存在有丝毫影响。

自来水供应既是社会公益性质为主的商业行为，又是在政府宏观调控、指导下进行的，带有一定的政府行为。我们认为，能否实施引水入南陵城关工程问题，不宜仅从供水企业角度和层次去权衡，应站在市委、市政府高度和全市角度去统筹考虑。

为此建议：

要高度重视南陵城关饮用水问题，加快组织实施步伐，力争早日解决。南陵县是芜湖市所辖三县之一，是芜湖不可缺少的重要组成部分，南陵城关地区又是南陵县政治、经济、文化中心。保持该地区的长远健康持续发展，既是南陵人民的愿望，也符合市委、市政府的决策意图。而当前严重制约该地区进一步发展的"瓶颈"之一，就是城关地区的饮用水问题。据了解，市委、市政府和有关部门领导已把该问题摆上重要议事日程，主要领导同志亲自过问，加强领导、协调和督促，南陵人民深感欣慰和感激。考虑到实施引芜湖水入南陵城关工程的经济效益、具体投资、经营和管理运作方式等实际问题，建议有关部门应组织人员，进行深入调研和科学论证，广泛收集民意，集中民智。我们相信，在充分进行可行性论证后，解决南陵城关地区饮用水的难题一定会得到妥善合理解决。

附：芜湖市建设委员会对芜湖市政协九届五次会议第209号提案办理情况答复的函

对于您提出的实施引芜湖市自来水入南陵城关一事，市建委及所属供水总公司进行了认真研究，综合考虑了各种因素，目前由市供水总公司向南陵县实施引水工程尚不具备条件，其主要原因：一是市供水总公司的供水能力有限，夏季高峰供水已接近我市的供水设计能力

47.5 万立方米/日，因而没有能力向南陵县供水。二是芜湖市区至南陵县城关两地管线太长，工程实施投资额巨大、资金落实困难。工程需铺设管网 38 公里，加之建加压站和进行二次消毒等，初步估算投资超过 6400 万元。三是从供水经营成本角度看，成本高，管理难度大。目前南陵县城关包括沿途的供水量偏小，投入与产出比不合理，沿途加压、二次消毒维修等管理难度大。因此，将芜湖市自来水引入南陵城关工程暂时无法实施。望张维水委员能予以理解。此外，我委正在积极申报，争取将南陵县供水纳入国家"解决人畜用水"项目，加以解决。

第五章　政协芜湖市第十届委员会（2003—2007年）

一、十届一次会议（2003年）

1.关于综合治理保兴埠环境，有序推进沿埠地区建设的建议案（2003年11月19日十届市政协第十次主席会议通过）

近些年来，我市的经济快速发展、社会全面进步、城市建设日新月异；以经济技术开发区为中心的城北新区基本建成，城南新区正在崛起。与此同时，老城区改造也取得一系列令芜湖人自豪的成果。然而，流经我市镜湖、新芜、鸠江三区的保兴埠水系，虽然市、区政府多年投入大量人力物力财力予以治理，但由于缺少统筹协调，未能标本兼治，故至今仍然是芜湖污染最严重的水系，严重损害城市形象，危害人民健康，已到了非综合治理不可的时候了。

沿途察看保兴埠污染现状触目惊心。保兴埠全长约12.33公里，周边近百个单位，60多个居民小区，年综合排水量达8000万立方米，其中污水排放量约为3500万立方米。现在很多区段水如黑墨、臭气四溢，鱼虾绝迹、蚊蝇滋生，大大小小的工业、生活污水直接排入水中，垃圾杂草、随处可见，环境污染十分严重。

沿埠群众怨声载道，迫切要求尽早治理。在保兴埠流域内工作和生活的有20多万人，特别是周边市民因常年生活在臭水沟边，嗅觉已经麻木，对香味的感觉也很迟钝，体质变差、经常感冒。对此，历年来民主党派和政协委员多次提出整治保兴埠提案，广大市民要求彻底整治该埠的呼声日益强烈。

水道淤塞、排涝受阻，部分地段污水横溢。保兴埠管理失控，许多受害者就是"施暴者"，填渠修路、大量建筑垃圾和生活垃圾任意倾倒水中，致使河床升高；渠道淤塞、水流不畅。每年排涝困难，受阻污水横溢，沿途居民深受其害。此外，部分地段沿岸废弃物到处可见，杂草丛生，道路、建筑物、树木、花草杂乱无章，与芜湖市全国优秀旅游城市、卫生城市、文明城市、人居环境最佳城市的称号格格不入。

保兴埠之水流经芜湖市中心区，理应成为城市中部一条彩带，为了让渠水复清，环境变美，造福人民，也让芜湖再添新的光彩，根据广大群众和委员的要求，结合我们调研所及，现就治理、开发、利用保兴埠提出如下建议：

一、以"三个代表"重要思想为指导将保兴埠地区作为芜湖有待科学利用、精心雕琢的一块宝地，作为芜湖加快城市化进程，建设现代化山水园林城市的启动区。政府主导，市场化运作，以水环境整治为重点体现以人为本的理念，将沿埠24公里岸线、以开敞式公共绿地与有创意的景观节点相串联，实现自然生态与城市人文景观的有机融合，形成新的带状城区。

二、明确思路，规划先行，综合整治。自2004年开始，用三至四年的时间，在摸清现状、科学规划的基础上，先治理好保兴埠水环境（包括渠道清淤、拦污截污、调水冲污、修护渠岸、生态恢复等），做好沿渠绿化景观，搞好道路基础设施建设，建好拆迁安置房，然后再对沿保兴埠周边可开发利用的地块，按规划确定的性质和功能开发利用，建设现代化综合新城区。

三、依法行政，对土地实行统一管理利用开发建设。当前暂停办理保兴埠地区25平方公里规划范围内的建设项目供地和土地使用权转让、出租、抵押等手续。对该范围内已经批准但尚未开发建设的项目进行调查清理，统一研究处理。将该范围规划内的土地实行统一征用、管理，以便开发建设。

四、统一组织，分区治理，开发建设。保兴埠地区，分属镜湖、新芜、鸠江区，从长远看，整治以后各区必将受益。建议成立由市长任组长，各区区长、市各相关委办局主要负责人参加的保兴埠地区规划建设领导小组，统一规划，统一政策，合力有序推进建设。各区区段，地块开发，按确定的建设思路和总体规划要求，采取由投资商先编制规划方案，经专家评选符合保兴埠地区规划理念，并能提升保兴埠地区品位和形象的投资商入围参加土地投标，由中标的投资商治理、开发建设。整个建设资金的筹集，致力于多元化，通过建设一流的环境和基础设施来提升地块价值，吸引国内外投资商来共同建设新城区。

2.关于建立漳河、外龙窝水域生态保护区的建议（大会发言）

我们都是扬子江的儿女，是喝着长江水长大的芜湖人。我们既为自己家乡在扬子江畔而自豪！又因长江水产资源日趋衰竭而感到担忧。多年来我市历史上享誉四方的"芜湖三鲜"（鲥鱼、刀鱼、河蟹）产量一降再降，鲥鱼早已不见踪影，刀鱼上市规格称不上"刀"而是"匕首"；天然河蟹已是"沙里淘金"，人工养殖的河蟹品质越来越差，经济性状已退化到严重影响"出口"，国内市场亦受到影响。青、草、鲢、鳙四大家鱼在长江占有优势种群的位置已经不复存在；白鳍豚等国家一类保护动物在江面上嬉戏的场面已成为历史，湖北水生所专家们精心照料了14年的白鳍豚已于最近"谢世"。专家警示人们：长江内野生白鳍豚已不足百头……长江水产的"含金量"越来越低。我国许多水产工作者、生物学家、生态学家及环保人士都在关注着长江水产业，并多方面呼吁保护长江水产资源，维护长江多物种的生态平衡。

鉴于长江渔业日趋衰竭的严峻现实，在国家农业部的资助下，芜湖等四处江段曾实施了家鱼的人工放流工程。这一举措向社会各界表达了国家对恢复长江水产资源的积极态度。

安徽省境内长江段总长416公里，其中从繁昌县获港到鸠江区的东梁山的江段为81.85公里，这段长江的主航道既有东西向、又有南北向，由于流体力学的作用，在90度大弯的接合部就天然形成了与我市最大的养殖水域龙窝（原是长江老故道，经人工改造成了人工湖泊）相邻的外龙窝水域，四周天然形成的芦滩既缓和了江水的流速，同时也是多种经济鱼类的索饵育肥和产卵场所。与外龙窝水域相连互通的漳河总长139公里，全流域恰好都在我市行政区管辖范围内，漳河发源于南陵县三里镇丘陵山区，这里的植被保护得比较好，漳河的主要支流峨溪河、泊口河等沿河的人们在这些封闭的养殖水体内从事水产生产多年，积累了丰富的河道管理经验和水产生产技术，历史上这里的渔业经济在农民家庭收入中占有相当的份额。

　　龙窝湖、峨溪河、泊口河三大全封闭的水体，漳河（及其他支流）和外龙窝与长江相连的自然水体，合计有6万亩左右的无污染的"黄金水域"，这里曾经被老百姓誉为"鱼窝"，既是我市优质、高档水产品的重要产地，又是我国长江中下游地区许多品种的长江经济鱼类和国家级水生动物赖以生存、繁衍后代的重要场所。为了尽快有效地恢复长江的水产资源和保护长江多物种的自然生态平衡，我们认为这块"黄金水域"应得到政府的高度重视，应该充分利用这一水域的区位优势和生态优势，由政府牵头，第一步积极向省和国家有关部门争取把长江中下游"人工放流"重点放在这一水域；第二步积极创造条件建立"漳河、外龙窝水域生态保护区"。实施《长江（芜湖段）生态保护工程》，在漳河主要河段及相关支流划定"禁渔区"，在农业部的督导下开展"增殖放流"，在外龙窝水域设定"禁渔期"（此处已按农业部的要求定期实施），率先在长江中下游地区形成我市"长江水域生态保护"的态势。"天时、地利、人和"都造就了我市这块"黄金水域"实施"德政工程"的必要性和可能性。

　　"天时"：自从加入WTO以来，我国水产品出口大国的地位很快就受到发达国家的"挑战"，"绿色环保"成为我国水产品进入国际市场的重要门槛，"健康养殖"的生态型生产方式必然成为水产业可持续的发展主流，成为老百姓人人关注的生命科学的"热点"。许多专家都把21世纪定位为"生命科学世纪"，水域的生态环境和"绿色食品"特别是大江大河的生态环境越来越受到各级政府的重视，海内外的有识之士都注意到中央政府近年来把"绿色食品"与贯彻"三个代表"重要思想紧密结合起来，对于"关心群众生活"、治理环境和"再造山川秀美"的德政工程，政府的投入不断加大。2001年7月份以来中央电视台频频报道：黄河小浪底大型"调水调沙"试验；湖南洞庭（部分区域）生态保护区的建立；长江三峡综合生态监测中心的建立……这一系列生态保护工程显然都得到了中央政府的支持。我们希望市领导要像钢琴家那样弹好"渔业"这首曲子，高度重视对长江生态环境和物种资源的保护，多多宣传芜湖长江段在长江中下游地区特殊的区位优势和得天独厚的生态条件，着手开展多方面的资源调查，组织有关专家进行广泛论证，进而形成"可行性研究报告"。

"地利"：在长江中下游地区长江主航道的侧面有面积类似外龙窝的水域不少，但与万亩左右的湖泊、百公里左右的河沟（方便于管理）紧紧相邻的水域并不多；特别可贵的是在这6万亩左右的水体周边没有任何污染源，离三山绿色食品工业园和市中心又如此之便捷。远古史上这块沃土就有"人字洞"古人类的生存繁衍，近代史上这里又是"繁昌窑"的策源地，厚重的人文史充分证实了在这里人类与大自然相依共存的辉煌业绩。在人类社会文明高度发达的今天，我们应该更加珍惜大自然对我们芜湖人的恩赐和厚爱，把握好中央政府重视"种子""环境"两大工程的机遇，做好"增殖放流"的同时开展长江水产资源和水域环境的监测，大量收集长江水产资源变动的原始资料，以供国内外水产专家、生态专家共同研究长江水产，吸引更多有识之士来芜综合开发"黄金水城"。我们还可以利用这里水域自然条件的多样性，进一步拓展到第三产业"生态旅游"中去，如可在龙窝湖畔建设我省最大的"水上游乐场"；在炎热的夏季用游艇把朋友从"中江塔"直送漳河上游，让人们在一天内既领略大江的风格，又体会到江南水乡河网的韵味，当然也少不了品尝"峨桥茶市"的茗品和"河水炖河鱼"……这将为我市的旅游经济拓展增添一道靓丽的风景线。精明肯干的芜湖人能够在非茶叶产区开辟出闻名遐迩的"江南第一茶市"，也可在这"黄金水域"施展出新的作为！

"人和"：改革开放二十多年来，随着我市经济社会的发展，百姓们的生活水平有了很大提高，人们的消费观念正在从"数量型"向"质量型"转化。近年来，人们的食物结构中水产品占有比重上升很快，而"江鱼"成了人们款待朋友必不可少的特色佳肴，"绿色环保型"的水产品更是备受群众的青睐。资料显示日本经济繁荣后，成为世界上水产品人均年消费量最多的国家，达到180公斤以上。我们应把水产业看作是振兴民族的"光彩事业"，立足于经济效益、社会效益、生态效益高度统一的生产和管理方式，把"长江水产"这张牌打到国际市场上去。

各位委员，我们呼吁要尽快建立漳河、外龙窝水域生态保护区。长江是中华民族的母亲河，长江是孕育中华民族文化的摇篮，长江伴随了人类上百万年的进化史。恢复长江的水产资源和多物种的生态平衡，需要各级政府的重视和支持，需要社会各界坚持不懈地努力和逐步完善的科技手段，需要不断总结经验和教训。在人类社会文明和科学技术高度发达的今天，我们应该有义务也有能力保护长江水产资源和水域生态环境，因为我们只有一条长江。

3. 抓紧青弋江分洪道建设，解决江南水网区泄洪问题

每到汛期，皖南山区下泄的山洪与长江洪峰顶托作用，使江南水网地区形成"龙虎"，防汛形势十分紧张，而规划中的青弋江分洪道迟迟没有开工建设的消息。

建议：抓紧青弋江分洪道开工的前期运作，取得长江水利委员会的支持，争取早日开工，解决江南水网区泄洪问题。

附：芜湖市水务局关于市政协十届一次会议第030号提案办理情况的答复

我市位于青弋江、水阳江、漳河流域下游水网区，且濒临长江。长期以来由于受内河洪峰和长江水位顶托的影响，致使境内洪涝灾害极为频繁，特别是20世纪90年代以来，先后遭受了1991、1995、1996、1998、1999年五场大洪水的袭击，仅1999年受淹面积达18万亩，共计洪灾损失达12.67亿元。究其造成洪灾的原因，主要是该流域上游来水量大，而现有入江河道泄洪能力严重不足所致。这些在长江水利委员会于1981年和1992年先后编制的《青弋江、水阳江、漳河流域综合利用规划报告》和《水阳江、青弋江、漳河流域防洪补充规划报告》中，均给予了充分论证，并提出了相应的工程项目规划布局。在这一系列工程项目中，青弋江分洪道工程一直是作为骨干工程项目提出来的，它的实施不仅可以解决我市长期以来受内河洪峰和长江水位顶托的影响在汛期我市境内洪涝灾害问题，而且也缓解了苏皖两省长期以来的水利矛盾。

为了从根本上解决我市水网圩区洪水出路问题，市委和市政府经过慎重考虑，于1999年7月8日作出重大决定，立即启动青弋江分洪道工程前期工作，我局于同年9月份分别与长江水利委员会设计院和我省水利水电勘测分院签订了该工程项目的设计合同和勘测合同（项目建议书阶段）。

2000年10月，我局已将长江水利委员会设计院《青弋江分洪道项目建议书》上报省水利厅，省水利厅2001年12月提出初审意见报水利部审批。

2002年2月，水利部水规总院在武汉召开安徽、江苏两省及有关地市人员关于"青弋江、水阳江、漳河流域规划"研讨会。

2002年4月，水规总院在北京召开安徽、江苏两省及有关地市人员"青弋江、水阳江、漳河流域规划"方案讨论会。

2003年4月，水利部水规总院计划在武汉召开安徽、江苏两省"青弋江、水阳江、漳河流域规划"审查会。由于"非典"影响，会议延期。

2003年6月，水利部水规总院计划在北京召开安徽、江苏两省"青弋江、水阳江、漳河流域规划"审查会。由于"非典"影响，专家一时难以聚齐，且积累待审查的项目较多，会议延至7月份召开。

今后，我局将继续多跑、多问、多汇报，以抓住国家对水利投入由长江干流向重要支流转移的机遇，使青弋江分洪道工程尽快上马。

4.尽早考虑凤鸣湖、银湖周围的污水处理问题

"两湖一山"作为芜湖环境保护的精品，是芜湖招商引资的亮点，优美的环境得到投资者的称赞。但我们发现，环湖的企业、住宅排放的污水对两湖水质有直接影响，两湖水质在逐渐恶化。

建议尽早考虑凤鸣湖、银湖周围的污水处理问题，不要等到水质严重恶化，造成生态灾难再来治理。

附：芜湖市环境保护局对芜湖市政协十届一次会议第113号提案办理情况的答复

市委、市政府高度重视凤鸣湖、银湖的环境保护工作，为加强对凤鸣湖风景区水体的管理，更好地保护、利用和开发凤鸣湖风景区水资源，2000年4月发布了《凤鸣湖风景区环境保护和规划管理办法》，并设立了凤鸣湖风景区管理委员会，负责风景区的环境保护和规划管

理。市规划局作为管委会办事机构，在管委会领导下，主持凤鸣湖风景区的管理工作。芜湖经济技术开发区、鸠江区，市建委、环保、规划、土地、旅游、工商、公安等部门按照各自职责，共同做好风景区的保护与管理工作。

为防止凤鸣湖、银湖的水体污染，市环保局加大了对凤鸣湖风景区环境的监理和监测力度。严格建设项目的环境管理，控制新污染源的产生；环境执法部门，每两月对沿湖排污口和项目建设情况进行执法检查，坚决控制向凤鸣湖排放污染物；环境监测部门每年在枯水、平水、丰水期对凤鸣湖总体水质和各排污口水质等进行监测，随时掌握水质变化情况，针对问题及时采取防治措施，并定期向市政府汇报。

为控制凤鸣湖风景区内现有工业废水和生活污水的排放，我市结合道路建设，加大了风景区内截污工程的力度。今年正在实施的九华北路改造工程，污水管将同步埋设，预计今年底可以结束。随着凤鸣湖、银湖四周排污管网的完善和截污工程的全面完工，凤鸣湖、银湖水质将会得到较大的改观。

5.宜将一号码头建成水上旅游观光码头

芜湖港一号码头，位于吉和广场西侧，距天主教堂50米左右、距中江塔也不过200米。码头区域内有座建于20世纪60年代初的300余平方米的大平台是市区码头内唯一的平台，每到春夏秋之际，广大市民和外地游人纷纷前来观赏奔腾不息的长江，或在此乘船去游览芜湖长江大桥和天门山。但由于该码头没有系统的规划，码头及站房设施陈旧不堪，与旅游码头的功效相距甚远。

为了使一号码头与芜湖优秀旅游城市的地位相适应，积极培育新的旅游观光点，拉动旅游消费。

建议：对一号码头进行科学合理的规划，把它建成一座现代化的旅游观光码头，使中江塔、天主教堂和旅游观光码头三个旅游点连成一片，以吸引更多的游客前来观光，促进我市旅游经济的发展。

附1：芜湖市港航管理局关于市政协十届一次会议第132号提案办理情况的答复

芜湖港一号码头作为港口的重要组成部分，已经被我局列入《芜湖港总体规划》之中。芜湖港一号码头至十三号码头区段已纳入《市滨江大道建设规划实施方案》中，这一段主要作为旅游、休闲、娱乐中心。

附2：芜湖市旅游局关于芜湖市政协十届一次会议第132号提案办理情况答复的函

接到提案后，市旅游局和市计委负责城市滨江景观公园规划的同志联系，建议在城市滨江景观公园总体规划中，对现有的包括一号码头在内的简易旅游码头进行科学规划、合理布局、重新修建，以满足我市旅游事业发展的需要，并作为落实省委、省政府关于建设"八百里皖江文明长廊"的具体措施。为此您的建议已被采纳，并在城市滨江景观公园总体规划中有安排。随着城市滨江景观公园的分步实施，包括一号码头在内的一些设施陈旧不堪，与运旅功能不相适应的码头必将有很大改观。再加上中江塔、吉和广场、天主教堂、老海关、外贸码头、长江大桥、滨江大道等景点的相互衬托、相互辉映，必将会形成一个新的皖江旅游风光带，届时将会吸引更多的游客踊跃"长江一日游"，让市民可以真正实现"城中观江，江中观城"的良好愿望。

6.治理城市污水，污水管网建设必须先行

芜湖市城市污水治理早有动议，市政府已立项并决心在本届完成；但实际上应该先行的污水收集专用管网系统至今未能落实健全，老城区因环境限制难以一蹴而就，可以缓行。但新区建设中忽视之则无道理，应当归入基础设施建设同步进行。如我市经济开发区和大桥经济开发区共处的银湖北路，这一大片地段竟没有健全的污水分流专用管网，以至严重影响该地段的工业厂区、居住小区（如香格里拉居住小区）等建设项目，一定程度地影响投资者的热情。特建议：

（1）我市污水分流专用管网，应尽快立项，全面规划和建设。

（2）新区建设应强调雨污分流管网建设纳入道路建设同步进行。其中经济开发区、大桥经济开发区，应限期加快污水管网的建设和完善。

（3）污水专用管网的规划和设计，应按本地区的气象条件、污水处理厂的布局，进行科学的计算确定合理的流向、埋深、坡度和管径，切忌仓促应战、事后反复。

附：芜湖市建设委员会关于市政协十届一次会议第167号提案办理情况的答复

治理城市污水，污水管网建设必须先行的提案很好，关于此项工作的建议也极具价值，污水治理工作是当前城市规划和建设中一个课题，也是我委紧抓不放的一项工作。由于历史原因，限于我市财力，污水治理工作现状仍不能令人十分满意。为此，市政府多方筹措资金，积极推进朱家桥污水处理工程，污水厂设计和征地拆迁工作已经完成，管网前期方案设计也已经专家评审通过。近几年来，我们在城市建设

中也注意与朱家桥污水处理工程的衔接，除部分老区道路改造仍是雨污合流制以外，其他新区和老区新改扩建道路已全部实行雨污分流。目前，该工程已列入了我省今年第一批向国家计委申报特债计划，预计今年特债下达的可能性较大，一旦特债下达，厂区工程将立即启动。我委已拟文向政府汇报，力争今年认真抓好管网设计，完成初步设计和施工图设计。相信通过多方努力，我市的污水治理工程必将上一个新的大的台阶。

7.关于对保兴埠水系进行清淤疏浚的建议

保兴埠水系涉及鸠江、镜湖、新芜三区，由于该水系河床多年未曾清淤，每到汛期才能将污水外排，直接影响官陡镇的招商引资环境和该水系周围群众的居住环境。

建议市政府有关职能部门，协调三区对该水系的清淤疏浚列入计划，筹集资金，办理完毕。

附：芜湖市建设委员会关于芜湖市政协十届一次会议第477号提案办理情况答复的函

保兴埠水系是我市市区重要的排涝水系之一，全长约12.33公里，流域面积16.75平方公里。现该水系区域内已集中了二十多个居民生活小区和众多企事业单位，人口密集。由于流域内的各类排水设施大部分建设于20世纪80年代初期，规划起点不高，保兴埠流域内排水均为雨污合流排入渠内，两岸部分居民向渠内乱倒垃圾、排污水的现象较严重，造成了保兴埠水系环境污染严重。为了努力给两岸居民创造一个良好的生活环境，近年来，市政府一直对保兴埠水系治理工作十分重视，从 1998 年开始就组织有关部门对保兴埠水系的综合治理工作进行了详细规划和专家论证，目前，保兴埠综合治理的规划已基本完成。为了缓解河道淤泥、乱倒垃圾给水系和环境造成的污染，市政府于 2001 年投资 300 万元对下游 3.6 公里的主河道进行了全面的清淤，清理了全线垃圾和各类水面杂物，整治后的保兴埠面貌有了一定改观。同时，整治后我们又要求相关区责任部门加强日常的保洁管理，并加大宣传力度，呼吁市民关心和爱护保兴埠的环境，不要向渠内乱倒垃圾、杂物，保证渠道环境不再受到污染。我市第一座城市污水处理厂已动工建设，以后我们将结合污水处理厂配套的污水专用管网的建设，对保兴埠明渠沿岸污水管网实施截污整治，对两岸的建筑综合规划，并拆除一些紧贴岸边的建筑，建设沿岸的绿化带和部分小型公园，供居民休闲、娱乐、游玩，给沿渠居民创造一个干净整洁、环境优美的生活场所。

二、十届二次会议（2004 年）

1. 城东新区高教园区生活污水管网建设迫在眉睫

2004 年新年伊始，芜湖市政府提出新的发展规划，城东（沿芜屯路）新区是美丽五叶中的一叶，将芜湖东部发展提到议事日程，为解决城东多年积压问题带来希望。

安徽工程科技学院建校于 1978 年，经过 25 年发展，目前在校生人数已达万人以上，预计 2010 年将扩招至在校生 1.5 万—2 万人。因历史原因，校区的生活污水排入市政管网困难。原因主要有：

第一，校区地势中部高、两侧低，校区生活污水目前分两路排放，校区西侧部分生活污水排入芜屯路雨污干管；校区北侧学生宿舍楼及试验楼地势偏低，不能进入芜屯路排污干管，只能排入校区内水沟，靠水体自身净化、夏季污水发臭，影响校区环境。

第二，芜屯路市政排水口是上星塘，位于某干修所与安徽工程科技学院之间，已发生多起因水质污染，导致农民养鱼致死事件。规划中将在城东建设以聋哑特色学校复旦分校等为主体的城东教育园区，为加快经济发展提供必要的人力资源，城东工业园区目前也引资入园落户多家企业。园区建设将导致人口密度快速增长、工业废水排放、生活污水污染环境等问题。为保护江南水乡生态环境，建设城东污水管网、泵站及污水处理厂迫在眉睫。建议：

（1）城东发展，市政建设应先行。根据发展远景、统筹规划污水处理厂厂址、设计市政污水干管网，设计应充分考虑高校扩招趋势及工业园区建设带来的居住区的变迁发展。

（2）芜屯路已在扩修，三环路将建；铺路时应配套预埋市政污水干管（安徽工程科技学院污水需两个出口与市政管网相接）、天然气管道等，避免多次破路铺设，增加建设成本。

（3）东部地势较低，青弋江防洪堤、污水不能直接排放；在污水处理厂近期建设困难的情况下，可先期建设污水排放泵站，解决二环与三环路之间区域污水出路问题。

（4）污水处理厂建设应加快进程，保护家园、水利不被污染。

附：芜湖市建设委员会关于芜湖市政协十届二次会议第110号提案办理情况答复

（1）三环路北起大桥镇北端、南至城南纬十路，全长 33.5 公里，是我市规划中南北向又一条快速通道，鉴于我市财力状况，整个三环路工程将分期实施，今年将实施建设三环路中段（东四大道至赭山东路）5.265 公里，并相应配套建设雨污水管道，目前城东污水处理厂正在规划和论证过程中。

（2）芜屯路拓宽改造工程科技学院至清水大桥全长 9.2945 公里，已列入今年城市建设计划中，该工程同步配套建设供水、燃气、雨水和污水管道。

（3）整个我市东部地区发展正在规划中。

2. 应尽快建设城东地区外环路雨污水工程

芜湖市城东工业园于 2000 年 9 月经芜政秘（2000）176 号文件批准设立，一期规划面积 1.68 平方公里。鸠江区官陡镇目前已累计完成基础设施投资 9088 万元、引进企业 14 家，计划总投资 5.6 亿元，已累计完成投资 2.3 亿元，其中固定资产投资在 1000 万元以上的项目有 7 家。根据整个城东地区的规划，外环路建设南北贯穿城东工业园，将园区一分为二。因此，外环路不动工建设，城东工业园雨、污水排放工程无法动工建设，会直接影响园区企业生产。建议：尽快建设城东地区外环路雨、污水排放工程。

附：芜湖市建设委员会关于芜湖市政协十届二次会议第 180 号提案办理情况的答复

三环路北起大桥镇北端、南至城南纬十路，全长 33.5 公里，是我市规划中南北向又一条快速通道。鉴于我市财力状况，今年将实施建设三环路中段 5.265 公里（东四大道至赭山东路）并相应配套建设雨污水管道，待整个三环路建成后，雨、污水排放问题即可解决，目前城东污水处理厂正在规划论证中。

3.关于治理镜湖水污染的建议

镜湖，是芜湖的城市之肺、是江城明珠，也是每个芜湖市民的骄傲。但由于镜湖属于城中之湖，地形低凹，源头活水无法正常流入，其湖水的更新主要靠天吃饭，依赖于天下雨，速度很慢。加之沿湖周围和湖面旅游污染物排放日趋严重，镜湖之水质日渐恶化，尤其是夏天经常溢出阵阵恶臭。今年夏天由于连续高温，湖中鱼类大量死亡，严重影响镜湖的整体形象，市民反映十分强烈。解决镜湖水质净化问题，一方面要加强宣传，杜绝沿湖商店、饭店和居民向湖中排放生活污水；另一方面，也是其关键的一招，就是要想方设法让镜湖的死水变成活水。

纵观城市内湖治理的成功做法，最有效的办法是从附近向镜湖引入天然的活水，引活水来使镜湖的水质从根本上得以改善。这样的成功例子是很多的，如杭州为了解决西湖水质变化问题，经过多方论证，从吴山开挖隧道，将钱塘江水引入西湖，使西湖的水每周可以更换一次，原先由于水质恶化所引发的一系列问题，从根本上得到解决，美丽的西湖比以前更加妩妍动人。

同样的道理，镜湖水质的治理也可以参照西湖的办法，可以从青弋江引一股活水，常年冲刷镜湖，我们从青弋江引水进镜湖，其自然条件要优越得多，方便得多。

当然，从青弋江引水进镜湖，从根本上治理镜湖水污染，涉及的问题很多，需要方方面面做出努力，也许这仅仅是一个良好的愿望。但我认为，不妨将这个问题交给全市人民讨论。如果市民拥护和赞成，就应该作为芜湖的一个重要课题，列入城市规划，综合考虑，以为民造福。

附：芜湖市建设委员会关于芜湖市政协十届二次会议第344号提案办理情况的答复

镜湖自前几年清淤后，水质得到一定的改善。目前，据了解，镜湖周边商店、饭店和市民向湖中排放污水的现象已没有，但由于是死水，因而水质很难保持较长时间的纯净，当水位偏低时，向湖中注入的是自来水，现园林有4名工人每天固定打捞脏物和杂草，要想从根本上解决水质问题，必须将死水变成流动的水。我们将向政府和规划部门反映和建议，引入青弋江的水，使镜湖水长久保持纯净。

4.关于加快保兴埠等十多条污水水系治理的建议

芜湖市的城市发展日新月异，随着融入长三角经济圈，芜湖市的城市地位以及城市功能显得更加重要；这对城市发展的环境提出了更高要求。就市区而言，路变宽了、灯变亮了、楼变高了、房子变大了，招商引资的力度就更大了。可是，据我调研，像保兴埠流经我市市区的水系有十八条，它们无一不是活水水系，但却终日臭不可闻，并且已成为我市最大的市内垃圾场，直接影响了我市市民的生活质量，以及芜湖市的形象。这种状况与前进中的芜湖形成了极大的反差，应加大力量对这些水系综合整治，把它们建成能为市民提供休息、娱乐的水清岸绿的风景带。因此我建议：

（1）政府加大对这十几条污水水系的治理力度，制定出治理规划，并保证治理资金投入。

（2）在治理过程中，可以动员全市市民开展义务劳动，以培养"建我芜湖、爱我芜湖"情感。

（3）在治理过程中，可以考虑商业运作，用来聚集治理所缺资金。

附：芜湖市建设委员会关于芜湖市政协十届二次会议第350号提案办理情况答复的函

我市市区明渠水面的治理工作早就列入有关部门的重要工作日程。1998年，市区保兴埂水系的综合整治规划一期编制工作就已经完成，但由于整治工程量和资金投入都非常大，限于政府财力等原因，一直没有实施。近几年来，为给市民逐步创造一个良好的生活环境，从2001年至今，市政府先后投入500多万资金用于市区明渠的整治工作，如保兴埂主干渠及官桥沟、双陡门水系清淤整治工程的实施，大大改善了市区渠道的环境，市区莲塘水系及其他水系的清淤整治工程目前也正在积极筹备之中。今年以来，市政府组织计委、建委、规划、环保、市政及有关区确定了市区明渠水面综合治理的近远期目标，着手编制市区明渠水面综合治理规划。今年9月份，这一规划将进行专家评审，明年起，我市将依据规划大规模地治理保兴埂、城南等重要水系。另外，根据市政府财权、事权分工，明渠属所在区域的区政府管理，我们将督促所在区政府对保兴埂水系及市区其他排涝水系的日常维护和管理方面加大力度，保障市区排涝水系免遭污染。同时，我们还将进一步加大对市区排涝水系的依法管理工作力度，增强全民水患意识，依法严惩向明渠内乱倒垃圾和违章占渠的现象，认真管理好市区明渠水面，尽力治理好保兴埂等市区排涝水系污染现象，为市民创造一个良好的生活居住环境。

5.建议城市下水明渠改暗渠

银湖中路一带的亮化和道路改造工程已基本完成，为芜湖市貌增添了新的辉煌。近来芜湖的市政建设发展得很快，但我认为城市的环境污染现象也要引起高度重视，尽力解决，为老百姓的健康办实事。

多年来，流经红梅新村延安路一号桥的一条明渠沟日夜流淌着被污染的黑水，夏天更是臭气冲天，行人难以忍受。希望尽快治理，把明渠沟改造成像胜利渠那样的暗渠，为民造福。其资金来源：

（1）下水明改暗应多方集资，政府社会、企业、居民各尽其力。

（2）从已征排污费（自来水每度加0.35元）中支出，此费应取之于民，用之于民。

附：芜湖市建设委员会关于芜湖市政协十届二次会议第132号提案办理情况的答复

目前，我市城市规划区内的明渠长约110公里，市区明渠水面是城市重要的泄洪调蓄"天然水体"，根据我市地形地貌、防汛排涝的实际，市区的水面尚需从规划上严格控制削减，以确保城市防汛安全。尽管我市至今尚未建立一套完善的污水排放体系，渠道两岸大量的生活、生产污水大部分未经任何处理就直接向沟渠内排放，加上部分居民向渠内乱倒垃圾、杂物，乱排污水的现象十分严重，管理难度较大，造成市区大多数明渠污染严重，对城市环境的整洁、美观产生了一定的影响。在我市城市污水处理系统尚未完善之际，我们将加强对明渠的管理。现阶段我们只有通过加强明渠的日常保洁工作，加大宣传力度，增强全民水患意识，以保证渠道的环境有所改变。我市的城市污水处理厂建设工程即将正式启动，我们将于今年内完成保兴埠流域的总体规划，从根本上逐步治理提案中红梅、绿影小区等一带的污染问题，还市民一个环境整洁、优美的城市之河。

6.关于用活水资源，做好水文章的建议

芜湖市位于长江边，被人们称为江城，市域内又有丰富的河湖水系，水资源丰富，这是芜湖市得天独厚的重要自然资源之一。如何用好、用活、用妙水资源对芜湖市工农业的发展和人民生活都至关重要。在当前通过工业化推进城市化，全面融入长三角的进程中，一定要充分利用好水资源优势，把水的文章做大、做强、做美。为此，我们建议：

（1）扩大自来水供水范围，逐步实现向三县农村供水，使我市城乡居民都能安全享用水资源。

（2）加大现有水系的保护和建设，利用水资源美化、优化城市景观，推进城市的生态化建设。

（3）城区水系治理要统揽全市景观，大手笔规划并逐步实施。如保兴埠治理要同汀棠公园建设、凤鸣湖景区建设作为一篇大文章去创做，镜湖公园与九莲塘公园治理最好连片考虑。

（4）新城区建设、城镇化建设一定要保护和利用好原有的塘、河渠等水利设施，统筹兼顾好生产、生活、景观的需要及生态建设的需要。

（5）加大污水处理力度，拓宽投入渠道，可以在扩大自来水供应和水费项目中收取污水处理专项资金；同时市财政每年都要有一定量

的治污投入，现代城市化的发展过程必须时时兼顾工业化与生态化的双重建设的需求。

7.西洋湖水质恶化严重需治理

现状：西洋湖的水质目前极度恶化，一年四季都散发出刺鼻的恶臭气味，严重影响小区居民的身体健康。

形成原因：小区居民的生活污水全部排入西洋湖内，地处曹家山一带层居住平房的居民的生活污水也是通过水沟流入西洋湖里。

建议：将两地居民生活污水排水管道接入芜湖市下水道管网，不让污水流入西洋湖内，有条件的情况下进行排污清淤。

附：芜湖市建设委员会关于市政协十届二次会议第406号提案办理情况答复的函

由于前些年我市房地产开发实行了"低门槛"政策，小区建设档次不高，小区下水均没实行雨污分流，污水未经处理，直接排放，对我市的环境造成影响，西洋湖水质恶化也是这样造成的。为改变我市的环境面貌，我市已于今年7月20日开发建设朱家桥污水处理厂，我市污水管网设计方案已经专家评审，即将经过招投标予以实施，实施雨污分流。今后我市还将在城北、城南、城东南分别建几座不同处理规模的污水处理厂，届时，我市的城市生活污水都将经过处理后再排放，西洋湖周边的生活污水将不会直接排入西洋湖。此外，市政府还将对保兴埠水系进行整治。由于受政府财力的影响，西洋湖整治工作未能列入今年城建重点工程计划，希望您能予以理解。

8.治理城市污水刻不容缓

随着城市工业的发展，大批工业园区的兴建，大量大型、超大型居住区的建成，我市污水治理状况十分严重。

近年来，"经济开发区""高新科技开发区""高校园区""香格里拉花园""香樟花园""南瑞新城""长江长现代城"等一大批工业区、居民区的建设投入使用，大量的工业废水和生活污水在等待出路。事实上无序的现状，已使得市内大小水体都在接纳污水，全长12公里、流域面积16平方公里、全市最大的水系——保兴埠已经成了名副其实的臭水沟。如此现状，有损市民健康、有损"江南明珠"城市的声誉，有损于招商引资环境。

芜湖市污水处理厂早已立项，圈定场地并有筹建班子，但亦仅此而已。最近已实施了排污费的征收，但市民翘首以待的污水处理工程却看不到进展。

建议：

（1）城市污水治理，污水专用管网系统必须先行；只有科学合理的管网规划、设计和施工，才能保证污水的有效送达，才能反过来决定污水处理厂的合理设计定位。

（2）城市污水治理、污水处理厂的布局设计应强调科学性、前瞻性，大之浪费，小之落后。

（3）应重视处理后的水资源的充分利用，如可供农田灌溉，景观水体、水系的补充水。

（4）绝不可忽视老百姓生活区的污水治理。事实上生活污水污染情况很严重，如团结路小区，常年下小道堵塞、粪水外溢。

（5）加大宣传、教育力度，强调"软硬件"一起抓，"软件"工作的成效直接影响综合治理的成败。

附1：芜湖市发展计划委员会关于芜湖市政协十届二次会议第349号提案办理情况的答复

随着城市经济的快速发展和工业化、城市化进程的不断推进，城市污染问题也日益突出。市政府非常重视治理城市污水问题，今年开始将推进以下项目建设：

1. 朱家桥污水处理厂是今年我市城市基础设施重点工程之一，今年将开工建设一期10万吨/日及管网工程。该项目目前土地征用、地质勘探、环境评估、初步设计及施工图设计已完成；全市管网普查已结束，管网及泵站设计正在进行；尾水排放工程初步设计已通过专家评审。该项目已累计完成投资3800万元。污水处理厂厂区土建工程上半年将正式开工建设，建设期为二年。该工程一期为日处理污水10万吨，总投资3.21亿元（厂区1.53亿元，管网及泵站1.68亿元）。建设资金主要来源：中央国债（2003年已落实1200万元）、污水处理费（2003年11月已按0.35元/度征收）、利用外国政府贷款等。

2. 按照芜湖市总体发展规划的要求和工业化、城市化进程的不断推进，我市还拟在城北、城南、城中各规划建设一座污水处理厂及管网系统。目前正在推进规划设计等前期工作。

3. 保兴埠水系整治，保兴埠水系是市区连接长江的一条十分重要的排水河道，全长12.33公里，流域面积16.75平方公里，流域内集中20多个居民小区和众多企事业单位，人口20余万。由于该流域地形复杂，河道排水坡度小，河床高，造成河道污水淤积，已成为芜湖的"龙须沟"，市民反映强烈。为根治保兴埠，市政府已将该水系环境整治列入日程，今年，市财政拨专款用于保兴埠综合整治规划和方案的编制。市计委也编制了《芜湖市保兴埠水系清淤工程项目建议书》，并将该项目上报省发改委要求列入省河湖清淤疏浚国债项目计划给予补助，已初步落实补助资金500万元。目前，保兴埠水系环境整治工程的规划工作已经展开。

4. 城南水系整治工程。今年将完成工程设计并开工建设城南水系西段及污水提升泵站；整治南关下水，改造铁桥泵站等。

附2：芜湖市建设委员会关于芜湖市政协十届二次会议第349号提案办理情况的答复

朱家桥污水处理厂的选址、征地、拆迁、地质勘探、环境评价、初步设计及施工图设计等各项工作均已完成，主干管线设计即将完成，厂区构筑物等土建工程施工经招投标已确定中标单位，已于10月20日正式开工建设。

我市还将在城北、城南、城东再建设几处不同规模的污水处理厂，保兴埠的整治也已列入计划，现正在抓紧编制规划。

9.关于出口加工保税区管委会恢复和平村原有水系的建议

出口加工保税区位于大桥镇和平村境内，原来这里居民和附近厂矿是有下水通道的，芜湖经济技术开发区出口加工区于2002年10月征用和平村800亩土地，原有的下水通道被填平了，导致排水系统的破坏。现在下大雨时，厕所粪便外溢、污水和积水无法流入下水道。在和平村小学附近的低洼处，一到汛期如连续几天大雨，这里的居民房屋和工厂厂房都被积水淹没，严重影响居民生活和财产安全，根据征地协议，按照《水法》的规定，本着谁破坏、谁恢复的原则，我市出口加工区应保留和平村的原有水系，不能因土地性质的变更而改变自然水系，要求出口加工区管委会，恢复和平村原有水系。

另外，目前九华北路正在拓宽改造，能否结合此路的改造，统筹考虑接通和平村的原有下水系统。

附：芜湖经济技术开发区管委会关于市政协十届二次会议第128号提案办理情况答复的函

由于出口加工区的建设，位于大桥镇和平村境内的水系发生了变化。去年汛期之前，我委已安排建设了出口加工保税区与和平村相连部分的明渠系统，同时在和平村通往九华北路的道路中增设了一道过路排水管道。根据现场踏勘和当地居民反映的情况，提案中所反映的问题主要是出口加工区南侧围网与农村住宅之间的狭长地带内没有排水系统，需建设一条排水系统与出口加工区明渠连通便能解决上述问题。目前，我委已组织安排该明渠的设计，可望于8月份开工建设。同时将对出口加工保税区已建的明渠系统进行一次疏浚以确保和平村排水系统的顺畅。

10.小区污水管道应与城市污水处理管网衔接

近年来，我市居民商品房建设日新月异，但个别开发商只顾经济利益，忽视污水处理这方面的工作，只看地面上的质量、房型，而地下的质量，尤其污水处理的管道系统处理不够，有的小区虽有地下排污水管道，但不符合规划要求和建设要求，这会给以后的全市污水处理带来很大隐患。

建议：

（1）商品房规划设计时，就应该考虑污水处理管网与市污水管网相连接。

（2）严格把握质量关，不符合要求的建筑，验收时一律不得签字通过。

（3）对于不符合规划要求污水处理管网的开发商除了要重新施工外，还要罚款。

附1：芜湖市城市规划局关于市政协十届二次会议第083号提案办理情况的答复

城市排水系统的完善与否，直接关系到居住环境和城市的可持续发展。市委、市政府对此十分重视，为此，我们一方面加大规划编制的力度，在去年工作的基础上，今年又安排了《保兴旱整治规划》《城市污水处理及管网设计》《城南明渠排水设计》等规划的编制工作。另一方面，切实加强规划管理，在建设项目的方案审查和审批过程中，都要求建设单位结合总体规划，做好污水管线等设施的配套完善和同步实施工作。同时加大证后监管的力度，在规划竣工验收时不但对地下管线进行检查，而且还要求建设单位报送有资质的测绘单位实测的管线图，确保小区污水管道系统与城市污水管网的衔接，为下一步城市污水处理厂建成后城市污水收集和高效运行创造条件。

附2：芜湖市建设委员会关于芜湖市政协十届二次会议第083号提案办理情况的答复

我市商品房竣工后，开发建设单位必须领取市建委核发的"房地产开发项目竣工验收合格证"后，方可办理交付入住。市建委在组织竣工验收中，对排水方面要求：（1）小区内排水应符合设计图纸和规范要求，排水系统按规定实行雨污分流；（2）雨污水检查井和雨水收集井按市政规范合理设置，规格统一；井盖、井座完整，无积水和漫溢现象；（3）污水应采用污水净化装置处理，保证达标排入市政排水系统；（4）申报并领取排水许可证。

三、十届三次会议（2005 年）

1. 关于将保兴埠水系纳入城市管网改造的建议

保兴埠水系位于我市九华北路东侧，是九华北路及长江市场园通往西江涵外排站的唯一水系，贯穿鸠江、镜湖、新芜三区。

近年来，由于城市的扩建、乱倒垃圾及多年来没有清淤等原因，水系严重受阻；特别是五里汀立交桥及汀苑小区附近水系的堵塞尤为严重。因该段水系跨越三区无人管理，也无人清淤改造，特别在汛期，造成周边农田和工厂受淹，给工农业生产和居民生活造成严重影响。

为改变这一现状，特建议市政府将保兴埠水系纳入我市城市管网改造之内，统一规划、实施改造。并建议：

（1）做好宣传，严禁任何单位和个人乱占保兴埠水系，杜绝乱倒垃圾现象。

（2）对保兴埠水系进行清淤，确保水系畅通无阻。

（3）将保兴焊水系纳入我市城市管网改造之内，统一规划、统一改造。

附：芜湖市建设委员会关于芜湖市政协十届三次会议第048号提案办理情况答复的函

我市的保兴埠水系是城市重要的排涝水体，市委、市政府对保兴埠综合治理工作非常重视，早在1998年就启动了保兴埠流域综合治理规划的前期工作，并在2001年投资300万元对保兴埠西江涵至北京东路名流保龄球馆段3600米主干渠进行了彻底清淤，2004年投资近50万元对南干渠1900米进行了彻底清淤，2005年将对保兴埠流域的汀苑明渠、官塘一带、官桥沟及干渠实施强化保洁责任。保兴埠流域的综合治理规划方案也在2004年通过三次专家评审拟报市规划委员会最终审定，保兴埠流域综合治理工作已列入2005年政府工作。随着城市污水处理厂开工建设和污水管网的建设，保兴保流域的管网已与城市污水管网同步规划实施，我们将根据财力逐年分期建设，在规划建设的同时，我们将督促有关区政府加强对保兴埠流域的日常保洁和管理工作，加大对市民的宣传力度，争取早日将保兴埠整治改造成环境优美的休闲长廊。

2. 关于加快峨溪河水利基础设施建设的建议

繁昌县峨溪河水利基础设施建设，特别是其中的峨桥泵站建设，是确保本市重点项目响水涧蓄能电站的安全储水足量供水的基本条件与前提。峨溪河水利基础设施建设，也是确保繁昌县约半数农业生产与人民生活在汛期及时排涝、旱时及时灌溉的水利基础设施工程。但长期以来，这一基础设施建设不适应排涝抗旱需要，已多次造成全县不应有的严重损失，必须加快立项与开工建设。

建议:

(1)建议市水务局牵头、繁昌县水务局配合,做好规划与工程设计的前期准备工作,尽快向有关方面争取立项。

(2)抓好这一系统工程的科学规划、项目的科学设计,确保与响水涧蓄能电站丰水、枯水期用水和城镇防洪抗旱体系建设科学匹配,尽快开工建设。

附:芜湖市水务局关于市政协第十届三次会议第076提案办理情况的答复

峨溪河是繁昌县最大的内部流域(不包括响水涧蓄能电站所在的泊口河小流域),总流域面积169平方公里,其中山丘区来水110平方公里。峨溪河主河槽全长20公里,其两岸分布着大小圩口6处,涉及耕地面积8.5万亩。繁昌县城位于峨溪河主河槽的上游。由于峨溪河来水面积大,且来水面积中山丘区占65%,而河道的蓄水容积有限,河道两岸堤防堤顶高程比外河堤防要低2—3米,其目前的防洪标准较低,根据分析仅相当于5—7年一遇,因此峨溪河流域洪涝灾害比较频繁,尤其是繁昌县城经常遭河水淹没,一定程度上制约了全县经济发展和社会稳定。

为了彻底解决峨溪河流域尤其是繁昌县城的防洪问题,市县两级水务部门正在抓紧进行两项工程的前期工作。一是繁昌县城防洪工程,2003年6完成。繁昌县城防洪规划,2003年8月完成了对该规划的评审,2003年11月市政府对该规划进行了批复。按照基建程序,规划批复后应编制工程的可行性研究报告,因涉及繁昌县城总体规划的调整,因而此项工作目前暂停。二是峨溪河排水站工程,2003年11月完成了泵站初步设计,2004年5月多次与省水利厅交换意见,省水利厅近期将拿出审查意见转省发改委待批。初步设计批复后，我局将把该项工程作为重点，积极争取国家投资。峨溪河排涝站设计装机1250千瓦，设计排洪流量12.6m/s，该站建成后可提高峨溪河的防洪和排涝标准。

繁昌县城防洪工程和峨溪河排水站工程实施后，峨溪河流域的水利条件会得到很大改善。

3.保护和扩大万春圩内部水面，避免再现城市排涝困境

随着城市东扩目标的确定，芜湖县的万春圩纳入规划已成事实，这是芜湖市经济发展融入"长三角"、成为皖江区域经济中心的需要。作为传统农业经济唱主角的地区，万春圩以所谓四大明沟为代表的排灌渠系，一直以来都是当地旱涝保收的关键因素。然而小城镇建设及公路交通网络的快速发展，客观上已使万春圩圩内水面呈逐年递减趋势，沟塘率由原先的10%下降至目前的6%左右，在近年排灌工作中显现瓶颈效应。一旦万春圩纳入城市建设轨道，远高于农村的城区排水源标准，将对现有明显不足的沟塘渠系提出更高的要求。为此，我们建议在下一阶段芜湖市城东地区规划工作中，一定要高度重视保护和扩大万春圩内部水面，避免出现老城区改造不止一次遇到的"大出口、小通道"排水（排污）难题，在具体布局中应注意以下问题：

（1）在保护现有水面的基础上，适当新开较大的渠系水面，达到改善环境、减少排水装机的目的。

（2）宜沿青山河一线，在万春圩3道东西向干渠布设排水泵站。

（3）实施对"四大明沟"等骨干渠系的疏浚工程，并采用生物技术消灭泛滥成灾的"革命草"等水生植物。

（4）尽快改造渠系上的阻水建筑物，尤其是大闸桥、何垾闸等桥

梁和建筑物。

附：芜湖县人民政府关于市政协十届三次会议第 126 号提案办理情况的答复函

一、万春圩是我县三个五万亩大圩之一，总面积 92.4 平方公里，人口 7.17 万人。随着该圩纳入芜湖市东扩范围，我县将在符合芜湖市建设总体规划的前提下，控制好现有排水体系，并不断提高圩内排水能力。

二、鉴于万春圩堤防已达标，我县每年安排万春圩新开沟渠或沟渠清淤疏浚的土方不少于 20 万方。

三、从严控制在圩内沟渠上架设桥梁或新建其他建筑物。

四、加强万春二站、杨港站、南辛站、强拐站的管理，适当新开较大的渠系水面，达到改善环境、减少排水装机的目的。

4.加强乡镇自来水厂水质卫生安全监督管理的建议

生活饮用水质的卫生安全，直接影响城乡居民的身体健康。经调查，芜湖市三县乡镇以下集中供水厂大约有 100 家，目前这些水厂的现状是：

①体制多元化、有地方政府出资，有股份制，有私人出资等形式。

②制水过程和出厂水质量管理不规范，必要的检测设备配备不齐，也不能按规定检查或校准这些检测设备。

③水质化验人员素质不高。按照国家标准集中式供水企业应检测 35 项指标（其中常规项目 15 项），但相当一部分小水厂连常规项目也不能正常进行。

④卫生部门实施的监督抽查，不能替代出厂水的连续监控。

⑤2004年9月6日芜湖县卫生局公布的"全县集中式供水单位水质卫生专项检查结果通报"，被抽查的单位共38家；抽查卫生管理、水质处理、质量控制（百分制）等内容，结果是60分以上26家，20—59分12家，合格率仅为69%，其结果堪忧。

建议：

（1）清理整顿乡、镇集中式供水小水厂，严格按照国家标准G5749-85《生活饮用水卫生标准》要求这些小水厂具备基本的生产条件。

（2）依据国家标准，建立和完善水质化验室，配齐必要的检测手段，并按规定对这些检测设备进行量值溯源。

（3）卫生部门加强监管，对检抽查不合格的水厂，必须停厂整顿，不能让不合格的饮用水流入老百姓家。

附：南陵县、芜湖县、繁昌县人民政府关于芜湖市政协十届三次会议第184号提案办理情况的答复（略）

5.建议将永红和鲁港排水站划归市排涝处统一管理

随着城南建设步伐的加快，一个崭新的"现代化、高科技、生态型"新城南已展现在世人面前，它不再是20世纪80年代以前的仅有几条小街巷，一群破旧民居和万亩良田的旧"河南"。马塘区的城市功能也发生了巨大的变化，这里有全省最大的居住区——南瑞新城，还有奥林匹克公园、行政公园、高新技术产业开发区等。仅鲁港镇被征用的土地，据不完全统计就达8070.8亩。现还在不断征用，一大批农民失去土地，他们由农民完全转变为市民。永红和澛港排水站担负着利民路以南、芜铜铁路以西的所有厂矿企事业单位和广大居民的排水任务，其中市奥园、大学园区、大量的新开发的住宅小区及高新区等的排水任务均由永红、新桂花桥（局市管）澛港等排水站承担；由过去为农田排水的功能转化为城市排涝功能，为此特提如下建议：

（1）建议将永红、澛港排水站划归市排涝管理处统一管理。

（2）鉴于澛港排水站属国有排水站，该站的在编人员应随一道划给市排涝处管理。

（3）对马塘区所有排水站的排水功能，做一次调查摸底，不应该一提到马塘排水站，一概以农田排水为借口，给予否定，或久拖不决，造成不必要的矛盾。要调查研究，实事求是以实际行动与时俱进。

　　附：芜湖市建设委员会关于芜湖市政协十届三次会议第406号提案办理情况答复的函

　　近年来，随着城南建设的不断发展，马塘区境内的永红、澛港等一些区管泵站的服务性质确实发生了变化，由原先的农田排灌服务逐步转变为城市排涝服务。目前，我市马塘区和鸠江区境内有十多个泵站还存在着类似的问题。对此类问题，市政府十分关注，曾于2003年6月召开专门会议，就进一步理顺马塘区、鸠江区境内的泵站管理体制进行专题研究，并形成会议纪要，本着事权、财权统一的原则，在一定程度上解决了这些泵站的资金困难，其中永红、澛港排水站由马塘区水利局负责收取受益范围内的圩水费，用于泵站的运行维护开支，确保泵站的正常运行。今年上半年，市政府在对马塘、鸠江区管泵站初步调查摸底的情况下，再次召集有关部门研究这些泵站的移交管理工作，为便于城市防汛排涝的统一指挥和协调，从今年起，市政府将结合市政公用事业改革，逐步将一些区级管理泵站划归市里统一管理，但是原则上只接收泵站范围内的土地、厂房、附属设施及各类固定资产，原泵站管理人员应由所在区政府按照改制的办法妥善安排，以保障市政公用事业体制的顺利进行。

6.关于污泥处理应与污水处理同步解决的建议

随着我市污水处理厂的建成，建成后将产生大量的污泥，污泥中含有大量的细菌、病毒及各种有害的物质，若找不出一套成熟技术和切实可行的解决办法，将会造成更严重的二次污染，直接影响城市的环境卫生和人体健康。因此，在建设污水处理厂时应考虑在附近配套建成污泥处理厂。

建议：

（1）在污水处理厂附近建污泥处理厂。

（2）据了解，合肥联大有关污泥处理的专利，造价低、污源处理除臭、杀菌、分解有机物外，还可将探污泥制砖，达到废物再利用，可借鉴使用。

附：芜湖市建设委员会关于芜湖市政协十届三次会议第401号提案办理情况的答复

朱家桥污水处理厂工程是芜湖市城市基础设施重点工程之一，该项目经安徽省计委计投字〔1999〕423号文件批准兴建，厂址位于朱家桥外贸港埠公司以北，长江路西侧，总占地面积23公顷，介于老城区和经济技术开发区之间。工程规模为日处理30万立方米，其中一期工程为日处理10万立方米。该项目厂区工程由中国市政工程中南设计研究院设计。污水处理采用 A/O 生物脱氮除磷工艺（厌氧、缺氧、好氧）。污泥处理采用机械浓缩和离心脱水。污水处理过程中产生的大量的生物污泥，有机物含量较高且不稳定，易腐化，并含有寄生虫卵，若不妥善处理和处置，将会造成二次污染。由于我市污水处理工程采用生物脱氮除磷工艺，污泥龄较长（15 天），污泥性质较为稳定，剩余污泥较少，可不进行消化，考虑到本工程一期规模不大，近期不设消化池，污泥直接进行浓缩、脱水。但是，考虑到远期规模较大，剩余污泥量较多，为了使污泥资源化，化害为利，在总平面布置上预留远期污泥消化系统。本工程一期采用离心浓缩、脱水机，脱水效果好，泥饼含水率低，可达 70%～80%，污泥固体回收率高。目前，我们的方案是将脱水泥饼运送至垃圾处理厂，与城市垃圾一并进行卫生填埋，这也是可减少二次污染较为有效的方法之一。

对于您提案中建议的合肥联大有关污泥处理的专利技术，该公司曾和我市污水处理厂筹建处取得联系。今后筹建处将继续与有关专家联系，并欢迎他们前来现场指导。

7. 关于我市污水治理工程的几点建议

我市污水处理工程复杂、投资大、周期长，广泛涉及新区规划、老区改造以及各部门群体的利益冲突，更有一个贯穿城区的保兴埠水体严重污染的难题。面对如此庞大错综复杂的系统工程需要一个既有行政能力又有专业水准的科学的强有力的指挥系统，需要各级政府、部门领导层面上的统一思想、明确分工，充分协调合作和强烈的责任心；需要争取社会各界有力支持和全市市民的积极参与、上下一心形成合力，才能做好这一民生工程。为此提出以下几点建议供参考。

（1）必须明确各个环节上的执法、责任主体，具体分工明确职责，摒弃部门、团体小利，顾全大局，讲真话办实事，敢于负责，严格执法。

（2）民心工程是阳光工程，建议将整个工程，从工程规划、资金的筹措和落实情况（分部分项工程资金安排、使用），工程进度时间安排、招投标情况，直至工程验收结果，利用各种媒体（网络、报纸新闻发布会等）全过程地向全市人民公开公示，接受社会各界的监督。

（3）治污的关键在于有效截污，有必要根据工程进度，结合所在区域特点，尽快制定并公示一个限排、禁排的具体时间表；令行禁止，严格执法，不能等待污水处理厂建成后再致虑截污。事实上像沿水体堆塞垃圾、工业废水等都应该立即管起来。

（4）建成于上个世纪90年代初的绿影小区污水处理站，应该恢复正常运行，城市污水治理需要各种形式、各种手段的通力合作，切不可因其"善小"而不为。

（5）化粪池是生活污水处理系统中重要的初级处理设施，其质量运行的好坏，将直接影响整个污水处理系统的处理效果。事实上，我市有不少化粪池问题严重，质量不合格，长期缺少维护而损坏直至报废。建议对城市化粪池、隔油池等初级处理设施做一次认真检查和效果评估，同时加大建筑工程验收中化粪池、隔油池等设施的验收力度，杜绝不合格者。

（6）污水系统中的提升泵站的设计，选址应合理科学，在规划设计阶段明确定位，以利建设方用地时考虑，不应造成二次污染（观瞻、噪声等）。

（7）加大宣传教育力度。治理城市污水，创造美好家园是老百姓自己的事，只有充分调动全市市民的积极参与，全市上下一心形成合力才能事半功倍。目前看来这方面的工作显然不够，没有形成全体市民的积极参与、讨论氛围，没有造成有效的宣传声势，应该补课。

（8）加大招商引资力度，未雨绸缪，及时洽谈引进外资民营资本，合资合作共同建设和经营管理。可否将管网泵站连同污水处理厂一道捆绑式出让。争取外资合作，如拿出我市规划五个污水处理厂（系统）城东污水处理厂（系统）作为试点。

附：芜湖市建设委员会关于市政协十届三次会议第063号提案办理情况的答复

我市的污水处理工程历经数年的筹划，污水处理的关键性工程——污水处理厂已于今年开工建设，城东、城南污水处理厂正在进行前期设计。正如您在提案中所述，城市污水治理工程繁杂艰巨，牵涉到全市方方面面和广大市民的切身利益，我们在开工建设污水处理厂的同时，对市区污水管网的布局和规划几经讨论，反复审查，现也已纳入工程计划之中，污水处理厂以北的开发区污水管网施工已经开工，老城区往污水处理厂的管网正在实施。您的建议对于我市加强城市环境管理，有效地控制污水排放，改善城市整体面貌大有好处，我们将根据您的八条建议分门别类地整理出加强全市污水排放管理的具体措施，落实到各区和有关责任单位在日常工作中加以贯彻。我们将加快城市污水处理工程的建设进度、加大对水体的保护力度、加强对污水排放许可的管理，有效地利用好目前推广使用的地埋式污水净化装置，解决好局部居民区的生活污水处理，抓好绿影净化站的维护养护，使其投入正常的运行。

四、十届四次会议（2006年）

1. 加强我市生活用水安全监控的建议

最近某江流域铬污染和珠江下游的海水倒灌而引起的淡水危机事件，由此引发对我市生活用水安全的思考：在长江水体水质下降的情况下，提前做好准备，防患于未然，提高居民生活用水质量，加强生活用水安全刻不容缓。

（1）现在有没有在我市所处长江段建立起立体水质监测体系？应该包括：取水段上游十到几百公里水体水质监控，市区段水质监控和市区域下段水质监控。并要和邻近上下游城市和地区建立协作机制。

（2）如果长江流域出现重大水污染事件，我市是否能确保万无一失？①有无必要的储水量？②有无备用或备选应急取水替代方案，并能保证在备用水用完之前提供无污染水源？

（3）正常情况下，我市取水水源保护，水体水质情况要进一步公开透明，就像天气预报和市区预报一样，这非常重要。

附：芜湖市建设委员会关于芜湖市政协十届四次会议第381号提案办理情况的答复

（1）目前芜湖华衍水务有限公司已经制订有供水应急预案，主要内容包括：公司已经与长江上游多家供水单位共同构建水质监测网，形成了联动机制，水质一旦发生变化将提前预警；与邻近杨家门水厂的油轮码头经磋商也达成协议，形成互动，并准备有详实预案，严防出现污染现象。

（2）关于水源保护问题，市政府十分重视，如利民路水厂东汇码头影响饮用水水源问题，已多次协调处理，今后仍将继续抓落实，芜湖华衍水务有限公司每天都在其供水服务中心公布水质检测情况，做到了公开透明。

2.重点工程建设中必须保障水系畅通

随着城市化、工业化进程加快，许多重大建设项目落户芜湖，而芜湖市属圩区地形，水网纵横交错，道路建设需跨越多条水道。在一些重点工程建设中水利部门不知情导致水系被堵，雨季易形成内涝，如S104线堵塞弋江水系、东河水系、清水镇的水系。建议各重点工程建设单位应按《水法》要求办理涉水工程施工方案申报审批，水政执法部门拿出管理方案，加强对重点工程影响水系的评估和督查，确保水系畅通，减少内涝损失，克服水系被堵无人问津的现象。

附1：芜湖市建设委员会关于芜湖市政协十届四次会议第394号提案办理情况的答复

市建委每年都要承担部分重点工程建设任务，由于我市地处江南水网地带，道路建设（特别是新建道路）项目需跨越水系实施。对于规划中明确保留的水系，采取建设桥涵等构筑物处理；此外，在道路建设规划方案评审中，市水务部门一直参与评审，因此不会发生无故填埋、堵塞水系的现象。在工程建设过程中，部分下水结构需要围堰施工，建设单位督促项目施工单位制定临时水系沟通方案，确保施工过程中的水系畅通。同时,在每年汛期来临之前,我委组织相关部门对在建工程进行全面检查,对不能满足防洪排涝的工程责令限期整改,有效地预防因施工原因造成内涝、被淹等情形发生,施工完毕后立即安排拆除临时围堰等设施。

附2:芜湖市水务局关于芜湖市政协十届四次会议第394号提案办理情况的答复

我市城区形成内涝主要有四个方面原因:(1)沟塘率减少,城市建设、工业发展对土地需求较高,部分水面变成了陆地,调蓄能力减弱,一旦遇到集中暴雨,就会出现严重内涝;(2)水系不通畅,一方面水系被多年淤积,有效过水断面减少;另一方面肠梗阻现象严重,如桥梁、道路、管道等穿越水系,阻塞水流;(3)管理不到位,水法规规定涉水项目实行统一管理,城市范围内的所有水工程应报送水行政主管部门审核,特别是城郊接合部和新城区水系管理更应该明确到位,按规定报批。但是,目前一些涉水项目没有按规定履行报批,这样对整体水系难以控制,易出现各种问题;(4)治理经费少,水系维护经费少,不能及时清淤整治,造成有站无水或少水,桂花桥站、梨头尖站等排涝站装机容量得不到充分发挥,3台机组只能开1至2台,甚至只有1台能开,造成水系不畅,水不能及时进入排涝站内。

为充分做好城市排涝工作,确保市区不受淹,建议要重点抓好以下三项工作:

(一)保持现有沟塘率。无论是城市建设,还是工业发展等人类活动,我们都不能侵占水域,尽量保持原有水面,在条件许可的情况下可适当增加水面。

(二)加大水系整治力度。定期对渠、沟等水系进行清淤,全面改造局部肠梗阻，扩大有效过水断面，使集中暴雨能及时排出。

（三）提高水系管理水平。一方面规范项目报批程序，对影响排涝效益发挥的项目要充分进行论证并有补偿措施，否则，一律不予批准。建设项目布局方案和建设项目所在区域的排涝方案要分开，后者要由水利资质设计单位做规划，并由建设单位报水利行政主管部门批准，费用纳入项目预算；另一方面加大建设监管力度，严格按批准建设，禁止破坏水系，特别是要阻止向沟、渠、塘等水系内倾倒建筑垃圾和生活垃圾，防止堵塞渠系，禁止填塘，对违章者依法给予处罚。

3.建议在清水镇区域启动城东污水处理工程

清水镇辖区面积90.6平方公里，区划前，是以农业为主导产业，基础设施功能不全、配套设施不全，尤其是没有污水处理工程。为提升清水镇城建综合水平，尽快把清水打造成市政中心区、三产服务区、特色加工区和最适宜人居生态区，建议启动城东污水处理工程。

附：芜湖市建设委员会关于芜湖市政协十届四次会议第412号提案办理情况的答复

朱家桥污水处理工程总服务面积为59平方公里，服务人口50万—65万人，工程总规模为处理生活污水30万吨/日，投资6.07亿元，分期实施，其中一期工程厂区规模为10万吨/日，污水管网15.2公里及2座泵站。一期工程总投资3.21亿元。厂区工程于2004年7月20日正式开工建设。目前，厂区土建工程已基本建成，管网B线、C线已基本完工，A线沿河路段即将开工。规划中城东、城南污水处理厂已基本完成前期准备工作。根据《芜湖市总体规划》和《芜湖市排水规划》，至

2010 年我市共需建设 5 座污水处理厂，分别是城南、朱家桥、城北、城东和江北污水处理厂，并结合污水处理厂建设铺设污水管网。根据我市经济发展和建设需要，2006 年，我市将重点建设保兴埂截污工程（水系全长 13.3 公里，投资 1 亿元）、城区水系补水工程（镜湖、九莲塘、西洋湖，投资 1500 万元）、城南水系整治（投资 2000 万元），新建城南污水处理厂（总规模 19 万吨/日，污水管网全长为 124 公里，近期工程总投资 2.75 亿元）。力争通过综合整治，把我市打造成江南滨江山水园林城市。今后，我市将根据城市建设和经济发展情况逐步兴建城东、城北等污水处理厂。

五、十届五次会议（2007 年）

1. 叫停水产养殖，保护龙窝湖水体

龙窝湖现在实行的鱼蟹混养的人工放流生产，对水体的自然生态有很大破坏；为了进一步恢复龙窝湖的天然水生植物（苦草、轮叶藻、菹草、重鱼藻等）对水体的净化功能，保护和营造"水下森林"，从现在起龙窝湖内要严格控制河蟹、草鱼、鲤鱼等对水生植物损耗过大的人工放流生产，改用网箱、网围等集约化生产方式，其规模应控制在 500 亩的范围内；同时增大滤食性鳙鱼的放养规格和放养量；保护好龙窝湖上游小江的自然生态环境，使黄条的天然产卵得到人为的保护，甚至在黄条的产卵高峰期进一步设置人工鱼巢以促进其增殖产卵，充分扩大有"水体清道夫"美称的黄条在湖内的优势种群的地位，使它

们在进一步消耗湖内着生藻类和有机碎屑而净化水体的基础上，同时又为鳜鱼、鲫鱼、乌鱼等高档特种水产品提供充分饵料，既避免集约化生产规模过大而造成水体富营养化，同时又产出了龙窝湖的优质鲜活水产。

　　附：芜湖市三山区人民政府关于市政协十届五次会议第028号提案办理情况的答复（略）

2.关于全面开展峨溪河水系治理，确保人民生产生活安全的建议

　　区划调整后的峨溪河是贯穿芜湖市三山区和繁昌县境内的最大内河水系，其直涉两岸共约20万人口、20余万亩农田及二、三产业的安全生产与人们生活。特别是该河流与漳河汇合处的峨桥闸，其最大排水能力仅为汛期的数分之一，加上该水系源头的范冲、阴山、百果水库蓄水能力极其有限，沿途堤埂防洪能力极其薄弱，是历年汛期造成该流域两岸严重受灾的根源，其水利、水环境根治工作亟待全面展开，以适应生产发展、社会安定的需要。

　　建议：

　　（1）由芜湖市政府组织，有关部门及三山区、繁昌县参加成立峨溪河水利、水环境综合治理领导组、指挥部并开展工作。

　　（2）以确保汛期两岸生产生活安全与及时排涝、天旱及时灌溉为原则，组织专人进行系统治理规划设计。

　　（3）按规划设计筹措落实工程建设经费，及时组织对该流域的水利、水环境治理及沿河城镇、村庄、农田防护体系建设，以确保两岸

生产生活安全。

附：繁昌县人民政府关于市政协十届五次会议第029号提案办理情况的答复（略）

3.打造山水园林城市，城东山水资源亟待进一步开发利用

我市城东有神山公园、赤铸山，周边有官塘、上新塘、下新塘、浴牛塘，山水自然资源丰富。到目前为止，这些良好的资源都没有得到很好的开发和利用，既是一种资源浪费，也与打造"山水园林城市"的要求不符。

建议规划部门尽快做出城东开发建议的详细规划，重点做好山水资源的综合开发和利用规划，并尽快实施规划建设，力争在一个五年计划之内将城东建成新的城市亮点区域。

附：芜湖市城市规划局关于市政协十届五次会议第106号提案办理情况的答复

提案中所提的神山公园、赤铸山、官塘、新塘、浴牛塘等在城市规划中已全部予以保留和保护，作为城市的生态绿地公园。

目前，神山公园总体规划方案已委托荷兰NITA设计公司编制完成，并经专家评审，市政府已成立神山公园建设办公室，设计工作完成后即进入建设阶段。

随着城市东扩建设进程的加快，我们将依据城市建设时序，逐步安排规划建设官塘、新塘、浴牛塘等城市开放性公园。

4.建议在龙窝湖建立我市居民生活饮用水资源库

龙窝湖是我市最大的市区内的湖泊，由于该湖泊集水面积大，是在长江汊道上改造的人工湖泊，所以有内陆湖泊少有的多处进水、一处排水（螃蟹矶排灌站）的自然地理优势。尽管该湖泊是我市重点的渔业基地，在常年的渔业生产中从未发生过"水举"（湖泊富营养型的重要生态标志）。由于汛期湖泊自然向长江外龙窝水域排水年年不能间断，遇到降雨集中时节还要用人工电排湖水，这样就无形中损失了水源相对清澈的淡水资源。在龙窝湖畔选择相应的位置新建水厂并与自来水厂并网，可以解决新建三山区的居民吃水问题，同时又为市中心的居民生活饮用水设立了"淡水资源库"。

注：龙窝湖丰水季节时每向长江自然排放1米深水，就是流失666.7万立方米，排放3米就为近2000万立方米，雨季时我们在龙窝湖就损失了亿吨以上优质淡水。

附1：芜湖市三山区人民政府关于市政协十届五次会议第144号提案办理情况的答复

龙窝湖位于三山区龙湖街道境内，北接长江，东连芜湖滨江大道。该湖正常水位10500亩，平均水深4.5米，最深处为12米，其中PH8.6，溶解氧8.3mg/L，总磷0.06mg/L，总氮0.87mg/L，透明度140—240cm。各项指标符合无公害及绿色水产品养殖要求，是芜湖市最大的、不可再生的市区内湖泊，自然条件优越，生态环境甚佳，交通十分便捷，是发展休闲旅游和生态养殖的理想场所，必须保护好。任何组织、单位和个人不得破坏。

三山区是2006年2月区划调整时成立的新区，既然是新城区，就要大力推进工业化和城市化进程。为保护好龙窝湖水质不受污染，合理开发和利用这一得天独厚的自然资源，三山区在制作总体规划、中心城区详规和龙窝湖发展战略规划时，都采取了相应的、切实可行的保护措施。在三山分区规划中，已明确了建水厂一座，总供水能力为30万 m/d，一期建设15万 m³/d。新建的水厂位于临江工业区北侧，水厂总用地规模为9.0hm²，水源只能取自长江，不能从龙窝湖内直接抽取，因为龙窝湖的水源毕竟有限，要加以保护。但水厂是在龙窝湖畔的，可直接利用华电的取水口。该水厂将与市民中心同期开工建设。

附2：芜湖市发展和改革委员会关于市政协十届五次会议第144号提案办理情况的答复

根据城市总体规划和给水工程规划，为保障三山区生产、生活用水，目前，三山区用水主要由市区利民路水厂供应，近几年内，完全能满足三山区用水需求。随着三山区经济和社会发展，未来在三山区新建水厂是必要的；但就现实情况而言，目前在龙窝湖畔建立水厂，充分利用龙窝湖淡水资源的条件尚不成熟。

龙窝湖流域总面积14.25平方公里，平均水深4.5米，最深处只有12米，最大蓄水面积不超过14.5平方公里（含窑长片、小水影、洋灯淏，内龙窝湖最大蓄水面积只有11.0平方公里）。如果在龙窝湖新建水厂，长年不断抽水会引起湖面锐减，特别是在枯水季节，水容量大大降低，容易造成水质下降，水环境、水生态退化。

我市现有净水厂三座，均以长江为水源，总净水能力为43万 m/d。其中，利民路水厂日供水能力10万立方米，最高供水量12.2立方米/d，主要担负城南新区及三山区等区域的供水任务。目前，三山区已随峨山路铺设供水管网，通过三山自来水厂转供水，利民路水厂能满足供水需要。另外，为适应城南新区及三山区的发展需要，杨家门水厂和利民路水厂将进行改扩建，规划生产能力达到50万吨/日，确保供水安全。

综上所述，为加快城市基础设施和公共服务向新区延伸，增强政府服务功能，打造城乡一体化优势，保证三山区生产生活用水安全，近期由中心城区向三山区供水是较为现实、安全可靠的。考虑到三山区的今后发展，政府已在三山区区域内作出了新的水厂场址的发展规划，水源直接取至长江。感谢您对我市居民生活饮用水事业的关心。

5.建议进一步加大"陶辛水韵"景区的开发与保护力度

陶辛水韵作为芜湖市"新十景"之一，通过多年的宣传推介，在外界已有了一定的知名度，现已被定为省级农家乐示范点。陶辛水韵所在地陶辛镇地处平原水网地区，襟江带河，境内河沟纵横交错，碧水环绕，村村相通，家家有船，构成了独具特色的江南水乡风光，生态环境优美，人居环境适宜，旅游资源特色明显。陶辛旅游资源虽然丰富，但旅游产业尚未真正兴起，单靠以"香湖岛"为主景区的旅游业目前还是粗放型，建设项目少，开发水平不高，接待能力弱，陶辛旅游资源深层次挖掘不够，"水韵"特色文章有待做足。同时"陶辛水韵"目前所依托的自然资源——水，遇到了最大的制约，水体环境遭受污染，水体质量逐渐变差。随着城镇人口的增加，生活污水、农业污水在逐渐污染着养殖水面和观光水体，有的水体淤积达80—100厘米，水浅草多，部分水体水质甚至出现富营养化现象。

建议：

（1）陶辛水韵作为芜湖市的"新十景"之一推出，其景区的发展建设和资源的保护利用，需要得到市、县、乡镇各级政府及有关部门的关注，真正将其纳入全市旅游业的发展规划中统筹考虑。各级政府要积极探索市场经济运作新模式，在整合旅游资源、优化投资环境上发挥主导作用，并给予必要的政策引导和资金支持。

（2）要注重对景区生态环境的保护，进一步加强陶辛区域的水环境污染防治，生活污水需经截流处理后排放，对近岸河渠要组织清淤疏浚。

（3）配合芜湖市经济社会发展形势和对旅游业发展的要求，尽快实施《芜湖陶辛水韵生态旅游观光实验区总体规划》，将原有规划建设面积7.5平方公里的旅游项目进一步落到实处，如建设香湖岛、中华水景园、水知识博物馆、水上迷宫、中湖野趣、水乡生态科技农业园、芜湖市中小学生素质教育基地、灵龟墩鳄鱼园、垂钓休闲园、香湖岛水上人家民俗度假村、水乡风情购物街、水乡人家、龙舟表演、水韵旅游纪念品开发、旅游食品加工厂等。

（4）结合新农村基层文化建设，积极发掘陶辛丰富多彩的民俗文化，如舞龙灯、赛龙舟、抬花轿、打年糕、鱼鹰捕鱼等极富江南水乡气息的民间文化，丰富旅游色彩。

附：芜湖县人民政府关于市政协十届五次会议第282号提案办理情况的答复

陶辛水韵拥有万亩网状古人工水系，农业生态旅游资源比较丰富。1999年陶辛水韵被列为芜湖新十景之一，2002年陶辛水韵对外开放。近年来，在省、市有关部门的关心和社会各界的支持下，陶辛水韵基础设施不断完善，服务水平不断提高，景区档次不断提升，特别是由重庆移民自筹资金建设的川味美食村，自2005年"五一"黄金周投入使用以来,已成为陶辛水韵"农家乐"旅游的一个亮点。陶辛水韵的建设和发展,得到了省、市旅游主管部门的充分肯定,2005年陶辛水韵被授予"安徽省首批农家乐旅游示范点"称号,2006年被批准为"全国农业旅游示范点"和"3A级旅游景区"。

由于受财力等因素的制约,陶辛水韵景区目前的景观单一,服务设施比较落后,已建成的主要景点容量较小,与广大游客的需求存在一定的差距。为此,根据您的建议,我县将着力做好以下几个方面的工作:

(一)坚持规划先行,保护生态资源。《安徽省旅游条例》第三条规定:发展旅游应当遵循统一规划、合理开发、科学管理、可持续发展的原则,坚持经济效益、社会效益相统一。陶辛水韵是芜湖县,乃至芜湖市主要旅游景区之一,已纳入市、县两级旅游发展总体规划。依照行业管理的法律法规、行业标准和市、县旅游规划,制定管理措施,建立监督机制,切实加强陶辛水韵水体和生态环境保护工作,努力维护生态、环境的平衡。

(二)开发特色旅游,扩大景区容量。以"荷花、水网、民俗、美食"为特色,加快旅游项目的实施;完善香湖岛游客休闲和娱乐设施,提高观赏植被的覆盖率;扩大荷种植面积,打造荷花观赏水上走廊;整治水网环境,开发水上休闲健身项目;挖掘农耕文化,开发传统农耕和生活习俗体验活动;建设川味美食村二期工程,提高餐饮接待能力和水平。

(三)宣传旅游资源,加大招商力度。充分利用现代传媒手段,广泛宣传推介陶辛水韵旅游资源。今年以来,县开展了旅游资源调查工作,完成了全县旅游风光专题片和旅游招商专题片制作任务。发挥陶辛水韵的区位优势和旅游知名品牌效应,通过招商引资等方式,加大对旅游基础设施的投入，加快旅游资源开发和项目建设，不断提升陶辛水韵景区的承载能力和档次。

6.市区风景点水域应合理运用水生生物净化水质

针对我市市区半城山半城水的自然生态美，市政府近几年花了很大的财力，把我市逐步打造成山水园林城市。全市山水之美令外宾感叹不已！但由于人类生产生活活动致使凤鸣湖、银湖、镜湖、九莲塘等水域富营养化日趋严重。保兴埕水体已经恶化，周边20多万人在臭水的环境中过日子。现在市政府正在加大力度进行整治。建议在整治的过程中，要运用现代水生物学的原理，利用水生植物净化水体的功能，运用不同种类的不同食性，大量消耗水体的浮游生物和有害腐物质，从而真正破解人类无法解决的生态净化的难题。

附1：芜湖市建设委员会关于芜湖市政协十届五次会议第147号提案办理情况答复的函

镜湖、九莲塘水域的水质以前确实存在一些问题，水草、浮萍满塘，水质的富营养化问题十分突出，水质很差影响景观，加上开放式公园管理难度大、费用高，此问题一直未能从根本上解决。近年在市政府的高度重视下，经专家和相关内行人士的指导，制定了切实可行的治理方案，先后采取了湖底清泥，堵塞污水排管，引进青弋江活水等一系列改造措施，使镜湖、九莲塘景区环境逐年改观，水质得到净化。公园目前的管理首先是加强水面漂浮物的清捞，保持水面清洁，其次就是采用生态养殖放鱼，不投放任何饲料，根据水质面积的大小按比例投放适量的草鱼和红锦鲤等鱼种进行生态平衡，一是可以供游人观赏，二是可利用鱼类吃掉水中大量的浮游生物和有害腐殖质，起到净化水质的作用，通过这些措施为长期有效地减少水质污染打下基础，经过两年时间的实践观察，水生植物已经大量减少，环保测试水质得到明显改善，今后我们仍将加强管理，保持水面清洁，杜绝污染水源，科学合理地管理水域，为市民提供良好的休闲环境。

附2：芜湖经济技术开发区管委会关于芜湖市政协第十届五次会议第147号提案办理情况答复的函

在市政协的指导关心下，我委努力加大对凤鸣湖、银湖水体的保护工作。目前已建成环凤鸣湖、银湖周边雨污管网分流系统，实现对环凤鸣湖、银湖的截污。投资700多万元建成四座污水提升泵站，污水全部达标排入朱家桥污水处理厂。同时，在凤鸣湖、银湖中人工放养各种鱼类，消耗水体中浮游生物和藻类等有害生物，维持湖水中的生态平衡。今后，我委将继续做好凤鸣湖、银湖的保护工作，为芜湖市打造山水园林城市作出贡献。

7.勿把钉螺带入市区风景区水域

市镜湖、九莲塘、保兴埂"补水工程"完工正式抽水后，大大降低了风景区水域补水的成本，有效地利用了水资源。然而补水工程的水源来自青弋江，近些年来由于血吸虫病的回潮，血吸虫的中间宿主钉螺已经蔓延至青弋江水域（下游区域），开春后，请有关部门要注意入水口的青弋江段钉螺繁殖的状况，有关血防部门要解决钉螺的灭杀问题，切勿马虎大意把钉螺随水流带入风景区。

　　附：芜湖市建设委员会关于芜湖市政协十届五次会议第148号提案办理情况答复的函

　　补水工程正式运作后，市园林部门根据市城建重点办《芜湖市市区景观补水工程预防控制血吸虫病工作方案》，将定期组织对取水口及周边水环境的水质进行相关卫生指标抽检，加强对浮船随水位变化的取水口入水深度的控制，保证取水口常年在水面1.2米以下的距离，从根本上杜绝钉螺等进入城市水体。

第六章　政协芜湖市第十一届委员会(2008—2012年)

一、十一届一次会议（2008年）

1.关于加强龙窝湖自然环境保护的建议案（2008年6月30日市政协十一届八次主席会议审议通过）

龙窝湖位于三山新区东北角，北临长江，南依芜铜公路，距市中心8公里。自然生态环境优良，区位优势明显，交通十分便捷。龙窝湖的正常水位面积为13500亩，平均水深4.5米，最深处达12米，水位在6米以上的湿地约4平方公里，是我市最大的自然水面资源。保护好龙窝湖自然生态环境，对把芜湖建成滨江山水园林城市，实现龙窝湖区域可持续发展有着重要意义。

市委、市政府高度重视龙窝湖自然生态环境保护工作，多次召开专题会议研究，并采取了一些防治污染措施。但随着龙窝湖区域经济的发展，各类企业和城镇人口的迅速增长，大量的工业和生活废水未经处理直接排入湖体。现有的主要污染源有：三山工业园、繁昌工业园工业废水和环湖周边的居民区生活污水。据芜湖环保监测站周期监测，龙窝湖水质正逐年下降，现湖体水质总体为Ⅲ类，局部水质只能达到Ⅳ类。高密度非科学化渔业养殖，造成水体废弃物排放逐年增加，稀有鱼种在减少，生态环境质量在下降。同时龙窝湖还有蓄水和排水功能，但随着行政区划和城市总体规划的调整，原有的防洪排涝设施已不能满足发展需求。此外，龙窝湖流域为血吸虫病流行区之一，有螺面积达3.43万平方米，主要分布在湖内周边滩地。因此，进一步加强龙窝湖自然生态环境保护已刻不容缓。市政协非常关注这一区域的自然环境保护与利用，6月30日市政协召开主席会议，就龙窝湖环境保护问题进行专题研究，大家一致认为，为深入贯彻党的十七大精神，全面落实科学发展观，加强生态文化建设，必须重视龙窝湖生态环境保护和科学开发利用。为此，主席会议特提出如下建议：

（1）尽快做好总体规划和环境保护等专项规划的编制

龙窝湖水域面积大，是我市非常珍贵的水体资源，对三山新区的环境资源提升、对芜湖市局部区域的生态环境的调节、对绿色生态养殖、休闲观光、改善人居环境、蓄水及防洪排涝等诸多方面起着重要作用。政府相关部门应尽快编制规划，坚持先保护后开发的原则，认真做好每个项目环境影响评价。要有超前意识，统筹兼顾、科学论证。无论是地面功能定位，还是地下各类管网的布局，都要为未来发展留有空间。在注重保护的前提下，结合资源特色，龙窝湖区域总体定位可包括以下内容：生态农业区、旅游休闲区、环境宜居区和城乡一体化示范区。

（2）切实加强龙窝湖水体环境保护

尽快启动三山区和繁昌县污水处理厂建设。政府相关部门要抓紧污水处理厂的选址，结合上游污水源及周边排污的情况，科学选址，打破地域界限，引入市场机制，减少成本提高效益。早日启动截污和治污工程，加快雨污分流，保证各项工作的顺利进行。对上水源繁昌县工业园、三山区工业园，以及房地产开发等所有新建项目，必须做到项目的"三同时"，环保部门要严格把关，同时要帮助企业拿出切实可行的环保方案，并加强湿地保护。

（3）进一步加强防洪排涝设施建设

龙窝湖的蓄水来自三山河、横三河和峨溪河等上游水源，周边六个大小圩口都与龙窝湖相互贯通。为适应新城区规划建设，要重新编制龙窝湖大区域的防洪排涝专项规划，并尽快组织实施建设，确保该区域防洪排涝万无一失。

（4）高度重视血防工作

要加大《血吸虫病防治条例》和血防健康宣传教育力度，认真贯彻市政府《关于进一步加强血吸虫病传染源控制工作的意见》，全面落实血防工作目标责任制，进一步加大血防经费投入。对血吸虫病疫情区内的人群和动物（耕牛、野鼠等）病情实行动态调查和定期检查，群策群力做好血吸虫病防治工作，确保该区域人居健康。

（5）统一组织领导有序进行开发

市政府应成立"龙窝湖区域自然环境保护"领导组，明确有关部门和单位责任。在统一规划的前提下，成熟一块，开发一块，不能急于求成。建议将三山区更名为龙湖区，形成市辖四区两江两湖的地名特色。

附：市委主要领导批示第 16 号（中共芜湖市委办公室 2008 年 7 月 10 日）

市政府办公室、市政协办公室：现将市委主要领导 7 月 10 日在市政协报来的《报送〈关于加强龙窝湖自然环境保护的建议案〉》（芜协 [2008] 11 号）上的批示抄告你们，请呈有关领导阅。

批示：

这份建议案论证充分，重点突出，可操作性强，请市政府领导同志认真研究落实。

2.关于重视龙窝湖开发利用中生态保护的建议

我市区划调整后的三山区境内的龙窝湖，濒临长江，紧靠芜铜公路，距市中心仅 5 公里。目前是芜湖市最大的无公害及绿色水产品生产养殖基地，年产商品鱼 28 万公斤，河蟹 2 万公斤，产值 300 余万元。

龙窝湖地处长江中下游，1960 年兴修水利，围垦打坝形成的半封闭湖泊，有控制闸通长江。龙窝湖四周多为砂质土壤农田，无化工企业，主要水源来自繁昌县的横山河，由焦湾闸经三山河流入龙窝湖，全长 20 公里，一般以区域内的自然降雨或长江引水补充。来水面积 167.2 平方公里，周围各圩口的总面积 218.4 平方公里，沿湖圩堤全长 61.7 公里。龙窝湖正常水位时占地面积为 13500 亩（其中养殖面积 7000 亩左右），平均水深 4.5 米，最深处为 12 米。

龙窝湖水系有中沟、长坝支沟（上游主沟）、老中沟支沟、油坊沟、小江、双龙口等 6 条沟渠，通过河闸与其相连通，其中小江通过焦湾闸与繁昌横山河相连，是位于龙窝湖上游最主要水源。

近期环境监测结果显示，龙窝湖以及各入湖水系的水质均受到不同程度的污染：龙窝湖岸边受纳水体局部水体水质劣于Ⅱ类水，其中COD和总氮指标超过Ⅴ类水质标准，水体富营养趋势比较明显，不可以作为饮用水源，水产养殖适宜度在降低。小江水质已恶化，劣于Ⅴ类水质，不仅不可以作为饮用水源、水产养殖、一般工业用水及人体非直接接触娱乐用水，也不符合农业用水和一般景观用水的水质要求。中沟、长坝支沟、老中沟支沟、油坊沟和双龙口入湖水质污染都比较严重，各项指标基本都超过Ⅳ类水质标准。油坊沟，水质污染特别严重，各项指标均超过Ⅴ类水质标准。

龙窝湖局部水体受到污染并呈恶化趋势主要成因：

一是来自工业废水和生活污水的污染。龙窝湖目前是三山芜湖绿色食品经济开发区工业废水以及入湖水系附近居民生活污水的主要收纳水域，大量的有机物和氮、磷等营养物质排入龙窝湖，导致龙窝湖局部水体受到污染。

二是农业面源的污染。龙窝湖周边有大片农田，种植农作物施用的氮肥和农药进入附近水系，排入龙窝湖，加剧了龙窝湖的富营养化。

三是龙窝湖周边的开发可能造成的污染。随着三山区工业经济的快速发展以及城镇人口增加，尤其是即将实施的湖周边开发建设，排入龙窝湖各种污染物还将急剧增长；另外，龙窝湖上游主要水源横山河是繁昌经济工业园区的纳污水体，逐年加剧的横山河水体污染，极大地威胁着龙窝湖的生态环境。

为保护和改善龙窝湖现有的养殖和生态环境，我们提出以下建议：

（1）实行雨污分流，三山芜湖绿色食品经济开发区工业废水和三山办事处镇区居民排放的生活污水必须集中治理，达到国家一级排放标准后方可排入龙窝湖，

（2）结合新农村建设，沿龙窝湖水系的村庄排放生活污水必须进行有效治理，结合农村"四改"，推行地埋式无动力和生态湿地组合式的生活污水处理技术，解决村庄居民排放的生活污水污染。

（3）龙窝湖附近农田实行退耕还林，以杜绝农药、化肥流失对水体的污染，禁止在湖边自然水体养蚌，有效控制农业面源污染。

（4）加快上游安徽繁昌经济工业园区二级污水处理厂、三山区区域二级污水处理厂和配套污水管网工程建设，安徽繁昌经济工业园区和临江工业园区处理达标后的现有污、废水应全部通过污水管网排入长江，不得再入龙窝湖。

（5）龙窝湖开发前必须开展环境影响评价，以提出更具体的保护措施和必要的量化指标，防止破坏龙窝湖的生态环境，保证自然环境与人工环境的和谐。

另外，龙窝湖是我市面积最大、水产品质量最好的商品鱼基地，湖内外长江中下游特种水产品中外闻名，许多品种在长江水生生物资源中有着特殊的学术地位，是研究和开发长江中下游地区水生生物资源变动趋势的重要区域。对龙窝湖周边消落区的科学合理的开发和综合利用将是我市三山新区的重要课题。我们建议三山区要在充分调查研究的基础上，确定龙窝湖长年保渔和泄洪水位线，进而科学地测算出综合可利用的消落区面积，在维护集约化水产养殖生产的基础上，发掘龙窝湖的综合效益，比如水产养殖业、水面观光旅游业、房地产业、水生生物科普教育基地等。

附1：芜湖市三山区人民政府关于市政协十一届一次会议第011号提案办理情况的答复

1. 基本情况

龙窝湖位于三山区东部，北临长江，南依省道S321公路，西与三山绿色食品经济技术开发区相连。距市中心城区仅8公里，是芜湖市最大的无公害及绿色水产品生产基地。

龙窝湖原是长江河曲，1960年兴修水利，围垦打坝形成了半封闭湖泊，有控制闸通长江。该湖四周多为沙质土壤农田，无工业企业。主要水源来自繁昌县的横山河，由焦湾闸经三山河流入龙窝业湖，一般以区域内的自然降雨或长江引水补充。

龙窝湖区位优势明显，自然条件优越，生态环境甚佳，交通十分便捷。该湖正常水位10500亩，平均水深4.5米，最深处为12米，各项指标符合无公害及绿色水产品养殖要求。其中pH值8.6，溶解氧8.3mg/L，总磷0.06mg/L，总氮0.87mg/L，透明度140—240cm。

2. 生态保护建设规划情况

三山区在制订总体发展概念规划时努力把握宏观经济发展环境，将三山作为市中心城区南扩战略的重要节点、市域南部地区城乡协调与统筹发展的"门户型"地区，将其发展目标定位为可持续发展的产业强区，拥有良好的生态环境、鲜明的水网城市特色、文化繁荣、宜居的城市新区。在这一总体思路指导下，坚持立足资源优势，以龙湖生态保护为前提，深度挖掘地域文化，科学分析，准确定位，创造性地提出将龙窝湖建设成为芜铜马地区生态度假中心，长三角地区独具特色的文化度假胜地，三山区生态经济建设的核心区，并于2007年4月完成了龙窝湖发展战略规划研究和规划设计方案。成为国内具有鲜明特色的城市生态景区，长江沿岸湿地保护开发典范。

3. 生态保护具体做法

（1）周边防洪排涝泵站建设情况

龙窝湖水系跨三山区和繁昌县，有两条支流，即北面的洋灯泱和西面的三山河，总集水面积167.7平方公里。建有两座通江涵闸，即螃蟹矶闸和上江坝闸，并在横山河上建有焦湾闸（属繁昌县管辖）。1998年大水之后，国家投资2803万元分别在螃蟹矶和下江坝兴建了两座排洪泵站，2003年7月成立龙窝湖排涝站，该站由螃蟹矶一站和下江坝二站共3座泵站、5座涵闸（螃蟹矶闸以及江心分洪闸、洋灯泱控制闸、保定圩排涝闸、新大圩排涝闸）及两条高压供电专线等配套建筑物组成，为中型泵站，是我区龙窝湖流域防洪、排涝骨干工程，是三山区水利形象工程和重点工程，国家主要领导人曾多次来站视察。

龙窝湖排涝站是一座以防洪为主，兼顾排涝、自排与机排相结合，同时兼有灌溉引水功能的综合水利工程。工程按防洪20年一遇、排涝10年一遇标准设计，总装机15台2700千瓦，设计排水流量45.8立方米/秒。其中螃蟹矶一站，装机5×200千瓦，计1000千瓦，流量25.8立方米/秒，专用于排洪；下江坝二站，扩建6×180千瓦（原有4×155千瓦），计1700千瓦，流量20立方米/秒，排涝结合排洪。

龙窝湖排涝站工程建成投入运行以来，社会效益和经济效益显著，为沿湖地区生产和经济发展提供了有力保障。

（2）现代立体生态渔业养殖情况

龙窝湖渔业资源十分丰富，生长50多种鱼类，其中养殖的品种以河蟹、青鱼、草鱼、鲢鱼、团头鲂为主；自然增殖的以细鳞斜颌鲴（黄条）、中华鳖、鳗鱼、鳜鱼等品种居多。龙窝湖因盛产细鳞斜颌鲴和河蟹而久负盛名，有"黄条故乡"之美誉。2001年，龙窝湖被安徽省渔业局确定为细鳞斜颌鲴种质资源保护区。2003年12月，被安徽省农业委员会认定为无公害水产品生产基地。2005年10月，"龙窝湖"牌河蟹、鲢鱼、鳜鱼、细鳞斜颌鲴、中华鳖等五个产品再次被中国绿色食品发展中心认证为绿色食品。

为保护龙窝湖水体资源，改善龙窝湖生态环境，促进渔业生产可持续发展。几年来，我们认真研究并制订了龙窝湖渔业生产现代立体养殖规划，采取有效措施，切实保护好龙窝湖的生态环境。一是科学放养，调整养殖结构，合理安排生产茬口，保护龙窝湖自然增殖鱼类资源。根据龙窝湖的自然资源和水质以及市场情况，严格控制草食性鱼类放养，把放养的滤食性鱼类鳙鱼作为主导产品，逐年增加投放量和增大投放规格。投放量由原来的每年3万多斤，增加到现在的每年5万多斤；而投放规格则由过去的每斤10—12尾，增大到现在的每斤2—3尾。因此，龙窝湖的鳙鱼产量逐年提高，效益明显。杜绝使用禁捕生产工具，逐步改变草食性鱼类对龙窝湖水生植物消耗过大的局面。二是加大投入，保护和改善龙窝湖生态环境。为了改善龙窝湖生态环境，保护龙窝湖生态平衡，保障龙窝湖无公害水产品生产可持续发展。近年来，我们在实施无公害生态养殖项目过程中，不断加大资金投入，每年都向龙窝湖滩涂播撒数百斤苦草籽，同时投放活体螺蛳，以补充龙窝湖天然水生植物和活体饵料的不足，恢复其对水体的净化功能，从而达到保护和营造"水下森林"的目的。三是创新工作思路，改革现有的生产方式，谋求新的发展。采取"走出去、请进来"的方法，不断尝试网箱和围网等先进的现代立体渔业生态养殖方式，使龙窝湖的渔业生产朝规模化、特色化和有机化方向发展。四是编制项目，切实保护龙窝湖黄条原种资源。细鳞斜颌鲴，俗称"黄条"，是一种重要的淡水经济鱼类。1977年被中国水生生物研究所确定为优良品种向全国推广。在长江下游湖泊中，目前仅龙窝湖有稳定的种群。为了保护其种群资源，不受生态环境的破坏而影响产量，该场主动向有关部门反映，并聘请水产技术人员向省渔业局申报编制了《龙窝湖细鳞斜颌鲴（黄条）原种资源保护项目建议书》，并加以实施，同时对龙窝湖上游三山河的生态环境以最大限度地进行保护。从而使龙窝湖的黄条鱼产量得到恢复和提高。

（3）周边血吸虫防治情况

做好龙窝湖周边血吸虫防治工作是保护龙窝湖生态环境的主要措施之一。我们的主要做法是：一是加强领导，广泛宣传，形成氛围。二是落实血防工作目标管理责任制，实行工作会议制、工作报告和通报制等。三是严格制定防控计划，划分责任地段、责任单位与责任人，签订急感防控责任书。同时全力做好螺情监测、灭螺灭蚴、健康教育、重点人群查治等工作。四是加大经费投入，保障血吸虫防治工作开展。通过采取上述措施，使龙窝湖周边血吸虫防治工作成效明显。

4. 存在的问题

上游水源污染日趋严重；周边地块的开发建设及周边生活污水没有经过处理排放；养殖模式不尽合理；滩涂地块血吸虫仍然不能很好根治等，这些都是影响龙窝湖水质的主要原因，龙窝湖自然生态保护压力大。

5. 下一步工作措施及建议

（1）工作措施

继续加大龙窝湖生态环境和水体资源保护力度，逐步改变现有的生产方式，严格控制草食性鱼类的放养，采取生态修复技术，恢复龙窝湖天然水生植物对水体的净化功能，保护和营造"水下森林"。

着手对向龙窝湖上游三山河排放工业废水的企业进行整顿和污水净化处理，同时对沿河两岸居民生活垃圾和河道的水草、杂物进行清除，疏浚三山河的淤污，还三山河一个自然的生态环境，使龙窝湖特有的优势种群黄条鱼天然产卵场得到保护。

积极融资寻求合作伙伴，扩大龙窝湖网箱和围网养殖面积，引进先进生产技术，聘请水产专家和技术人员进行技术指导，实现集约化生产方式。

抓住芜湖市龙窝湖建设开发的有利契机，将在已形成一定规模的种苗繁育、名特优水产品生产的基础上，通过招商引资，以龙窝湖水面为依托，发展休闲渔业。围绕游客做好"养、赏、购、品、休"五大要素文章，使农业、自然、高科技完美结合，形成长江边特色新、意境美、构思巧、品位高的休闲旅游度假综合开发游览景点，使龙窝湖的水体生态环境得到充分的保护，逐渐恢复其水体原来面貌，让龙窝湖的水质更清、更干净，成为芜湖的新亮点。

（2）建议

请求市政府高度重视环龙窝湖地区保护开发工作，制订切实可行的措施，加强对龙窝湖及外围控制带开发建设的指导和管理工作，科学开发，合理开发，约束开发行为。我们将按市统一规划、部署积极推进。

建议市规划局尽快制订三山区污水工程规划，尽快开工建设临江污水处理厂和高岗埠污水处理厂。因为龙窝湖主要水源来自上游的横山河、三山河及一般区域内的自然降雨或长江引水补充。而繁昌县的繁北工业园工业污水、两岸居民的生活污水经横山河流入三山河直达龙窝湖，三山区的临江工业区、绿色食品经济技术开发区工业污水、生活污水也经三山河和沟渠直达龙窝湖，如不及时采取措施加以控制，将直接对龙窝湖的水质污染构成威胁。对已开工建设的碧桂园项目，按市有关规定督促碧桂园设计和建设污水处理厂。

进一步完善龙窝湖生态休闲旅游景区规划，严格控制污染企业、工业企业进入湖区周边，一方面严格控制开发强度，另一方面通过生态修复，营造湿地生态环境。

限制外部车辆进入已开发地块，项目区域内部采用电瓶车等无污染的交通工具；改变周边居民生活燃料构成，逐步引导使用天然气；餐饮服务业的油烟达准后排放。

选择性地种植景观树木，扩大绿化面积，提高龙窝湖的观赏性。

附2：芜湖市发展和改革委员会关于市政协十一届一次会议第011号提案办理情况的答复函

龙窝湖位于三山区东北角，北临长江，原为长江河曲，1960年围垦打坝形成半封闭湖泊，有控制闸与上游水系和长江连通。龙窝湖水系由龙窝湖、三山河、横山河、洋灯洐所组成，来水面积167.2平方公里。周围各圩口的总面积218.4平方公里，沿湖圩堤全长61.7公里，四周多为沙质土壤农田。龙窝湖正常水位时面积为13500亩，平均水深4.5米，最深处为12米。目前是芜湖最大的无公害及绿色水产品养殖基地，水域面积最大的自然水体。

龙窝湖区位优势明显，自然条件优越，生态环境俱佳，交通十分便捷，具有很高的开发价值。但近年来，龙窝湖以及各入湖水系的水质均受到不同程度的污染。

经市环境监测中心站2007年3月26日监测显示，龙窝湖岸边受纳水体局部水体水质劣于III类水；小江水质已恶化，劣于V类水质；中沟、长坝支沟、老中沟支沟、油坊沟和双龙口入湖水质各项指标基本都超过IV类水质标准，其中油坊沟水质污染特别严重，各项指标均超过V类水质标准。

经分析，目前龙窝湖污染源主要来自三山绿色食品经济开发区的工业废水和三山区城区、水系周边村庄居民的生活污水，以及龙窝湖周边农田施用但部分流失的化肥、农药和养殖业的人畜排泄物。繁昌经济工业园区也有少量污水通过横山河排入龙窝湖。

随着三山绿色食品经济开发区和繁昌经济工业园区的快速发展、龙窝湖周边的开发建设,以及三山区城镇人口增加,排入龙窝湖各种污染物还将急剧增加。因此,龙窝湖水系污染防治已刻不容缓,必须从根本上解决排入龙窝湖各类污染源。

去年以来,三山区、繁昌县和市直有关部门通力配合,制定和采取了一系列措施。

1. 制定完成了《龙窝湖水系重点污染源实施方案》,提出了污水集中处理方案和近期污水处理方案;编制完成了龙窝湖污水处理集中处理规划、龙窝湖控制性规划等,并组织实施。

2. 加强工业污染源治理,对三山绿色食品工业园、繁昌工业园内各类排污企业分类提出整改措施,入园企业排污达到一级排放标准。对超标排污的限期治理,不能按期完成的,责令关停。2007年,对三山绿色食品经济开发区5家超标排污企业责令停产整治或限期治理,其中秦氏糖业有限公司等2家企业被责令停产治理,新欣食品有限公司等3家企业被责令限期治理。

3. 加强生活污水的治理。在各居民集中点建设地埋式无动力生活污水处理设施,选址规划建设人工湿地、氧化沟,以减少生活污水和污染物排放。

4. 控制农业面源污染。大力发展无公害、绿色农产品,科学合理施用化肥、农药,减少化肥、农药的流失对水体的污染;禁止在湖边自然水体养蚌;加强龙窝湖湿地保护。

5. 积极开展血吸虫病的预防控制。开展人畜治疗及化疗工作,采取封洲禁牧等措施,控制家畜尤其是禁止耕牛上滩放牧。加强当地居民的血吸虫病健康教育宣传工作，改变居民不良生活习惯。对所有有钉螺环境开展药物灭螺工作，降低江滩钉螺密度。

6. 加快繁昌县、三山区污水处理厂建设。根据芜湖市城市总体规划、三山区分区规划和繁昌县城市总体规划，繁昌经济工业园区内新建规模为5万吨/日的污水处理厂1座，三山区境内新建规模为3万吨/日（一期）的污水处理厂1座。目前，繁昌经济工业园区污水处理厂正在开展前期工作，三山区污水处理厂已进行选址论证，有望今年开工建设。正在建设的碧桂园房地产开发配套规划建设1万吨1日的污水处理厂1座，将与房地产同步建设和投入使用。

7. 严格遵守项目建设法定程序。龙窝湖开发前，按建设项目程序要求，开展环境影响评价，以提出更具体的保护措施，防止破坏龙窝湖的生态环境，保证自然环境与建设工程的和谐。

3. 保护汀棠水面不受污染的建议

汀棠是坐落在芜湖市区的一个自然湖泊，水质一直非常好，湖面干净，湖水清澈，是市区唯一没有被污染过的水面。但是，在2007年5月黄金周期间。由于汀棠公园围墙外面的五里汀化工仓库向汀棠大量排放废硫酸稀释液致使汀棠公园游船码头附近的水面大面积遭受污染。水面变成黄色，白花花的大小鱼类漂浮水面（湖面）上空、公园范围内气味刺鼻，汀棠公园管理处闻讯后即刻向环保部门举报，并采取应急措施，在桥洞处沉放沙袋，隔绝污水蔓延。后虽经环保部门出面处理此事，但水质毕竟已被侵蚀，水面已遭污染，很长时间都未能恢复过来。经过调查，本委员得知，由于五里汀化工仓库出租给外地企业，作为转运化工产品场地，致使此次事故发生，现在已被停止生产和运输。然而,今后会不会恢复使用再次出现类似事故呢?汀棠公园管理处既表示担忧,又觉得无奈。

此外,本委员在调查中还得知,现在汀棠公园周边地带,因没有埋设污水管道,所以有些企业的工业污水以及生活污水一直是从雨水管道被排入汀棠公园,这样的管道有五六处,这也是污染汀棠水面的一个大的隐患。建议:市建委安排铺设污水管道,让污水直接排入污水管网,做到雨污分流,切断污染源。

环保部门会同工商、公安等相关部门,彻底清查汀棠公园周边企业和仓储用地,将污染环境、影响市容,危害居民健康的企业和仓储清理出去,防患于未然。

附1:芜湖市镜湖区人民政府关于市政协十一届一次会议第202号提案办理情况的答复

镜湖区政府接到提案后,非常重视,多次委派专人到汀棠周边现场查看,已对周边"破烂王"进行了全面整治,要求新联砼搅拌站限期搬迁(详见4月24日《大江晚报》A2版),汀棠公园周边地块已纳入镜湖区旧城改造计划,目前正在进行方案设计工作,根据规划要求,将来汀棠公园周边,将单独铺设污水管道,实施雨污分流,汀棠公园污染问题将会得到彻底解决。

附2:芜湖市环境保护局关于芜湖市政协十一届一次会议第202号提案办理情况的答复函

根据您的提案,我们又对汀棠周围水系进行了一次检查,确认周边现共有9个排污口(具体见附图:汀塘周围排污口分布图)。向汀塘排污的排污口有以下四种类型:一是市政排污。每天有大量的生活污水通过市政排污口①排入汀塘；二是餐饮排污。汀塘边的森林浴场、南林风味园、老盛兴饭馆的餐饮废水分别通过排污口③、②、④直接排入汀塘；三是企业排污。新联水泥搅拌有限公司、欣瑞阳光医药公司、省物资仓库、化鱼山仓库等单位的生产、生活废水分别通过排污口⑤、⑥、⑦、⑧、⑨直接排入汀塘；四是居民排污。沿汀塘附近的前化山村、老庄自然村有500多户居民（1500多人），为村民自建住房，无地下管网，其生活污水、垃圾等杂物直排汀塘，造成其附近的汀塘局部污染严重。

根据提案的建议，结合调查情况，我们将重点抓好下面几个方面工作：

（1）我们将有关情况及时报告市政府，请市政府督促城建部门对排入汀塘的市政排污口进行截污，对周边工业企业、饮食服务业废水排污管道进行改造，将污水纳入城市污水管网，排入朱家桥污水处理厂处理。

（2）将相关信息反馈给镜湖区政府，由他们对汀塘边的汀棠行政村进行综合整治，清理小区附近垃圾，生活污水接入城市污水管网。

（3）进一步加强对汀棠周围工业企业的环境审批和环境管理。严格审批，禁止在汀塘周边建设化工等污染严重的工业企业；同时加强日常监管，确保现在工业企业污染物稳定达标排放，督促企业建立完善的事故排放应急预案，确保不再发生因污染物泄漏导致的污染事故。

我局将进一步加大监督、检查力度，督促企业强化责任意识，采用先进技术，加大环保投入，进一步削减污染物的排放量，防范非正常排放情况的发生，减少危害。我们相信，在市人大、市政协的有力监督下，通过进一步加强监管，汀棠水面的污染问题将得到有效遏制。

4.关于治理漳河保护水资源的建议

漳河是南陵人的母亲河，由南向北全长119公里，它孕育了南陵54万人民，20世纪70年代末期，尚可以从南陵乘船沿漳河直达芜湖港。但近三十年来，由于上游水土流失，一到汛期，洪水挟带着大量泥沙滚滚而下，使河床抬高了十几米，使漳河成了一条干涸的沙道，造成沿河两岸30多万人口的饮水困难，导致沿河两岸的农田沙化日趋严重。南陵是一个农业大县，2007年财政收入刚达4.5亿元，可用财力更加有限，靠南陵自身财力治理漳河，只能是望洋兴叹。因此，建议市政府：

（1）尽快组织专家考察论证，编制漳河综合治理方案。

（2）争取中央省财政支持，列入国债项目，力争在"十二五"时期末，初步完成漳河的综合治理规划，还原南陵水乡的原貌。

附1：芜湖市水务局关于市政协十一届一次会议第138号提案办理情况的答复

漳河发源于南陵县何湾镇绿岭的荷花塘，由南向北流经狮子山、南陵县藉山镇所属南陵县城、三叉河、三埠管等地，沿途汇集了后港河、资福河、峨岭河、峨溪河等支流，在澛港汇入长江，河道全长11.8公里，流域面积1365平方公里。一到汛期如遇暴雨，上有山洪倾泻，下有江水顶托，洪水四处泛滥，造成漳河水害发生频繁，直接危及南陵县城关和漳河两岸人民的生命财产及社会稳定。

漳河流域的防洪问题，水利部长江水利委员会编制完成的《水阳江、青弋江、漳河流域防洪规划报告》，对其进行了充分论证。漳河上游由于无适宜的地形修建控制性水库，防洪问题唯有依赖加培堤防来解决；漳河中段（狮子山至西七三叉河）河道断面狭窄，局部卡口（肇家埠段），目前解决南陵县城关防洪问题，通过滞洪区使洪水在中段自行消化；下游通过青弋江流域分洪道实施和水阳江流域的水阳镇开卡后，漳河裁去下游弯道，对肇家埠河段进行局部扩卡，有利于上游洪水下泄。

根据水利部批准的《水阳江、青弋江、漳河流域防洪规划报告》，对漳河流域治理开展以下工作：

1. 委托水利部长江水利委员会设计研究院编制完成了《青弋江分洪道项目建议书》，目前已通过水利部审查报国家发改委待批。

2. 1992年，安徽省水利水电勘测设计院受南陵县委托，编制完成了《南陵县漳河中段治理工程初步设计》，省计委以计设计〔1992〕378号文批复，主要建设内容：兴建城关防洪墙（堤）；新建和改建龙门桥、东门桥；新建龙门桥排涝站、柿姑桥泵站；河道裁弯取直、拓宽疏浚；西七联圩加固；新建家发分洪口等，工程于1992年正式开工，到1995年结束，由于当时地方资金没有全部到位，批复中河道裁弯取直拓宽疏浚工程没有完成。2002年争取国债河湖清淤资金250万元（国债125万，自筹125万元），实施了龙门桥排涝站到后港河口段1.25公里河道疏浚。

3. 南陵县正在实施的县城防洪工程，在不违背漳河流域整体防洪规划的前提下，合理选定城市防洪总体规划，通过工程措施，近期将防洪标准提高到20年一遇（现状防洪标准只有3—5年一遇），当青弋江分洪道和漳河中段拓宽疏浚工程（包括拓宽肇家埠河段断面）方案实施后，城市防洪工程的防洪标准将进一步提高。

4. 航道部门正在开展漳河航道整治工程的前期工作，省发改委以发改交运函〔2006〕843号文批准立项，该工程自南陵县城关港至鲁港，全长65公里，按V级标准实施（现航道标准为IV级），整治后的航道实现300吨级通航，该工程总投资3.5亿元。

5. 根据漳河上游水旱灾害频繁的现状，南陵县于2007年委托安徽省水利水电勘察设计院正在进行漳河上游流域综合治理规划编制工作，今年内将提交规划成果。

按照国家基本建设程序，要想争取国家投资，必须具备两个条件，一是项目支撑。二是依赖国家投资趋向（如青弋江分洪道工程，经过多少年的努力，项目建议书才报国家发改委待批）。我局建议首先委托有资质的设计单位做好漳河流域流综合治理利用规划编制工作，然后密切注意国家投资趋向。三是发改委、航道、水利等各相关部门分头争取，只要对漳河流域综合治理利用规划有利的项目（包括河湖疏浚、航道治理等）积极争取，按照"多渠道，相协调"的原则治理漳河，保护水资源可持续发展。

附2：南陵县人民政府关于芜湖市政协十一届一次会议第138号提案办理情况的答复函

漳河是长江一级支流，是南陵的母亲河，发源于绿岭镇荷花塘，全长119公里，流域面积达1306平方公里，流经三里、城关、许镇，至繁昌澛港入长江。

由于县、镇财力有限，在我县实施大面积的小流域治理工程一时还难以启动，只能因地制宜、按轻重缓急进行。

根据漳河中上游水旱灾害频繁的现状，我县于2007年委托安徽省水利水电勘察设计院进行漳河上游流域综合治理规划，计划今年提交规划成果。该前期工作完成后，我县将按轻重缓急，分步实施，同时积极向上争取资金投入，加快治理步伐。

5.关于做好湿地保护，保留江南水乡特色的建议

随着改革开放的不断深入，芜湖又迎来了新一轮大规模的经济开发和城市建设热潮。这自然是令人喜欢的好事，但令人遗憾的是，为了扩大开发的土地面积，开发区域的水塘、湖泊、沟渠一片一片被填埋，这就大大弱化了芜湖作为典型的江南水乡的地域特色。

建议：在城市规划开发中尽可能保留原有的水域面积，保护湿地，保护不可再生的美好的自然环境，在环保方面加强策划加大投入，利用开发做好了，才能有更多更长远的获益。让江南水乡的风光美景更迷人。

附1：芜湖市水务局关于市政协十一届一次会议第170号提案办理情况的答复函

近年来，随着大规模的建设，各级政府非常重视湿地保护和环境治理工作，如芜湖市政府已实施或正在实施的九莲塘公园、鸠兹广场、滨江景观公园城市防洪结合引水工程、保兴埭整治、扁担河综合整治工程；南陵县政府实施的城市水环境治理工程；芜湖县政府实施的城市防洪及东湖公园建设；繁昌县城市防洪建设等工程，在满足主体功能的前提下，均以环境治理为主线。

湿地保护工作是一项生态系统工程，是相关部门综合协作监督的工作，涉及规划、林业、环保、国土等部门，在各部门的共同努力下，一是强化湿地保护管理的宣传工作；二是做好各类项目涉及湿地保护的审批工作；三是坚决制止随意侵占湿地和破坏湿地的行为；四是推进自然湿地的有效保护，建立政府和社会各界共同参与的多层次、多渠道湿地保护投入机制；五是加强对湿地保护管理工作的组织领导，

从法规制度、政策措施、资金投入、管理体系等方面采取有力措施加强湿地保护管理工作。

目前，我们水务部门按照市政府要求，在湿地保护方面主要开展制定水域控制规划编制工作，以确定河道（含湖泊、干沟渠道）规划控制线（即蓝线，蓝线管理范围包括两线之间的河道水域、沙洲、滩地、堤防、护堤地、岸线等河道管理范围，以及因河道整治、河道绿化、生态景观等需要而划定的规划保留区），根据水域控制规划，政府将通过立法方式，出台《芜湖市蓝线管理办法》，使之具有约束性。我们相信，在各级政府的高度重视和领导下，各相关部门按照职责分工发挥各自优势，团结协作，一定能做好相关的湿地保护管理工作，让江南水乡美景更迷人。

附 2：芜湖市环境保护局关于芜湖市政协十一届一次会议第 170 号提案办理情况的答复函

一、湿地介绍

湿地是指不论其为天然或人工、长久或暂时之沼泽地、湿原、泥炭地或水域地带，带有或静止或流动或为淡水、半咸水或咸水水体者，包括低潮时水深不超过 6 米的水域。湿地与森林、海洋并称为全球三大生态系统，广泛分布于世界各地，是地球上生物多样性丰富和生产力较高的生态系统。湿地在抵御洪水、调节径流、控制污染、调节气候、美化环境等方面起到重要作用，湿地与人类息息相关，是人类拥有的宝贵资源，因此湿地被称为"生命的摇篮""地球之肾"和"鸟类的乐园"。

按照《湿地公约》对湿地的分类，城市湿地从其成因看，可以粗略分为天然湿地和人工湿地。其中，天然湿地是指历史上自然形成的河流、湖泊等，人工湿地则包括了人工建造的运河、排水渠、水库、人工湖、鱼虾养殖塘、水塘、稻田和污水处理厂等。我国湿地类型多样、分布很广，总面积在6500万公顷以上。从寒带到热带，从沿海到内陆，从平原到高山，都有湿地的分布。千百年来，广阔的湿地为促进经济发展，保障人民生活作出了巨大的贡献。

二、我市湿地现状及减少原因分析

从我市来看，由于位于长江之畔，且地势较低，原来沼泽、水塘较多，湿地面积较大。但近二三十年来，由于城市建设力度不断加大、城市规模不断扩大及气候变化等原因，湿地范围逐步减小。根据《芜湖生态城市建设规划》（已于2005年11月通过了市人大的批准，以下简称《规划》），我市目前各类湿地面积已降至20555公顷。

造成我市湿地面积萎缩的原因主要有以下几个方面：

一是城市规模不断扩大。在城市化进程中，大量基础设施建设和开发区项目，不仅改变了土地利用方式，也挤占了部分水域空间，使城市湿地面积减少。

二是水体受到不同程度的污染。由于我市的城市下水管网、污水处理系统和管网建设严重滞后，大量的工业废水、生活污水、农田退水和雨水径流未经处理直接排入河道、湖泊等地表水体，污染负荷极大超出水体自净能力，导致水生态系统物质转化失衡，诱发水质污染问题，进而导致水体丧失湿地功能。

三是规划不合理。各类天然水体经过多年的历史演化，构成了一个相互补充、相互影响的生态系统。由于我们在规划建设时，往往没有考虑到各类湿地、水体之间的平衡关系，而是根据我们的需要随意打破这种生态平衡，结果造成一些割裂的单独的湿地和水体，切断了这些湿地的水源补充，也造成了这部分湿地萎缩，直至干涸。

三、我市湿地保护措施

针对我市湿地减少的现状和原因，我局以《芜湖市生态市建设规划》为依据，抓住生态市建设的契机，通过加强规划环评和环境督查等手段，积极配合相关管理部门进一步强化我市湿地的保护与恢复，将具体做好以下几个方面的工作：

（一）积极推进规划环评工作

所谓规划环评，就是对市级的各类建设规划进行分析，评估其实施后对环境和生态系统带来的环境影响。我市已于去年7月份启动了市域规划环评工作，目前，中国环境科学研究院已从全市的区域开发、环境承载能力、城市主体功能和生态功能定位等方面编制完成了环境影响评价报告书，6月27日将在北京组织专家评审。

（二）加大项目建设的环境保护监管力度

一是加强工业项目的环保审批，对于污染严重的项目，一律禁止建设；二是对于现有湿地附近的工业企业，加强环境保护督察，污染严重的企业，建议各区县政府对企业实施停产搬迁；对污染较轻的企业进行污染治理，排污入湿地的企业，督促其做好截污和管网改造工作，如保兴垾整治工程中，我们在区政府的支持下，先后督促棠桥针织、跃华造纸等十余家企业进行了搬迁或改造；三是进一步推动城市生活污水处理厂及配套管网的建设，使生活污水能进入处理厂处理，达标后排放，减少对各类湿地的破坏和影响。

（三）积极推进人工湿地建设

提案中提及的"在环保方面加强策划加大投入，利用开发"，目前我们在这方面已经做了一些工作。如保兴垾整治工程，不仅是一个截污治理的工程，同时也是一个人工湿地再造的过程，完成后，不仅美化了城市，同时也是一处人工湿地，可以调节市区中部相关水系中湿地的水量，对该水系中相关湿地的保护也起着积极的作用。另外，结合目前全市新农村建设的开展，考虑到农村地广人稀、主要为生活污水的特点，我们也在积极探索以人工湿地的方式进行农村生活污水处理，既能减轻环境污染，又能发展人工湿地。

附3：芜湖市城市规划局关于市政协十一届一次会议第170号提案办理情况的答复函

保护和利用山、水等自然条件，不仅对展示我市地域特色，打造滨江山水园林城市、塑造城市形象、改善居住环境具有十分重要的作用，同时也是规划部门重点工作之一。

在芜湖市总体规划指导下，我们已陆续进行了凤鸣湖开放空间总体规划、九莲塘公园详细规划、青弋江两岸景观规划、滨江公园详细规划、西洋湖公园详细规划、保兴埂综合整治改造规划和龙窝湖地区发展战略规划的编制。今年，还将三潭公园规划、大阳埂公园规划和汀棠公园详细规划的编制列入2008年全市规划工作任务当中。这些规划的编制，是为了加强对现有水系的保护和环境景观的塑造。

在建设项目的管理中，规划部门严格河道、湖泊的蓝线控制，保留原有的水域面积。如在芜湖城东新区的建设中，要求保留8%以上水面率；城南的水系规划正在进一步调整完善等，这些措施将对我市现有水域、湿地起到有效的保护作用。

附4：芜湖市林业局关于芜湖市政协十一届一次会议第131号提案办理情况答复的函

《国际湿地公约》对湿地的定义是：指不问其为天然或人工、长久或暂时性的沼泽地、湿原、泥炭地或水域地带，带有或静止或流动或为淡水、半咸水或咸水水体，包括低湖时水深不超过六米的水域。此外，湿地可以包括邻近水体的河流、湖泊沿岸、沿海区域，以及位于湿地内岛或低潮时水深超过6米的海洋水体，因此，所有季节性或常年积水地带以及水稻田、鱼塘等均属于湿地范畴。

芜湖是江南水乡，湿地资源较丰富，随着改革开放的深入和经济社会的发展，我市各方面的建设取得了巨大的成就。随着城乡一体化的发展进程，市郊的周边地区已成为建设的热土，需要利用土地资源（包括湿地）。我们林业行政主管部门认真履行职责，加大对森林资源的培育和发展的工作的力度，加强对森林资源的保护管理，努力改善生态环境，促进经济社会的协调、和谐发展。

多年来全市各级党委、政府在全面贯彻落实党中央、国务院《关于加快林业发展的决定》，认真贯彻执行《森林法》等相关的法律法规，确立了以生态建设为主，扎实开展林业生态建设，全市林地面积达77400多公顷，义务植树1800万株，农田林网面积达到41万多亩，新建绿色长廊253公里，生态环境在一定程度上得到了改善。

二、十一届三次会议（2010年）

1.关于我市水资源和水环境保护的建议

（1）根据实地调查和相关监测资料分析表明我市的水资源状况仍然不容乐观，大致表现在以下几个方面：水资源总量较少；城市建设中水体占用和水系破坏现象时有发生；市内几大重要水体和水系污染现状不容忽视；生活污水处理工程滞后。

建议：

①科学编制城市地表水资源保护规划。水资源保护，地表水的保护最为关键，对我市地表水体开展一次详细的科学普查，在此基础上，由市政府组成规划编制委员会负责领导、组织和协调，编制城市水资源保护规划，并采取有效措施，促使各有关部门、厂矿企业积极支持和配合规划编制工作顺利开展。考虑到地表水保护和管理的针对性、科学性和操作性，在规划中建议实行分类分级保护。

②加强地表水保护宣传，依法实施地表水保护。加强地表水保护知识的宣传，依法实施地表水保护。城市建设中，应该考虑水资源和水环境承载能力的因素，各项工程开发和建设，要严格遵守地表水保护规划。特别是城东新区有大量自然的水体水系形成的水网，开发建设时更要严格按照规划执行，采用不影响水体水系安全的建设方案，避免和杜绝城市开发建设中对地表水体水系的占用、破坏和污染现象。

加强对地表水的管理。对定类定级的地表水及其保护管理措施要进行公告，受保护的地表水附近要设置醒目的提示和警示，重点保护的地表水还要分派专人定期进行巡查。提倡全民参与地表水的保护，公告举报电话和举报方式，并制定相关奖励措施。

③严格控制和治理地表水污染。合理调整工业布局和产业结构，杜绝耗水贷大、排废水整。大且难以治理的企业上马。完善工业废水处理设施，坚决实行谁污染、谁治理的原则，加大执法监督力度，确保水污染排放企业全面达到地方排放标准，确保地表水的安全。

加快城市生活污水处理工程的建设。城东新区和三山区是我市建设和发展的热土，应尽早规划、实施污水处理工程。主动干预和治理地表水污染。对具有重要生态和景观功能的地表水体和水系，除加强排污干预、避免进一步污染外，还应积极采用科学的治理方法来改善水质，对部分地表水体还可以利用太阳能水泵引水补水，保障水体和水系的合理流动，主动改善水质。

④实现地表水"保护—利用—保护"的良性循环。根据地表水体的所处位置、面积大小及其他特点，在确保安全的前提下，以构建山水园林城市战略为目标，做好水文章，加大开发利用力度，为芜湖增添新的亮点。在美化城市的同时，进一步增强对水体的保护力度，形成"以保护保障利用，以利用促进保护"的良性循环。建议以保兴焊为试点，借鉴合肥包河开发利用的经验，打造以保兴埠为核心的我市穿城公园。

⑤积极筹措和落实城市地表水保护资金。采取从城市土地出让金及市政公用设施经营收入中提取一定的比例用于城市地表水保护与治理等多项措施筹措资金，用于水资源及地表水保护建设项目的实施。

（2）湿地保护和城市湿地公园建设

①在城市总体规划中要注重城市水环境和水文化的保护。将市域范围内的大小的湖泊保留下来，形成自然湿地，要通过水环境的治理来形成芜湖的特色，形成"山为骨架、水为血脉、文化为魂"的城市风貌。

②结合我市正在进行的"两江两湖"规划，注重湿地的保护和湿地公园的建设。全面开展我市湿地资源现状的调查研究，确立须重点保护的湿地，有针对性地对一些重要的湿地资源，制定科学合理的保护和开发规划。

③做好"两江两湖"规划范围内的龙窝湖地区、黑沙湖地区现有的湿地保护，等时机成熟后即可进行城市湿地公园建设。今年即将开工建设的板城埠、大洋埠整治工程也应做好湿地保护工作。

④对于面积较大的湿地，如龙窝湖等地的湿生牧草资源丰富，在水淹前牧草可以作为动物饲料开发利用，同时也避免牧草水淹后腐烂影响水质。

⑤在湿地周围建立一些禽鸟类的观测点，供鸟类爱好者观鸟和游客拍摄照片。

⑥加强湿地保护的科普和宣传活动，使芜湖全体市民都有"保护好湿地就是保护好我们的家园"的生态意识。

⑦对我市湿地保护建设进行深入调查，科学研究，多渠道筹集保护和开发利用资金。

2.发展节水型绿化，建设节约型社会

随着经济社会的发展，我们的城市越来越重视绿化美化。但是我们也应该看到，绿化的增加，给城市水资源有效利用也增加了压力，主要有以下几个方面：

一是浇灌方式不利于水资源的节约。现在大多绿化地带都采用落后的龙带浇灌，这种浇灌方式极易产生跑、冒、滴、涌，且因喷水不均匀，大多水都流淌走了，不仅水的利用率不高，而且对部分植物的叶茎也产生冲击损害。

二是浇灌多用自来水。在对绿化植物进行浇灌时，大多是在自来水消防栓接上一条水管，对着绿化植物喷洒。

三是绿化植物的选择存在问题。例如部分植物抗旱能力差，需要保持一定的土壤供水，特别是草坪的耗水量非常大。

四是绿化地带的场地设计没有充分考虑节水。如绿化地带附近大多是硬化的地面，收集雨水能力非常弱，也极易蒸发；绿化植物之间

没有足够的坡度，水容易流失，等等。

建议：

（1）要形成节水型绿化的发展思路，重视城市绿化对水资源的耗用。政府要根据实际情况，出台相关政策，对城市绿化进行制度性的规范。

（2）绿化地带的规划设计要将植物选择、雨水收集能力、浇灌方式等周密考虑，科学分析，避免建设后再因节水问题而反复改造。

（3）采用先进的浇泄方式。在有条件的地方以滴管、微喷等方式代替粗放的龙带浇灌。

（4）因地制宜，倡导使用河水、湖水，甚至可以重复利用的中水来代替自来水作为浇灌水源，尽可能少使用自来水浇灌。

（5）国家出台相应政策，支持和鼓励企业在节水型绿化的规划设计、技术研发、设备制造方面加大投入，创新发展。

三、十一届四次会议（2011年）

1.关于保护荷塘水面的建议

荷塘位于芜湖机场跑道的东面，扁担河的西侧，地处鸠江区管陡街道办事处境内，它是属于北咸辛泵站排水主要调蓄水面，面积500多亩，对保护机场汛期排涝安全起着重要作用。

本人去年年底参加了鸠江区街道土地利用总体规划审查会，发现该区域布置了一物流园区项目，其用地范围占据了较大一片水面。我当时就提出了不同意见，可能会后规划设计单位作了修改。但是我认为，其问题的根源不在规划设计单位，而是物流园区的土地使用者及投供土地的决策者，因此要尽快调整物流园区的布局方案，调整土地的使用范围，不要占据荷塘的水面。据说该物流园区的土地使用者在建设过程中还有占据大阳埠水面的计划，可见问题的严重性！

为了保护好荷塘及大阳埠的水面，建议将荷塘纳入银湖、凤鸣湖保护范围。

2.裕溪口水道等级亟待提升

裕溪口地处长江裕溪口水道与江淮水运最大支流运漕河交汇处，水运价值凸显。首先，裕溪口连接淮南、淮北两大煤田的四大煤矿，直面广阔的长三角能源市场，裕溪口煤港以每年煤炭中转能力1500万吨雄踞"长江三口一枝"之首。2009年，淮南矿业集团（芜湖）煤炭中心项目落户裕溪口。建设规模为年配炭（煤）出港量为5000万吨。全部建设后，裕溪口将成为仅次于秦皇岛港的全国第二大煤炭能源中转港口，裕溪口煤炭配备基地由省级战略提升为国家战略。其次，省委、省政府高度重视巢湖水系水（航）运发展，投资3亿元扩迁裕溪闸航运复线工程，大幅度提升船舶通航能力，满足巢湖水系年吞吐3000万吨货物运输需要。

目前，裕溪口水道不能满足现代物流的需要，裕溪口水道上口属于浅滩航道，枯水期水深1.5米，不能通航；下口为浅窄弯曲航道同，3000吨船舶只能单向通过，整个水道最窄处仅有40多米，每年靠疏浚保持水深4.3米，年通过能力约3000万吨。随着裕溪口煤炭仿配中心和裕溪闸复线工程的建成，裕溪口水道难以承受8000万吨运航压力。

长期以来，裕溪口水道作为长江航道的支汊，未能列入国家级航道整治维护序列。目前，芜湖港储公司每年耗资几百万元，自行疏浚裕溪口航道，为航道设标维护，勉强维持低水平航道通航能力。因此建议，芜湖市政府与长江航务管理局协调，或商请安徽省政府与交通运输部协调，争取将裕溪口水道提升为国家级航道。

3.关于建设芜湖市生态水城示范区的建议

为了把芜湖建设成山水园林式的美好城市，市委、市政府多年来做了大量的工作、成绩显著，如镜湖治理、滨江公园建设、神山公园改造、环山改透、银湖与凤鸣湖保护、保兴埠治理等重要工程的完成，极大地改善了城市景观，既提升了城市品位，也有利于生态环境的优化，从而有利于可持续发展。

进入"十二五"时期，如何把山水园林城市的建设推上一个新的台阶？2010 年上海世博会的最佳城市实践区给了我们很多有益的启示。从生态环保与可持续发展的要求，我们认为，无论是南进东扩，还是将来的跨江发展，都必须紧紧以"水"为中心，方可做出大文章、绘出好画卷。

芜湖滨临长江，区域内河流纵横、湖塘密布，水资源十分丰富，自古以来就是名副其实的鱼米之乡。水，是大自然给芜湖人民的馈赠，是芜湖得天独厚的自然资源。但是，过去旧城建设中，许多水系被填埋破坏，现已无法恢复。仅存的保兴埠又被长期污染，到最近花了大量投资才得以治理。在南进东扩的发展中一定要汲取历史教训。实际上，南进建设中也没有系统的水系环境规划，只有各建设单位各自为战的"死水一潭"，这是一个新的遗憾，急需"亡羊补牢"。值此"十二五"开局之际，市委、市政府在谋划城市建设发展新蓝图时，要立意高远突出特色，将科学发展与自身优势结合起来，特别是要重视水环境的大手笔规划建设、水资源的全方位多视角的综合开发利用及其与城市园林化有机结合起来，建设具有现代水平并造福后代的生态水城。为此，我们建议：

（1）进一步提高认识。

①加大对水科学的宣传普及力度。利用各种媒体，着力宣传水资源除了生产生活功能之外的生态价值、文化价值与社会功能；以"水"为主题，开展一系列报告、讲座、研讨、竞赛活动，提高对水资源重要性的全面认识。

②结合科学发展观的落实和上海世博会关于生态城市建设理念的实施，提高对"生态水城"建设的现实意义和长远意义的认识，使生态水城的建设理念深入人心，特别是各级城市规划建设部门，要高度重视水环境建设。钢筋水泥森林不是人类宜居的地方，现代城市的发展方向是智能化与生态化的有机结合，水环境建设是其中的重要内容。

③既要认真汲取过去的教训，也要参考国内外生态水城建设的成功经验（如南浔古镇的水环境建设、苏州园林与河流的融合等），确立"将生态水城建成人类最宜居的场所从而趋于'天人合一'的境界"作为城市现代化与生态化的建设目标。

（2）大手笔科学制定全市水环境建设规划。

我市"十二五"规划中，虽然提出了要"努力建设宜业、宜居、宜游的优美城市"，但是没有体现江南水城的特色，更没有水环境全面建设的考量，实施过程中需要充实和调整。

①要像重视交通网络规划那样做好水网、水系规划。东扩西进的建设中，水网、水系规划建设要先行、快行。要以"生态水城"作为

城市建设发展规划的中心主题。

②要大手笔规划建设大水系、大水网。在充分掌握现有水资源分布的基础上。制定广域度的沟通分散湖塘规划，既让"死水变活"，又要产生"规模效应"（即旅游景观、生态产业、生态环境等综合效益）。适量开人工河、渠，扩大水域环境规模并与自然水系沟通治理有机结合起来。

③竭力避免"填湖建楼""填河修路"等急功近利的做法。水环境建设、房屋建设、道路建设中要以水环境建设、水系沟通优先，要尽量避免返工浪费。如目前没有水系的地方，从周边水系沟通的要求，将来需要开挖人工河道，在此修路就要建桥通过。

（3）实施"生态水城"示范区建设。

"生态水城"的建设，不仅需要立意高远、科学创新的建设规划，还需要大量的建设资金，只能是随着全市国民经济的发展逐步推进，逐步实现，我们认为，可以首先依托扁担河的治理建设工程，在两岸选出一个几十平方公里的区域，作为"生态水城"示范区进行精心规划、重点建设。其中，总体规划、功能布局与公共水系水网、路网由政府主导建设，而各个功能部分的建设则可采用市场办法进行。

通过"生态水城"示范区的规划建设，提高认识、更新观念，以此带动城市建设、城市化发展及新农村建设的"结构调整"，为积极探索城市建设发展的新模式注入全新的活力和强大的动力。

"生态水城"示范区的建设，一方面要充分发挥水资源的综合价值，彰显芜湖"水乡"特色，另一方面要提供最佳人居环境的示范，成为人人向往的地方"生态水城"示范区的建设，要同配套的生态产业有机结合，如合理布局植物园、花卉基地、生态养殖基地、文化创意基地，等等。

　　"生态水城"示范区的建成，在成为芜湖城市建设新亮点的同时，也必将丰富市域范围的旅游资源，增强城市的环境优势，从而全面提升城市品位，为招商引资、发展经济增添更大的引力与后劲，为持续发展提供一条有力的支撑。衷心期盼芜湖"生态水城"示范区早日建成！衷心祝愿芜湖的明天更加美好！

一、十二届一次会议（2013年）

1.关于加强高教园区地表水系整合治理的建议

芜湖市高教园区建设过程中存在着一些问题和遗憾，其中高教园区地表水系破坏问题就是遗憾之一。

高教园区建设前，这一带是一大片农田，地表水网密布、流畅。在高教园区建设过程中，由于规划不够周全，各单位各自为战，加上一些地方正在进行房地产开发，严重破坏了原有的地表水系，导致地表水系无法联网、通畅。尽管市政有关部门曾经疏理过一些沟渠，但效果并不明显。目前从安徽师范大学、安徽中医药高等专科学校，到安徽商贸职业技术学院、芜湖职业技术学院、安徽机电职业技术学院，再到皖南医学院和原芜湖信息职业技术学院，无论是校园内还是校园外都出现过沟渠堵塞、地表水系不通畅的情况。尤其到夏天臭水横流、蚊虫滋生、臭气熏天，既影响市容环境，也危及高校师生及周围10多万群众的身心健康。

鉴于此，建议市容办督促市政管理部门到高教园区对现有地表水系进行全面排查，与有关院校和单位一起共同拟定综合治理方案，彻底疏通地表水系，还师生和附近居民一个整洁的生活环境。

2.关于尽快将住宅洗衣废水纳入污水管道减少我市河道水质污染的建议

改革开放以来，我市经济持续高速发展，人民生活水平显著提高。然而，也给我市环境带来了一系列后遗症，其中水环境污染问题为其中一项。

随着城市基础设施的完善，城市生活污水收集处理率逐年有所提高，但由于我市居民有将洗衣机放置阳台的特点，加上目前居民住宅阳台只设雨水收集管，不设污水收集管，造成大量洗衣废水未经收集处理，由雨水管网直接排入河道，对内河水环境造成了严重影响。氨氮和总磷成为影响我市内河水环境质量使之富营养化的主要污染因子。

环保局曾组织力量进行实地调查。调查发现，大约有48%的住户将洗衣机放置阳台。至2010年底，芜湖市区的常住人口约有130万人，总户数约为42.45万户。按上述调查的平均比例，约有20.37万户家庭将洗衣设施设置于阳台。每户家庭平均2天需要洗大约相当于一台洗衣机所洗衣服，洗一次衣服约耗水60升，则每户家庭每年排放洗衣废水约17吨，市区每年还有346.29万吨洗衣废水直接排入市区河道。

我市政府应发文明确要求，住宅建筑设计部门在市本级住宅的设计时将阳台落水管单独设置并与污水收集管连通，否则政府验收部门不予验收。

我市目前涉及排放氮、磷污染物的企业基本上都已实现污水入网，城乡居民生活污水是内河总磷和氨氮的主要来源之一。所以加快改变我市阳台洗衣废水排放去向，提高生活污水集中处理率，减少氨氮和总磷污染物排入内河量，意义重大。

（1）对新建、在建住宅小区从源头控制的制度在全市推广。建设部门将住宅建筑设计部门在我市的住宅设计时必须将阳台落水管单独设置、并与污水收集管连通的制度推广到全市，从而源头上解决全市新建、在建住宅小区的阳台废水收集处理问题。

（2）对已建成小区的水管和屋顶下水管进行改造。建设部门需制定现有小区的详细改造方案，落实具体改造措施，将阳台废水全部接入污水管网。

（3）财政提供资金保障。经向建筑设计院相关造价师咨询，一幢三个单元的六层房屋（共36户），平均改造费用300元/户，按调查结果，我市市区将洗衣设施设置于阳台的有20.37万户，则总改造费用约为6111万元。

（4）相关政府部门通力合作。规划建设、环保、污水、财政等相关政府部门需要共同参与、密切配合、互相支持。

3.关于改善居民生活用水安全的建议

水是生命之源，水也是关系到国计民生的一件大事。2012年7月1日起，国家生活饮用水卫生新标准已全面实施。新国标首次明确提出生活饮用水的定义：供人日常生活的饮水和生活用水。尤其是明确指出了生活用水也应符合标准。中海工业有限公司荻港船厂建厂至今40余年。自建厂起就是工厂办社会，小而全，2000年以来，在各级政府的大力支持下，该厂实现了从2000年亏损近千万元到2012年连续11年实现安全效益年的历史性发展，并每年上交地方财政税收1000余万元。随着改革开放的不断深入，中央要求社会职能分离，在各级政府的大力支持下，该厂公安、学校、医院、用电等均已完成分离，而自来水供应却一直由该厂水厂自行供应。水厂在确保企业生产、生活用水的同时，承担着企业周边地区和农村居民2000余户近万人的生活饮用水的免费供应。随着市场经济的深入，该厂于近年对居住在该厂生活区的居民开始象征性地收取一定的费用，但对周边和农村居民仍无法收取，每年水厂收支缺口达20万—30万元，并且还经常发生一些因私自接装自来水而引发的社会矛盾。日前，繁昌县水务部门对该水厂水质进行检测，认为该水厂水质达不到饮用水标准，不能作为饮用水使用。原因是，该水厂取水口上游为装修码头，下游为荻港船厂船舶修理、拆解码头，各类大小船舶整日游弋在取水口周边，水源遭到污染。取水口上游几米处就是一处行洪、排污的山河口，该河口上游有一家化工厂，多次偷排工业废水，当地居民怨声载道。另外，由于该水厂设备均为建厂初期投入使用的老设备，设备设施老化、净化工艺落后，水质浑浊，沉淀物较多，已无法达到国家饮用水标准要求。鉴于上述原因，本人认为该水厂不具备生产饮用水的条件，目前生产的饮用水水质存在安全隐患，对职工家属及周边居民的身体健康会造成一定的影响。为此，建议地方政府本着为企业减负，让企业轻装上阵的服务理念，将该厂及周边地区居民饮用水管网纳入城镇水网统一供应、管理。相信，随着社会职能的完全分离，企业必将能更好更快地发展，企业的发展，必将为地方经济的发展做出更大的贡献。（目前，处在该厂上游的地方政府已将供水管网一直铺设到了该厂下游的芦南地域，未将该厂周边居民纳入统一供水范畴。）

4.关于尽快解决宁安铁路建设造成的居民区下水道堵塞的建议

近日，民盟界别的政协委员在张家山公共服务中心参与"两代表一委员"接访时了解到：宁安铁路建设给高城坂一带及红园小区长久使用的明渠造成了破坏，导致几百户居民的下水无处排放，粪水外溢、臭味难闻，严重影响周边环境卫生和居民生活。辖区居委会曾多次与镜湖区区建委、环卫等相关部门沟通，但由于宁安铁路建设是国家重点工程，不属于镜湖区管辖，因此镜湖区也无法解决这个问题。下水道堵塞使居民无法正常通行，同时危害公共卫生问题，而且容易形成上访事件，成为社会不稳定因素。为此建议：

（1）上下联动，及时化解矛盾。

宁安铁路建设是国家重点项目，但大建设大发展不应牺牲当地百姓利益。同时解决百姓的困难也有利于社会的和谐稳定。因此市政府对此事应高度重视，市、区、社区上下三级联动，及时给予解决。

（2）建立快速反应机制，规范处理程序。

在城市大建设大发展过程中还会遇到很多此类问题，要杜绝此类事情的发生，最重要的是要规范处理程序。比如在建设单位施工前，要对其施工的方案做可行性研究，重点关注其对所在地区的影响，把影响民生的突出问题消灭在萌芽状态。建立快速反应机制，对于建设中已经发生的危及民生的问题，打破条条框框的束缚，及时处理。

（3）组织人员实地调查，提出解决方案。

有关部门应及时组织人员到实地了解情况，并组织宁安铁路施工方、当事群众代表进行协商，拿出实际解决方案，给百姓一个满意的答复。

附：此建议引起市领导的高度关注，市政府秘书长在《关于尽快解决宁安铁路建设造成的居民下水渠道不通的建议》上的批示：请市铁办商镜湖区政府抓紧解决。市长在《关于尽快解决宁安铁路建设造成的居民下水渠道不通的建议》上的批示：请镜湖区政府协调。

二、十二届二次会议（2014年）

1.加强饮用水源保护，保障群众饮水安全

保障饮用水安全直接关系到人民群众的基本生活和社会稳定，是最基本的民生工程。近几年，芜湖市高度重视饮用水水源保护，积极开展饮用水源地环境及饮用水源保护区取水口周边环境整治，把保护水资源作为实施可持续发展战略的重要措施，坚持监管并重，城区饮用水源水质达标率始终保持在100%，居民饮水安全得到长期有效保障。

我市由省级人民政府批准建立的县级以上集中式饮用水源共7个，全部为河流型，其中市区3个，全部位于长江。市辖四县各有一个集中式饮用水源，芜湖县位于青弋江，南陵县位于漳河，繁昌县位于长江，无为县位于长江。另外，我市有乡镇饮用水源约50个。饮用水水

源总体情况良好。

但随着工业化和城镇化进程中，芜湖市集中式饮用水源也存在着一定的安全隐患：

其一，饮用水源保护区内存在各类码头，在货物输送、装卸过程的突发事故将影响饮用水源安全，存在货运船舶碰撞自来水取水口的风险。如杨家门水厂取水口附近的中石化芜湖分公司油库储运码头、中央防汛物资储备定点仓库码头，利民路水厂取水口附近的东汇码头、繁昌县饮用水源保护区内的新港码头。

其二，乡镇人民政府没有足够重视饮用水安全问题。除县自来水厂外，其他供水单位水源基本都未经批准划定饮用水源保护区；无饮用水源保护区的边界设立明确的地理界标和明显的警示标志；有的取水口水质差，水量不足，有的取水口有水产养殖、畜禽养殖、小型加工厂、船舶停靠、沙站码头等，存在集中式供水单位点多、面广，供水规模小、服务人口少；同时面临缺乏稳定、充足、优质水源的局面。

其三，全市每年新增水污染物排放量基本来自生活污水（80%以上）；且随着我市城镇化步伐的加快（2012年我市城镇化增长率3.36%，新增城镇人口6.74万人），生活污染物排放量增量也呈加速增长态势。而现阶段，要消化新增生活污染的措施就是新建污水处理厂或提高现有污水处理厂处理量。据测算，每年由此带来的新增生活污染需通过新增5万吨/日污水处理能力才能消化，即"十二五"后两年至少要再新增10万吨/日生活污水处理量才仅仅能消化掉由于城镇人口增长带来的增量。

其四，由于我市市区的饮用水源地均位于长江，为应对水污染突发事件，必须启动备用水源选址及相关保护工作，目前，我市备用水源选址及相关工作进展缓慢。

针对饮用水源安全隐患的建议：

（1）加大饮水安全和饮用水源地保护的宣传力度。

针对我市目前存在的不安全饮水情况，各级政府要高度重视，采取行之有效的方式，对饮水安全和水源地保护的意义、规划、措施等加大宣传，把加强饮水安全和水源地环境保护工作，作为构建和谐社会的重要内容，列入重要议事日程。通过宣传，增强广大干群的饮水安全和水源地保护意识，增强环保责任感，规范自身行为，形成人人自觉监督、人人保护水源的氛围。

（2）加大饮水安全隐患的整改力度。

对存在的安全隐患不能掉以轻心，要采取切实有效措施逐一消除安全隐患，确保饮用水源安全。要按照辖区与相关部门职责进行责任分解，明确牵头部门、配合部门及完成整改的时限。要加强监管，突出工作重点，加大职能部门依法履职的力度落实饮用水源安全隐患整改措施，保障群众饮水安全。

（3）加快农村饮水安全的建设步伐。

农村饮水不安全人口数量大，分布广，原因较为复杂。因此，应对农村不安全饮水人口的数量、分布、水质状况、原因等进行周密细致的调查、核实、登记并建档，为解决实际问题提供决策服务。加大对农村饮水安全工程的投入，确立政府是农村饮水安全工程投入主体的理念，同时吸纳民间资本，建立生态补偿机制，采取多渠道筹措资金，加快解决农村饮水不安全问题的速度。

（4）加大水污染的根治力度。

结合新农村建设，搞好生态规划，完善农村环境保护基础体系；发展生态农业，减少农药化肥的施用，实现农村畜禽粪便资源化，防止农村的面源污染；提高城市污水处理能力，从根本上解决城市排污、农村负重的问题；加大重点区域、流域、行业特别是散布在水体周边的污染点、源的治理力度，根除污染的源头或隐患；大力发展循环经济，通过调整产业政策，促进资源的循环利用和企业污染的低排放或者零排放。

（5）加强饮用水水源地环境保护的规划和实施。

积极启动备用饮用水源选址工作。要科学制定饮用水水源地环境保护规划，把经济发展规划与水源地规划结合起来，把生态水系规划与水源地环境保护规划结合起来；加大规划的实施力度，确保规划在实施过程中不走样，不打折，不流产；对水源地保护和地下水开采中存在的突出矛盾和问题要加强协调和专项治理，采取行政、经济甚至法律的手段，严厉打击违法行为，震慑犯罪，教育群众。

（6）积极探索保障饮水安全的长效机制。

建立规范城乡饮用水源地的水情测报和水质通报机制；安全饮水工作是一个动态管理工作，随着经济的不断发展，饮水不安全问题会更加突出。因此，我们应积极探索保障饮水安全的长效机制。

①理顺体制。水是资源，饮用水是优质水源，保护饮用水安全必须在水资源管理的大框架下进行，应结合外地经验，加强水务一体化进程，应对城乡饮用水进行统一调配和管理，各县（市）应成立农村饮水安全工程建设的相应机构，优化水资源配置，优先保障饮水安全，确保农村饮水安全工程长期发挥效益。

②健全制度。不断完善饮水安全和水源地环境保护的相关制度，进一步明确管理主体、分清职责，增强可操作性，使饮水安全和水源地环境保护纳入法治轨道。

③创新机制。加强对饮用水源地的监管，不断创新饮水安全动态监管机制和奖惩机制，建立饮水安全和饮用水水源地环境保护问责制，

制定饮用水源地安全保障应急预案，使各级政府真正把解决群众饮水安全问题作为民生的重大问题抓紧抓好。

2.城南受污染水系应彻底治理

弋江区有条流经多个小区的"丫"字形明渠自2010年以来因水质变臭备受诟病，小区居民一直以来也在通过不同的方式表达诉求，尽管相关责任方表示将尽快处理，但时至今天，这条明渠依然没有太大改观，即使在冬天，走在附近依然能隐隐闻到些许的异味，更别说是在炎炎的夏天。这条水渠"丫"字上边是两条支流，一条从九龙新村流经中铁七局二公司宿舍和汇成明郡小区后，与另一条来自弋江嘉园的明渠在柏庄春暖花开小区汇合，然后流入师大南校区，经文津花园小区，穿文津南路，最后沿着大工山路，一直向西流入芦花荡公园。

这条水系流经小区住户达好几万人，水质的好坏直接影响他们的生活品质，如果不彻底与及时地加以整治，过不了几年，城南可能真的会出现第二条"龙须沟"，真要到那时，政府在花巨资治理的同时可能还会失去民心，在建设创新、优美、和谐、幸福新芜湖的今天，希望政府有关单位切实践行群众观，让这条水系从此变清变蓝，造福一方百姓。

为此特别建议：

（1）成立具备一定规格的专项治理小组（最好由一名副市长任组长），制定方案，落实资金。

（2）一定要做到标本兼治，不能仅是打捞打捞漂浮物了事，要真正做到在坚决、彻底封闭所有生产生活排污口的基础上，花大力气疏通清理现有河道。

（3）工程治理结束后，还要成立相应的长效管护机制，如可以在实行街道一把手负责的基础上，责流经小区的物业负责所属河段的日常管理，如堤岸保护（防开挖种菜等）、漂浮物打捞等。

3.关于清理九华南路安徽师大东侧段两条污水渠的建议

我市城南九华南路安徽师大南校区东侧段，于柏庄时代广场处、九华南路与峨山东路岔路口处，分别有座无名桥，桥下各有东西向水渠，并于此两处进入安徽师大南校区东北角和东南角，然后在校园内延伸为校内水系。近年来，这两条水渠已因堵塞渐成死水，似乎也没有相关部门和人员管理。目前，渠道堵塞越发严重，柏庄时代广场处渠水面堆积很多垃圾，而九华南路与峨山东路岔路口处水渠水草茂密。因上两处堵塞原因，渠水常年沤腐，水色墨绿浑浊，散发臭味，沿渠两岸居民及安徽师大校园深受其害。城南是我市重要的发展区域，高校园区和新建社区为我市增添了城市现代化的美景，但是这两条水渠的严重污染和散发的臭味，却大大地降低了城南发展的品位，影响了九华南路的沿线景观，也影响了周边的空气质量。柏庄丽城居民和安徽师大师生也急切盼望尽快整治这两条污水渠。

为此建议：

（1）有关部门组织人员尽快清理这两条水渠水面垃圾和堵塞物，疏通水道。

（2）有关部门考察水渠沿线，制定水渠护养维修的措施计划，尽可能地使水渠恢复成活水，保护城南水系。

（3）制定相关政策，构建渠段责任制，要求水渠沿岸单位、社区保护水渠，严禁污染水面。

（4）委派人员长效管理。

4.关于峨山路水域（临近芜湖职业技术学院南校区）治理的提案

芜湖职业技术学院南校区（位于弋江区文津西路）临近峨山路一侧现有两块水域，东南方向水域面积约8亩，西南方向水域面积约20亩。按照市政规划，以芜湖职业技术学院南大门为水平线，以北水域属芜湖职业技术学院管理，以南水域属市政管理。

因同片水域属不同单位管理，造成了管理上出现诸多问题：沿岸多有附近居民在水域内洗衣、洗菜、倾倒、养殖，影响整个水域环境及城市景观，同时还存在安全隐患。

鉴于此问题，提出如下建议：

市政部门加大对水域周边的绿化、整治力度，并在水域周边设置绿化隔离带，使人员无法靠近。

三、十二届三次会议（2015年）

1.进一步提高无为护城河规划和建设水平，提升城市品质

近年来，无为投资巨大建设古城河两岸，护城河两岸初步建成五分之三。绿化做得非常好，各种类植物品种繁多。但是，站在发展角度来看，建设品位不高，质量不佳，没有人文景点，绿化植物布局不

讲究，树种品质差距很大，树间距不合理，有堆积现象；正在建设的城河东两岸，仍然存在西南城河两岸建设存在的问题。如大树下栽植无名小树，大树下堆积不值得看的无形石头，路口、路边堆放石头不考究。无美感！石头堆放无空间感，无疏密、无奇感觉，缺少与树、与环境成呼应之美感。遗憾一：这么长的护城河景点，没有一处有家乡名人雕塑！名人雕塑能凸显无为人文分量，有化育后人之效果。如张恺帆、戴安澜、吴廷翰、米芾、田间等名人。遗憾二：西南两岸建设好了，护城河水面没有专职护理人员管理；护城河有新老城污水排水管道，污水直入护城河；护城河政府投资巨大，护城河两岸芦苇杂草成片，如西苑山庄、植物园、小桥、状元桥东边和东二环边等。遗憾三：绿化带，北二环、西护城河小桥小岛绿化园有大面积菜园。遗憾四：护城河水位浅，水质差。针对上述遗憾，建议几点意见如下：

（1）成立护城河环境护卫队，专职管理护城河。

（2）城建局聘请人大代表、政协委员、社会知名人士，义务监督城建建设，发现问题及时整改。

（3）在没有结束的城建建设规划中，添置人文景点雕塑。

（4）清理绿化带和景点菜园，还一个属于大众的休闲场所。

（5）收回护城河管理权，将北大桥拦水坝加固提高，提高护城河水位。

（6）尽快清除芦苇成片地方（否则会成芦苇荡），封堵污水口。

（7）住建局公布举报电话，让群众监督护城河管理和建设。

2. 关于城东上、下新塘水系治污的建议

我市城东神山公园以南有一条内河，从上、下新塘始经过某干休

所、安徽工程大学、绿地小区，由芜当江堤泵入青弋江。这一内河常年水质发黑、恶臭扑鼻、杂草丛生、蚊虫肆虐。严重地影响了周围几万人的生活。

这一条内河之所以被污染就是因为几万人的生活污水全都排入其中，导致水中氨氮常年严重超标，大大超过河流的自净能力而引起的。

建议如下：

（1）相关部门应引起足够的重视。这一内河距神山公园水系仅一路（神山路）之隔，距中央公园水系也不过数百米之遥。而后两者的水质与前者有天壤之别。其中原因不言而喻，与相关部门的重视程度有很大关系。

（2）截断污染源，将所有生活污水全部引入市政污水管道，经处理后排出。建神山路时市政污水管道已建好，城东也建有污水处理厂，但不知何原因生活污水仍往河中排？

（3）清淤疏浚，引入青弋江水，种植芦苇，彻底改善水环境。

（4）吸取教训，加强规划、建设的科学性。随着我国城市化进程的发展，我市的规模仍将扩大，在今后的城市建设中要避免先污染再治理的老路。

3.加强饮用水源地保护，启动城市备用水源地建设

我市由省级人民政府批准建立的县级以上集中式饮用水源共7个，全部为河流型，其中市区3个，全部位于长江。市辖四县各有一个集中式饮用水源，芜湖县位于青弋江，南陵县位于漳河，繁昌县位于长江，无为县位于长江。另外，我市有乡镇饮用水源共计50个。

根据《饮用水水源保护区污染防治管理规定》有关规定，在饮用

水一级保护区内，禁止新建、扩建与供水设施和保护水源无关的建设项目；据了解，芜湖市杨家门水厂（二水厂）取水口上游100米处取水口附近设有中石化芜湖分公司油库储运码头、中央防汛物资储备定点仓库码头，油料输送过程的突发事故将影响饮用水源安全。同时，存在货运船舶碰撞自来水取水口的风险。利民路水厂取水口上游饮用水源地内的市东汇储运有限责任公司多个装卸码头改变了利民路水厂取水口处长江段的水力条件，导致流速降低从而产生淤积，长期将造成取水口堵塞无法使用。健康路水厂上游约100米的陶沟排涝站，收水面积2.8平方公里，定期向长江排水。由于该收水区域为芜湖市老城区，雨污分流不彻底，部分污水通过排涝站排入饮用水源保护区，污染饮用水源。

我市部分乡镇人民政府没有足够重视饮用水安全问题。除县自来水厂外，其他供水单位水源基本都未经批准划定饮用水源保护区；部分饮用水源存在安全隐患，有的取水口水质差，水量不足，有的取水口有水产养殖，船舶停靠、沙站码头等；有的饮用水源保护区的边界没有设立明确的地理界标和明显的警示标志；同时面临缺乏稳定、充足、优质水源的局面。为此建议：

（1）加强饮用水源地保护：完善饮用水水源地保护基础工作，认真做好饮用水水源环境状况评估工作，全面建立常规监测预警体系，提高饮用水水源保护区规范化建设水平。其次要加强饮用水水源监督管理和污染防治，依法加强环境执法监管，加强对水源地沿线面源污染的监测和管理，严厉打击饮用水源保护区内威胁水源安全的违法行为。提高饮用水水源保护应急管理水平落实风险防范责任和应急预案。

（2）建设饮用水备用水源地：加快备用水源建设是保障城镇居民饮水安全、应对突发公共事件的需要。从几年前的中石油吉林石化分公司双苯厂硝基苯精馏塔发生爆炸导致的松花江水污染、太湖蓝藻暴发到广西河池宜州市境内龙江的镉浓度超标和江苏省镇江市水源苯酚污染事件，可以看出，日益严重的水污染和自然灾害的威胁增加了城市供水的脆弱性，城市单一的水源供给形式使城市供水安全性和保证率降低，遇到突发事故，城市居民生活和生产用水可能中断，若中断超过一定时间，就会严重影响城市居民生活质量和安全，引起社会不稳定。而且，随着我市规模和人口的增加，这种影响显得更加严重，我市必须高度重视城镇备用水源建设工作，尽早启动我市备用饮用水源地建设。

4.治理水体污染，建设优美芜湖

我市被誉为"半城山半城水"，纵横交错的碧水是芜湖最宝贵的自然资源。然而，近几年我市的水污染现象又有所回潮，许多小区周边的水渠和企业周围的细流污染严重，散发着气味。我们必须保持治理的成果，因为对于水体，稍有疏忽便能出问题。为此特建议：

（1）加强领导，建立治理组织机构。

城市水体污染防治工作是一项复杂的系统工程，具有跨行业、跨部门的特点。必须切实加强各级部门的领导。要建立以主要首长为组长，有环保、建设、水利、工业、农业、旅游、土地、公安、法院、教育、广电等有关部门负责人参加的领导小组，全面负责城市水污染的日常工作，要根据国家标准要求，制定本地区的实施计划，各司其职、精心组织、精心安排、逐步实施。在制定国民经济和社会发展中长期规划、产业政策、产业结构调整时，要充分考虑生态环境的承载力和建设要求，并进行必要的生态环境影响评估。

（2）加强宣传，提高全民生态意识。

必须加强水资源教育和环境安全意识教育，宜居城市首要先宜水。要树立水安全意识。长期以来，好多人认为芜湖是江城，到处有水，是取之不尽，用之不竭的，使用中挥霍浪费，不珍惜的现象比比皆是。实际上水资源总量是不变的。要推动城市居民养成节约用水和循环用水的习惯。在城市工业用水和生活用水的方方面面，提高水的利用率，加强水危机的宣传工作，使循环用水的意识深入人心，形成人人爱护水、时时处处节水的局面。

（3）源头抓起，减少水污染的发生。

近年来，虽然我市一直在抓紧环境保护，着力建设生态城市。然而，一些企业、个人为了局部利益而置水生态环境于不顾，生产过程中产生的工业废水、工业垃圾、工业废气、生活污水和生活垃圾都能通过不同渗透方式造成水资源的污染，长期以来，由于工业生产污水直接外排而引起的环境事件屡见不鲜，它给生产、生活带来极坏影响，致使得水生态建设往往出现反复，城市一些河道反复出现黑水、臭水，乡村河流污染严重，民众反应强烈。因而，进行水资源污染防治，实现水资源综合利用应列为水生态建设重中之重。应当从源头做起，对生产、生活污水进行有效防治。必须坚决执行水污染防治的监督管理制度，必须坚持谁污染谁治理的原则，严格执行环保一票否决制度，促进企业污水治理工作开展。

（4）加强管理，实现综合科学治理。

水污染不仅是环保问题，它更是一个经济问题、道德问题和生态问题。创造良好城市水环境是全市人民共同的责任，更是芜湖的软实力体现。要强化城镇污水处理措施，开展清洁生产，做好工业废水达标排放，促进产业结构调整，严格控制新污染源等措施防治工业污染；

通过建设运行污水处理厂，完善配套污水管网，实现城市雨污管网分开，建设城镇固体废物处置中心等措施治理和控制城镇生活污染。加强城市水体污染资料数据的收集和分析，及时跟踪城市水体环境变化趋势，并提出对策措施。学习和吸收国内外先进技术，全方位治理城市水体环境。通过各种有效途径培养一批防治水体污染的专业技术人才，实现城市水体污染的综合科学治理。

（5）加强监督，坚持联合协作执法。

对已经颁布的各项控制城市水污染方面的法律法规和文件要全面组织大规模的宣传和学习，不断提高全民的法治观念。强化执法检查的力度，实现定期检查和不定期检查相结合，推行执法情况复查复核制、奖惩制、部门执法责任制、定期汇报制，坚决杜绝有法不依、执法不严、效率不高的现象。加大执法监督力度，设立投诉中心和举报电话，疏通投诉渠道，鼓励广大群众检举揭发各种违反城市水体生态环境法律法规的行为。充分发挥广播、电视和报刊等新闻媒体的舆论和监督作用，及时报道和表彰城市水体污染防治的先进典型事例，公开揭露和批评污染城市水体、破坏生态的违法行为，对严重污染环境、破坏生态环境的单位和个人予以曝光，实现全社会监督。只有这样，水资源利用才能走上可持续发展的道路，才能真正从根本上治理城市水体污染，把我们的家园建设得更加美好。

5.关于城乡水系整治，禁用"渠化、硬化"工程的建议

芜湖市的四区四县水网密集、沟塘纵横，具有得天独厚的水环境和水资源。我是一名从事生态学教学与科研的教师，根据自己所学专业知识和在基层乡镇的多次调研中，发现存在如下一些问题：芜湖市

历史上洪涝与干旱灾害并存。传统农业为解决耕地与水生态空间的矛盾，水利工程的核心一直是筑堤排洪及拦坝蓄水，随处可见有河皆堤、有河皆坝。河道的"裁弯取直"和"三面光"，常常被作为水利工程的规范和标准。但国内外的经验教训都已证明，这样的防洪治水工程存在诸多弊病：①在以"排"为主导的理念下，把河道作为排洪渠，宝贵的水资源流失严重，地下水得不到补充。②水土分离，水与生物分离，河流的连续性破坏，造成大量湿地消失；珍稀物种绝迹；水系的旱涝自调节能力及污染自净能力丧失。③渠化工程往往是通过加高和加固河堤来实现防洪目的，不仅侵占河漫滩作为建设用地和农田，使洪水的破坏力大大加剧，而且上游的快速排洪加剧了下游的防洪压力。④大小河流及其生态廊道是芜湖大地上最具灵动的元素，也是一镇、一村的自然遗产和精神文化的载体，粗暴的河道渠化、硬化工程，毁掉的是最珍贵、最美丽的生态与文化资产，毁掉的是人民的"乡愁"和寄托。⑤河道渠化、硬化工程往往耗资巨大。虽然近年来对水利工程的重视，但有很大一部分都被不明智地浪费在这样的工程中。因此，我们的水利工程建设绝不能把最重要的生态和文化遗产毁于一旦。

目前芜湖市正处于史无前例的城镇化建设中，特别是皖江城市带承接产业转移建设核心区、合芜蚌自主创新城市建设、国家长江经济带发展和安徽省"双核城市"建设等政策优势，这给美丽芜湖市的建设，尤其是芜湖滨江山水"国家生态园林城市"建设，带来了巨大的机遇，同时也潜藏巨大的风险。包括：①水所需的生态空间并不大。如果我们能对洪水稍微宽容些，尽可能保持或扩大芜湖市的湿地和大小湖泊面积，人与洪水就会基本相安无事，绝不能把湿地资源用于建设用地。②城镇化带来的人口大规模的迁移机遇，既可极大化解水土矛盾，也可极大加剧人水矛盾。过去我们修坝筑堤是为了保护河漫滩上的一亩三分地，因为那是居住在周边农民的命根子。但是今天，现代农业和高新技术农业的发展成为主流，在传统农业对国民经济贡献很小的情况下，动辄上亿的投入来修这样的水泥防洪堤坝，就会得不偿失。目前，芜湖市城镇化建设所需国土面积占比很小。如果以防洪的名义，高筑堤坝，向河漫滩要地，来进行城镇化建设，就会使本来可以利用城镇化来化解的人水矛盾，变得更加激烈。③高额的水利和基础设施投资是一把双刃剑，既为协调土水矛盾创造了条件，但由于单一工程导向的河道渠化、硬化、水坝工程，也可能给芜湖市的水体生态带来问题。

创造良好城市水环境是全市人民共同的责任，更是芜湖的软实力体现。为此建议：

（1）要强化城镇污水处理措施，开展清洁生产，做好工业废水达标排放，促进产业结构调整，严格控制新污染源等措施防治工业污染。

（2）通过建设运行污水处理厂，完善配套污水管网，实现城市雨污管网分开，建设城镇固体废物处置中心等措施治理和控制城镇生活污染。

（3）加强城市水体污染资料数据的收集和分析，及时跟踪城市水体环境变化趋势，并提出对策措施。

（4）学习和吸收国内外先进技术，全方位治理城市水体环境。

（5）通过各种有效途径培养一批防治水体污染的专业技术人才，实现城市水体污染的综合科学治理。

6.关于镜湖区荆山和方村预防水污染的建议

随着经济发展和人民生活水平的提高，农村大量生活、生产废水未经处理直接排入水源地和生态保护区，加上公共设施跟不上发展的需要，由此带来的严峻的环境污染问题日益受到人们的关注。因此，改善农村地区的水环境就显得至关重要。我市镜湖区荆山和方村是芜湖城市化进程中由乡镇改为街道的新城区，被誉为镜湖区的"后花园"。虽为新城区，但还是以农村城镇为主。针对两地垃圾、污水处理、环境保护等薄弱环节，采取有效措施，及早谋划。为此建议：

（1）发展资源循环型农业、有机农业。农作物种植，引进采用高产、高抵抗力的作物，减少化肥和农药的施用量，鼓励施用天然肥料和实施秸秆还田技术。实行生态平衡施肥技术和生态防治技术，从源头上控制化肥和农药的施用；大力推广先进科学的节水灌溉技术，提高农业用水、用肥的利用率，实现水环境和农业的可持续发展。

（2）合理规划畜、禽、水产养殖业和乡镇企业布局。制定有利于水环境污染防治的经济技术政策及能源政策。鼓励发展对水环境无污染、少污染的产品和行业，提倡水资源的循环利用，推动生态养殖业和工业清洁生产的进程。对企业带来的污染物集中处理，也就是要因地制宜地建设城镇污水处理设施和污水处理厂。

（3）加快新农村建设。将分散居住点，逐步改建为城镇集中居住区。

（4）加快建设废水排放和污水处理系统。以政府投资为主筹集民间资金为辅，加快废水处理设施建设。尽量做到水的循环利用，提倡节约、高效用水。

（5）加强宣传教育，提高生态环境意识。全民树立强烈的环保意识，要充分利用各种媒体有效宣传、普及生态知识，强化生态环境意识，在提倡物质文明和精神文明的同时，提倡生态文明。

四、十二届四次会议（2016 年）

1. 关于尽快出台《芜湖市城镇排水与污水处理条例》的建议

芜湖市是安徽省第二大城市，安徽省三大旅游中心城市之一。城市河湖水网众多，水系发达。从 20 世纪 80 年代起，尤其是"十一五"和"十二五"期间，市政府对城市基础设施进行大规模的投资建设，排水设施和排水能力取得了突飞猛进的提高，但是这些进步与城镇化快速发展的需求相比还是很不够的，内涝防治、管网建设与维护、污水处理升级改造和污泥处理处置、城镇污水处理以及再生水利用等，还需要政策支持和大量物力、人力等社会资源的投入。

（1）目前我市排水现状。

①截至 2014 年，芜湖市已建成雨水干管 1000 多公里，污水干管 400 多公里，已建成新区实行了雨污分流，老旧小区正在实施雨污分流改造，城市水系整治数十公里，城市污水处理率达 90% 左右。城市排水许可制度和城市防涝排水规划的编制及执行对我市排水事业的健康发展起到了良好的保障作用，但仍在还存着一些实际问题：城镇排涝基础设施建设依然较滞后，跟不上国家制定的新规范、新标准，导致暴雨内涝时有发生。"重地上、轻地下"，"重应急处置、轻平时预防"的观念仍不同程度存在，导致建设不配套，建设标准偏低。

②城镇排放污水行为仍不规范，设施运行安全得不到保障，影响城镇公共安全。

③污水处理厂运营管理还不规范,污水污泥处理处置达标率不高。超标排放污水,擅自倾倒、堆放污泥或者不按照要求处理处置污泥的现象时有发生。

④城市中性水利用率非常低,每天有 50 万立方米的中性水未经利用直接排入河渠,造成极大浪费。

⑤城市水环境现状依然不容乐观,城市仍存在着黑臭水体,水体综合治理和环境状况有待于进一步提升。

⑥排水用户规范排水意识不强,政府监管部门职责不明,政府部门对排水与污水处理监管不完全到位。

(2)出台《芜湖市城镇排水与污水处理条例》的必要性和可能性。

早在 2008 年 2 月 28 日中华人民共和国主席令第 87 号颁布修订的《中华人民共和国水污染防治法》,并于 2008 年 6 月 1 日起施行。2013 年 9 月 18 日,国务院总理李克强签署了国务院第 24 号令颁布了《城镇排水与污水处理条例》,并于 2014 年元月 1 日施行。随着国家对生态环境越来越关注,2015 年 4 月 2 日又下发了《国务院关于印发水污染防治行动计划通知》(国发(2015)17 号),也就是"水十条",同年,9 月 11 日又印发了《城市黑臭水体工作指南》,进一步加大了城市水环境治理力度。

据了解,全国大部分城市都制定了城市排水管理条例,江苏省无锡市早在 1999 年就出台了《无锡市排水管理条例》,安徽省的合肥、蚌埠、淮北、六安、滁州和马鞍山等地都先后出台了各自城市的排水管理办法和条例。

目前,我市正处在工业化、城镇化的重要时期,经济总量位居全省第二位。城镇排水与污水处理是一个系统的公共服务事业,它的源头连着居民、机关、企业;中段又在城市地下铺设着的遍布各个角落的雨水和污水收集与输送管道；末端还有污水与再生水处理以及河、湖和工农业、园林、市政杂用等各类用水设施，关联与服务着城镇社会的各个方面。尽管我市排水管理与水处理比较有序，内涝情况不明显。但仍旧存在着排水不规范、管理不到位的问题。随着国民生活水平的不断提高，对生态环境的要求越来越高，城市水环境治理和生态环境建设越来越受到关注，因此有必要制定出台《芜湖市城镇排水与污水处理条例》，将城镇排水与污水处理纳入法治轨道，使我市城市排水管理进入法治化管理程序。只有在法规的支撑和政府的领导下，科学系统地规划和管理好城镇排水与污水处理设施的建设、运营和维护工作，才能充分发挥它的城镇基础保障作用，做到城市排水管理有法可依，违法必究，从而更加有效地保护城市水系统的健康环境。

党的十八届四中全会确定依法治国的主题，开启了中国法治建设的新时代。近年来，依法行政各项工作水平全面提高，法治政府建设正与芜湖经济建设一起步入不同以往的"新常态"。特别是2015年3月15日，十二届全国人大三次会议修改通过的《立法法》，明确赋予设区的市地方立法权。这是党中央审时度势作出的一项重大决策，也是党的十八届四中全会部署的一项重大改革任务。地方立法是建设中国特色社会主义法律体系的重要组成部分，地方性法规是规范社会秩序、协调社会关系、解决社会矛盾的重要手段。同年9月24日，省第十二届人民代表大会常务委员会第二十三次会议《关于确定滁州市等三个设区的市开始行使地方立法权的决定》，标志着芜湖市自即日起可以对城乡建设与管理、环境保护、历史文化保护等方面的事项制定地方性法规和地方政府规章。这也使得制定出台《芜湖市城镇排水与污水处理条例》不仅非常必要而且成为可能。

（3）出台《芜湖市城镇排水与污水处理条例》的重大意义。

从制度层面防治城镇内涝灾害，加强对我市城镇排水与污水处理的管理，保障城镇排水与污水处理设施安全运行，防治城镇水污染和内涝灾害，保障公民生命、财产安全和公共安全，是保护环境的必然要求。把国家和政府近几年相继出台的政策、规定、决定和意见上升为法律，将城镇排水与污水处理纳入法治轨道，从制度层面解决我市城市内涝和水环境污染的问题，对依法推进城镇排水事业健康发展意义重大而深远。

六点建议：

排水与污水处理是维系城镇"生命体"健康循环的重要环节，是提高新型城镇化质量的要件，与民生改善、环境保护和公共安全密切相关。我市城镇排水与污水处理工作要遵循"尊重自然、统筹规划、配套建设、保障安全、综合利用"的原则，建议如下：

①统筹我市城镇建设发展和城镇排水与污水处理事业。城镇排水与污水处理规划要依据城镇发展水平和目标，与各专项规划相衔接。新区建设实行雨污分流，旧区改建和道路建设要同时对雨污合流进行改造。

②加强对排水排放和污水处理情况的监管。建立排水信息系统，提升排水管理的标准化、信息化、精细化水平，利用先进的现代化、数字化管理手段，保障我市城镇排水的规范化。

③防治城镇水污染与促进资源综合利用并重。利用建筑物、停车场、广场等建设雨水收集利用设施，鼓励雨水再生利用。

④充分考虑中性水的再利用。规定城市绿化、道路冲洗、清洁建筑工程用水商业洗车等优先使用中性水，鼓励并逐步实施居民家庭冲便器使用中性水。

⑤考虑排水管理与保障设施安全运行兼顾。规范雨水和污水的排

放行为，加强设施的维护与保护，保障设施运行安全和城镇公共安全。

⑥建立内涝防治预警、会商、联动机制，严格防治责任。地方政府组织编制应急预案，统筹安排排涝物资，加强易涝点治理，共同做好内涝防治工作。

我们坚信，《芜湖市城镇排水及污水处理条例》的出台实施，必将对我市的水环境治理和节约用水起到极大的推动作用，必将使我们半城山半城水的家乡水更绿、山更美。

2.提高江北农村生活饮用水安全的提案

区划调整后，随着城乡一体化进程不断加快，汤沟镇社会经济等各方面快速发展。但全镇2.1万户、6.8万人口的生活饮用水安全问题却令人担忧。2015年，全镇群众通过市民心声，反映各类问题180件，其中反映生活饮用水问题28件，占总数的15.5%，反映、投诉件呈逐年上升趋势，且70%以上反映、投诉的是用水安全问题。目前，汤沟两个自来水厂，虽为长江、裕溪河的天然优质水源，但用户末端自来水杂质较多，存在着较大的用水安全隐患，群众意见较大。产生安全隐患问题的原因多种，既有客观的，也有主观的。从主观上看，一是水厂缺少标准化、规范化管理，服务水平不高；二是水厂为减少运行成本，不能24小时供水，且时有停水现象，用户对水质不满意，用户交纳水费的抵触情绪较大；三是水厂自身投入能力不足。从客观上看，一是现有两个水厂已有近20年时间，设备落后，管网老化；二是用户不断增多，原有管网过小、管道质量不高，不能满足供水需求；三是由于周边各类项目的建设，导致管道被经常性破坏，造成维修过程中产生管道污染，影响水质。

　　针对生活饮用水的安全隐患，上级主管部门和镇政府虽然不断加大了监管力度，但效果不明显，治标未治本。

　　鉴于上述情况，为消除汤沟镇农村生活饮用水安全隐患，建议：

　　①芜湖华衍水务等大型供水企业建立江北自来水厂。

　　②通过项目投入，对水厂现有的设备、管道进行改造。

3.关于加强我市水污染防治的建议

　　近年来，我市积极贯彻实施《水污染防治法》和国务院《水污染防治行动计划》。成立了水污染防治工作领导小组。加大环保投入，已建成11家污水处理厂，污水处理能力达到51.5万吨。严格落实水污染物减排目标任务，加大对黑臭水体整治和修复的力度。全面依法划定饮用水水源保护，结合美好乡村建设，农村水污染得到进一步整治，但水污染防治的形势依然严峻。

　　（1）我市水污染防治面临的问题。

　　①公众环保意识有待提高，节水型社会建设仍需进一步推进。国家水十条中明确：除要求控制污染物排放、推动经济结构转型外，在着力节约保护水资源方面提出更高的要求。当前，我市水污染防治工作的力度虽然不断加大，全民环境保护意识有了显著的提升，但我市仍面临农村水源污染加剧，城市黑臭水体扰民，局部区域、部分时段、个别指标仍存在水质超标等问题，尤其是工农业节水效率及全社会节水意识仍亟待加强。

　　②环境基础能力建设有待提升，水污染防治能力依然薄弱。我市的水环境监管仍处于传统的点对点状态，资金人员投入不足，监测计量体系不完善，监督管理能力弱、手段落后，监测、监管仍大部分处

于手工操作阶段，不能适应当今自动化、信息化趋势。同时，我市近年来环保基础设施建设虽然有了进步，但同当前水污染防治形势相比仍有不小的差距。部分工业集聚区未建污水收集和处理设施；部分已建的污水处理厂由于多种因素，不能充分发挥效益；污水管网建设尚未全部到位，部分老城区雨水管网存在雨污混排现象；污泥处理能力不足、生活垃圾填埋场渗滤液收集系统和危险废物集中处置场所尚存在一定的环境安全隐患

③水污染防治综合协调统筹不够，水环境执法刚性不足。水污染防治涉及多个部门，由于统筹协调不够到位，各部门各管一块，部门协作综合管理没有得到充分体现。水环境保护没有形成组合拳，对水污染违法行为打击力度不够，执法刚性不足。

（2）我市水污染防治的建议

①贯彻落实"水十条"，统筹推进水污染防治工作。进一步发挥市水污染防治工作领导小组作用、结合"十三五"规划的编制，尽快出台我市水污染防治行动计划，明确各有关部门职责，逐条列出任务措施并明确到责任人，强化责任落实，加协调性联动、层层分解责任，做到可量化、可考核、可追责，打破行政区划，形成防治合力。突出统筹规划，加强系统性治理，防止政策措施碎片化。发挥市场作用，加强律性调节，推进第三方治理，引导社会资本投入。

②加大投入，提升水污染防治能力。一是积极扩大投入，大力引入市场资本，采用多种投融资形式加快城镇生活污水处理和垃圾处理设施建设进度：二是加快污水处理厂管理体制改革，推行污水处理厂监管和经营分离的新型运营模式，进一步加强污水处理厂运营的日常监管：三是统污水处理设施、污泥处理设施建设，污水处理系统建设坚持"厂网并举、管网优先、雨污分流、清污分流"原则，合理确定

建设规模，采用先进适用的工艺技术，提高城市污水处理厂的负荷率和处理效果。

③加强环境监管，进一步控制点、面源污染。不断加强环境监管能力建设，加大环保投入，增强环保监管监测应急能力。一是加大工业园区、重点行业企业的环境整治力度。对典型环境污染问题，实行挂牌督办，依法从严处罚，对涉嫌构成犯罪的依法移送司法机关。二是发改、环保、国土、水务、交通、农业等相关部门各司其职，密切配合，切实加大水污染防治工作力度。三是结合新农村建设，大力开展农村环境综合整治，继续因地制宜地开展农村污水、垃圾治理，结合农村沼气建设与改水、改厕、改厨、改圈，逐步提高生活污水处理率。大力推广生态化养殖方式，妥善处理好水产养殖与水环境保护之间的关系。

④加强水源保护，保障饮用水水源地安全。一是对在饮用水水源地一级保护区内新建、改建、扩建与供水设施和保护水源无关的建设项目逐一责令拆除或者关闭。同时禁止在饮用水水源地二级保护区内新建、改建、扩建排放污染物的建设项目。二是增加资金投入，加快保护区标志和围网建设。三是全力抓好农村饮水安全建设任务，保质保量按时完成今年建设任务，让更多的群众早日吃上安全、卫生、洁净的自来水。

⑤加强宣传，强化水生态保护意识。面向各级领导干部、企业、农村、学校、社区，加大《水污染防治法》及相关法律法规的宣传力度，增强全社会水污染防治的危机感、紧迫感和责任感。充分利用各种媒体，加强对生态环境及水环境保护相关知识的宣传。及时对群众关心、反映强烈、严重影响群众生活的污染问题进行曝光，加强舆论监督。

4.关于加快长江经济带水运发展的建议

长江黄金水道是国内最重要的经济走廊，加快建设"低成本、低排放、标准化"的长江经济带水运交通体系至关重要。近期，通过调研发现，当前加快发展长江经济带水运发展还存在一些问题，亟待加以解决，主要包括：政务服务和监管机制条块分割，服务效率不高；缺少航运龙头企业，干散货船多，集装箱船、化学品船等专业化船舶较少，高端运力严重不足；航运专业人才短缺，船员培训和流动渠道不畅；长江船舶数量日益增长，航运污染问题不容忽视。

建议：优化政务服务，进一步加强软环境建设，整合长江航运行政管理资源，实行条块结合、省市共建，完善政务服务体系。按照各地现有的政务服务中心模式，将各地长江海事、地方海事、船舶航道、水务渔政、通讯导航等行政审批部门的服务窗口，集中到一个工作场所，实行首问负责、限时办结、并联审批、联合踏勘等高效办事制度。使船公司、船员能够"上一次岸，进一个门，办所有事"，实现一条龙办理。

建立航运政务服务中心网上综合服务办事平台，运用移动互联网技术，大力推行网上政务公开，实现网上申报、推广网上并联审批。运用电子监察、视屏监控系统等科技手段，实现全程监督。进一步提升行政审批效能，提升服务质量，方便群众办事。加大政策扶持，鼓励港航企业做大做强，逐步减少和降低涉企相关收费。适度减免货港费等杂费，对新建环保LNG船舶、新建标准化船舶实行免收登记费、中图费、检验费、办证费。进一步规范税收管理，给予航运企业对营业税和增值税两种税收方式的自由选择权，并进一步完善"营改增"制度。

大力加强金融扶持，鼓励社会资本和民间资本进入港航企业。采取 PPP 等模式，鼓励设立航运产业及长江轮船物流基会，对港航企业上市、设立行业基金加大补助力度。

加强船员培训，作为新兴产业加以重点打造发挥长江流域劳动力人口富集的优势，把船员、海员培训作为新兴产业加以打造，实现劳动力就业有序转移。大力引进知名的大型船员培训学院，鼓励社会力量投资航运技能培训，加强与海员培训和国外接轨。推广先进教学设备应用，加大对电子模拟仪、电子航道名管理人员培训，组织学术交流，召开交流研讨会和企业管理班，提升管理水平。严格执行船员考试发证和持证上岗制度，强化持证船员周期性再培训。对疏于监管的行政主管部门按照失职渎职行为从严惩处，维护航运安全秩序。

发展绿色航运、加大长江经济带污染物排放考核，按照"绿色能源、节能减排、清洁物流、低碳生活"的发展理念，以新的城市港口水域、内河水域和沿海海域的排放标准实施为契机，积极推动长江经济带区域大气污染联防联控机制和预警应急体系建设。出台针对营运船舶的污染气体排放的相关规定，加大对现有船舶尾气超标、船舶污水和垃圾的处置，有序推进船舶动力试点改造，大力发展液化天然气动力船舶或双燃料动力船舶，积极鼓励开展船舶"油改气"工作，推进皖江和内河液化天然气动力船舶应用示范工程。推动新能源和替代能源的应用，高度重视发展绿色航运、把减少污染物排放纳入长江经济带绿色可持续发展的考核内容，促进节能减排，推进绿色水运发展。

5.关于融入长江经济带建设，大力发展我市水运经济的建议

长江经济带发展目的是打造新的经济引擎，成为继中国东部沿海

经济带之外的第二条支撑带，这是一个重大的战略机遇，对芜湖来说，机遇与挑战并存，优势与劣势同在。我们一定要利用好这样的发展契机，充分发挥政策优势，做大做强水运经济。

（1）我市发展水运经济的条件。

①历史和现实的条件。芜湖是安徽省的次中心，皖南的区域中心，长江流域有重要影响的现代化城市，综合交通枢纽，是著名的也是重要的港口城市，交通优势明显，在历史上，芜湖就是因为长江而兴，因长江而发展，长江与芜湖形成一体，今天更是要因长江经济带的建设而快速发展。

②岸线资源。现有长江岸线194公里（不含洲岛），其中北岸长121公里，许多尚未开发。水运经济的四大要素良好，航道、船舶、港口，支撑体系较完备。我市是江南水乡，全市境内现有通航河流29条，航道总里程728.9公里，其中长江115公里为I级航道。长江芜湖段航道现已达到芜湖长江六桥以下9—10.5米，可满足2—3万吨级船舶通航：大桥以上达到6—8米，基本满足万吨级船舶全年通航。船舶的制造能力强，船舶交易量连续5年位居全国第一。芜湖港是长江第五大港口。

③综合交通。已具有较为完备的水、公、铁、空交通运输体系，形成具有"承东启西纵贯南北、通江达海"的交通优势。

④临港经济与港口腹地工业园区和产业集群发展较快，已形成较有竞争力的产业，为芜湖发展水运经济增加了强大动力。

（2）目前存在的问题。

①自然条件制约。目前芜湖大桥上游航段维护水深为6—8米，枯水期无法满足万吨级船舶通航要求：芜湖大桥下游通航条件虽然能够满足3万吨级船舶通航，但由于受南京长江大桥的限度，目前到达芜湖港的最大船舶为2万吨级。

②岸线资源利用的问题。港口岸线开发利用不合理、江北岸线利用率不高，历史遗留问题较多。公用码头占用岸线较少、岸线深水浅用、小码头较多、依法拆除及整合难度大，调整需要相当时间。

③快捷畅通的港口集疏运体系尚未形成。与水运相关的疏运道路不畅，沿港快速路、铁路建设不均衡，港口道路建设相对滞后，主要港区与现代立体交通连接不畅，仓储设施不配套，尤其是朱家桥国际集装箱码头缺少大型集卡停车场，已严重制约了我市口集装箱的中转运输。

④现代水运服务要素市场不完善，资源缺乏合。湖港和三山港等主要港口没有资源共享形成一体化，没有形成分工协作、错位发展、突出重点的格局，导致运输能力不稳且相互竞争。港口引航、船舶服务、金融保险、仲裁担保、信息咨询、航线配置、船货代理、金融贸易、信息化等航运要素还不完善，与发达地区相比的水运相比，竞争力不强。

⑤人才缺乏。现代水运需要高端的水运人才，目前我市在发展水运经济时，相关人才和各级船员缺乏，制约着水运的发展。

（3）大力发展我市水运经济的对策

①加强领导，统筹发展。市里成立专门的领导班子，统筹协调好规划、建设、环保、交通运输、港航、水务等部门的工作，理顺体制机制，处理好政府与市场、港口与企业、产业转移与生态保护等关系。出台相关政策，优化水运发展环境。

②坚持规划引领，谋求长远发展。发展水运经济，实现可持续发展，首先要做到规划先行。港口、造船、航道、服务等水运规划应作为城市规划的重要组成部分加以体现。高起点、大手笔谋划沿江产业带发展规划，建设大交通、大航运，让水运经济与防洪安全、生态保

护、城市建设、农业水利等规划相配套。目前是北岸的岸线规划要立即出台。

③加快建设综合立体交通。主要是高速公路、高铁、航空，让水运与其密切连接。目前国家规划中的两条高速铁路（上海经南京、合肥、武汉、重庆至成都的沿江高速铁路，上海经杭州、南昌、长沙、贵阳至昆明的沪昆高速铁路）都绕开了芜湖，对水运有重要影响。因此，我市要加快构建快速便捷的以港口为中心的综合交通网络，推进公、水、铁等交通集疏运体系建设，打造网络化、标准化、智能化的综合交通运输体。

④做好长江岸线资源的有效开发。一是要加大岸线管理力度，理顺合理的资源使用；二是加大投入，完善港口的基础设施建设，提高码头的装备技术水平；三是合理划分功能分区，对公用、企业专用、过江通道、取水口、生态旅游等区别清楚；四是促进岸线与产业的良性互动，布局一些大运输量、大吞吐量、大进大出产业；五是做好与沿线其他港口城市的分工协作。

⑤促进水运企业做大做强。培养龙头企业，形成示范效应，促进企业联合、重组，向规模化集团化方向发展，形成优势互补共赢发展的良性模式。拉伸产业链，形成强强联合，提高我市水运经济的综合竞争力。

⑥大力发展现代航运服务业。特别是上游产业，属于知识密集型，多数为具有高附加值的产业。要做好人才工作，引进培育水运人才。积极打造皖江（芜湖）航运服务集聚示范区。大力发展航运经纪、航运金融、航运保险、担保服务等高端航运服务业。

⑦加大水运建设资金投入，积极谋划一批重大水运建设和综合交通基础设施项目，并争取得到国家和安徽省支持，改善航道水深，提

高通航条件。联合上游城市,积极呼吁加快改造南京长江大桥,提高净空高度。

五、十二届五次会议（2017年）

1.关于加强城东水系保护与开发的建议案

2005年芜湖市《关于实施东向发展战略的意见》出台,市委、市政府提出"东扩南进"战略,启动城东新区开发建设,重点建设城东城市组团。城东新区近期规划面积约42平方公里,以十字形的城市轴线为骨架,由6.6平方公里的行政、商务核心区,北部休闲片区、东北部文化片区、东南部创新片区、南部生态片区组成。近几届市政协持续关注全市水环境,也非常关注这一区域的水环境保护与利用,近几年多次组织专题调研。2016年12月20日市政协召开主席会议,就加强城东水系保护与开发问题进行专题研究。调研组一致认为,为深入贯彻党的十八大精神,全面落实科学发展观,加强生态环境建设,必须重视城东水系的环境保护和开发利用。

（1）城东新区水系现状。

城东新区自然水系众多,主要水系呈两纵四横分布,两纵为弋江水系、扁担河水系;四横分别为大阳埠水系、大公沟水系、中央公园水系、火石埂水系。目前,城东新区完成了6.6平方公里商务文化中心区和扁担河以东单元控制性详规、42平方公里的总体规划;编制了《城东新区雨水及竖向规划》《扁担河两岸景观规划》等;神山公园周边的水系改造和绿化初步完成，形成了具有排涝涵水功能的环神山景观水系。城东主干水系已建成装机8台套6400千瓦永安桥泵站，扁担河疏浚8.5公里，形成了60米宽排水干渠以及罗杨沟、二横港沟、九号沟、北泥沟、黑鱼沟、大官沟、东塘、大阳埠八座支渠控制闸。目前，整个城东水系在市区范围内属于规划和保护较好的状态，进一步保护与开发的机会成本较低。

（2）存在的问题。

随着近年来城东新区建设步伐不断加快，水系被填埋侵占、污染现象时有发生，黑臭水体在增多，城区水系调蓄功能萎缩，防洪排涝压力增大。主要有：一是水系建设有待继续加强。城东新区2005年规划建设，防洪排涝标准明显偏低，近几年尤其2016年的连续暴雨给城东新区带来了不小的考验，暴露出排涝能力不足等问题。不少地方水位上涨得较快，局部地方产生内涝。最严重的时候，市政务文化中心广场被淹。芜屯路下穿芜大高速路段积水成灾，导致芜屯路这条快速通道中断一星期之久。污水管网的设计和施工未充分考虑城东扁担河以东区域的地质特性，多处出现污水管网塌陷，导致明渠水体污染。二是部分水系有待综合整治。大阳埠水系：连接大阳埠和保兴埠的局部水系（红星美凯龙北侧）排水不畅，鸠兹家苑东侧渠过芜宣高速南（鸠江北路东）阻断，至恒大华府北地块学校未贯通，恒大华府至伟星城南赤铸山路箱涵段未整治；大公沟水系：三潭音悦项目建设导致水系排水不畅；火石埂水系：部分渠道堵塞；弋江水系：城市之光项目建设导致支流排水不畅，原城东工业园区部分水渠及河塘水体沟通不畅；扁担河水系：扁担河整治未完全结束，北京东路下穿高速造成原罗杨沟主水道切断，整个道路以南区域排水困难；花木城水系及周边等均为自然沟渠，需要进行水系综合整治。三是管理机制有待建立健全。在城东新区开发建设的同时，由于监管不到位，存在建筑工程下水管雨污混接现象，导致明渠水体遭受污染，水体质量恶化。目前我市黑臭水体治理招投标方面尚无顺畅的渠道，黑臭水体治理任务艰巨。此外，城东水系建设不仅事关城东新区自身发展，也事关全市经济社会发展大局。保兴埠是市区的一条主要排涝明渠。香樟花园以上保兴埠河段水质依旧没有改善。一方面是市民的环保理念有待进一步加强，另一方面是保兴埠的水质改善主要有待于青弋江的水源补充，有从城东水系引入活水的需要。因此，进一步加强城东水系保护与开发已刻不容缓。

（3）建议。

①坚定生态理念，提高思想认识。

坚定生态优先发展理念，尊重自然、顺应自然、保护自然，牢固树立"绿水青山就是金山银山"的强烈意识，从打造我市经济和城市两个升级版的高度，创建全国水生态文明城市，认识加强城东水系保护与开发的重要性。疏通连贯城东水系，按青弋江—扁担河—大阳埠—保兴埠的水流顺序，向保兴埠输水，使它水量充沛，增强保兴埠水体的流动性和自净能力，从而改善其整个流域的水质和水环境，造福两岸人民，城东规划较早，执行较严格，城东水系保护与开发具备一定的基础条件。但如果现在不高度重视业已存在的问题，任其肆意发展下去，很快会造成不可逆转的结果。要坚持用系统论思想、科学性思维，维护水系生态功能，将河流、水塘等湿地纳入生态红线管控范畴，实行最严格的保护，做好做活城东水系这篇文章。

②深化制度保障，突出规划引领。

目前，城东新区整体规划建设由城东新区规划建设管理领导小组负责。要把城东水系保护与开发作为领导小组的工作重点之一。建立和完善有关工作制度，制定关于城东水系保护与开发的工作规则和成员单位工作责任分工方案。每年制定年度工作方案，明确当年工作重点、责任部门和时间节点。积极推进信息公开，形成工作合力。尽快编制完善城东水系安全生态建设规划、城东水系雨洪资源利用规划、城东新区防洪排涝等专项规划。要完善城东水系空间布局和水网结构，使之更加平衡，减少水系受道路交通用地、居住用地、工业用地等城市建设用地扩张的影响，实现发展与保护水系双赢；严格执行蓝线规划，工业用地和居住用地建设过程中遇到河塘应尽量将其保留，使之成为工业片区或居住社区内的景观水系，杜绝建设过程水系被填埋、截断的现象。新建：在建住宅设置阳台污水收集系统。严格监管、制止开发商在开发建设中的雨污混接等违法行为。

③推进基础设施建设，保障防洪防涝。

针对城东水系存在的薄弱环节，要加快水利基础设施建设。尽快建设"丰"字形水系及东大闸站等排涝工程，提高万春圩的排涝能力。把九条沟节制闸综合整治工作列为当前的重要工作，以充分发挥扬港站的排涝效益。加大花木城水系治理力度，力争2017年汛前疏浚、整治好花木城通往扁担河的水系，提高其过流能力，彻底解决芜屯路下穿芜宣高速路段淹水问题。力争2018年前修建永安桥泵站二站，根本上解决城东新区排涝标准达标问题。治理杨港泵站水系，重点是杨港岛祠山段，解决清闸沟水系起排水位过高，化解该水系农排和城排标准不一致的问题。改造万春泵站二站前的老桥，扩大过水断面，解决来水过流能力不足问题。

④加强日常管理，治理黑臭水体。

实行河长制，保护水资源、防治水污染、改善水环境修复水生态。坚持建管并重，建立监测、清淤、保洁等工作的长效机制，明确河流运行维护的责任主体。鸠江区政府和相关部门要积极探索和建立沟渠河道长效管护机制，落实专人负责，确保水质满足水功能区划的要求。因地制宜制定具有针对性的各沟渠河道长效管护办法，规范沟渠河道日常管护工作，细化管护措施，巩固沟渠河道综合治理效果。建立污染源日常监管巡查制度，定期公布水质状况。开展控源截污，实施雨污分流、截污纳管、控制径流污染。深化内源治理，定期疏浚大公沟水系等河床，防止淤泥中重金属、有机质分解物和其他腐烂物二次污染水体。对城东范围内水系生物群落、种群、物种类型进行定点、定时、定位观测，通过对监测到的数据、资料、信息进行科学研究、分析，更好地掌握城东水系的动态变化规律，加强水生生物资源养护，提高水生生物多样性。加快污水管网维修整治进度。力争尽早实现河面无漂浮物，河岸无垃圾，无违法排污口，2020年底前城东新区黑臭水体总体得到消除。

⑤生态治理水系，打造海绵城区。

实施生态修复，实施沿线湿地整治和岸线恢复、水体生态修复、活水造流等工程措施。按照水体的深度和岸边的土质情况合理进行植物配置，坚持乡土树种为主，因地制宜安排挺水植物、浮水植物和沉水植物，以及沿岸边缘带姿态优美的耐水湿植物，同时运用具备处理水体污染的植物，增强水体的自净功能。美化扁担河、大阳埠等城东水系沿岸区域，大力推进水系连通工程，促进水体流动和水量交换，积极采用生物技术护岸护坡，建设河岸亲水景观、河道生态蓄水工程，大力推广植物护坡、生态护岸的治理模式，尽可能减少"硬化、白化、渠化"。在城东新区广泛推进"精品公园+生态绿廊+郊野公园"三级生态梯度建设格局。优先利用植草沟渗水砖、雨水花园、下沉式绿地等"绿色"措施来组织排水。注重从平面排水向立体排水发展，空中屋顶花园、高层建筑和立交桥的立面、地面坑塘洼地、湿地草地、下凹式广场、适当的地下管廊系统等，都应建成"海绵体"，把城东新区建成海绵城市示范区。

⑥依托水系资源，发展休闲旅游。

城东新区是江南典型的圩田区域，水系纵横交错，青弋江、扁担河、大阳垾、弋江水系如同一串精美的项链环绕在城东新区。方特梦幻王国、方特水上乐园、东方神画、鸠兹古镇、海洋公园、罗兰小镇犹如一粒粒璀璨的珍珠镶嵌在城东新区。城东新区发展休闲旅游业基础良好，潜力巨大。依托现有水系脉络等独特风光，建立起以扁担河、大阳垾、中央公园水系、弋江水系等区域内部水体及其周边带状滨水绿地、城市湿地为联系纽带，以各类公园绿地为核心的点线面相结合的复合式、立体化的结构。在重点打造好大阳垾湿地公园、神山公园、中央公园等公众开放性公园基础上，研究梳理圩田文化历史，开发圩田文化旅游。加大招商引资力度，引导社会资本参与城东新区水系建设，结合城东新区休闲旅游业特点，引进如扁担河夜游、赛龙舟、环水系自行车比赛等文化内涵深，参与性、体验性强的项目，把城东新区打造成欢乐芜湖休闲旅游重要基地，

⑦开展宣传考核，营造良好氛围。

大力实施生态文明发展战略。加强舆论宣传，广泛发动群众参与保护和监督，提升公众对于水生态文明建设的认知和认可，倡导先进的水生态价值观和适应水生态文明要求的生产生活方式。通过"世界水日"等纪念活动日多层次、多形式、全方位宣传水生态文明，传播水文化，加强节水、爱水、护水、亲水等方面的水文化宣传教育。引导群众从小事做起从身边事做起，洗衣废水排入污水管网。市城东新区规划建设管理领导小组办公室应会同市住建委、水务、环保等部门

做好沟渠河道综合整治工作的协调、监督、考核，对整治不力、污染问题严重、群众反映强烈的沟渠河道，要及时通报并实施挂牌督办，并进行责任追究；对整治不力的地方和突出问题进行公开曝光。通过媒体公布各区域整治计划、责任单位及责任人，并定期公布整治工作进度。各机关企事业单位、家庭和公民都要牢固树立"给水出路，让水精彩"意识，共同营造全社会关心城东水系保护与开发的良好氛围。

2.打响芜湖特色的水文化品牌

水文化是以我国优秀传统文化的精华为基础，从物质和精神层面树立人水和谐的生态理念，塑造人们节水、惜水、爱水的良好社会风尚，最终实现"以人化水"和"以水化人"良性互动的一种新型人文理念。其本质在于人水关系的和谐。弘扬水文化传统，创造无愧于时代的先进水文化，是推动社会主义文化大发展大繁荣的需要，也是推进我国水利事业和经济社会可持续发展的需要。

芜湖历史悠久，凭借便利的水运交通，成为重要的经济、文化发散地。近代芜湖是重要的通商口岸，是当之无愧的"长江巨埠，皖之中坚"。芜湖河网密布，长江、青弋江、漳河、裕溪河等江河穿城而过；市域范围内有镜湖、龙窝湖、凤鸣湖、银湖、大阳埠等湖泊湿地，沟渠纵横交错，是当之无愧的水城。悠久的历史给芜湖留下了丰富而宝贵的水文化遗产。如大禹导中江、中江塔、十里长街、芜湖老海关以及唐宋以来文人墨客赞美芜湖山水的文学作品。近年来兴修了滨江公园、大阳埠湿地公园，改造扁担河中央公园水系，疏浚镜湖、保兴埠等，改造城市防洪墙等，打造了一批水清、岸绿、景美的水景公园。芜湖的地理位置决定了兼有长江水文化和江南水乡文化的特征。芜湖未来的定位是长江生态廊道中的Ⅱ型大城市。芜湖的过去、现在和未来充分表明，芜湖的发展定位、城市建设、文化旅游等都与水天然相连，水文化必将构成芜湖的特色和有效资源，所以做好水文化意义重大。

（1）水文化保护和建设存在的问题。

①对水文化认识不清。由于水文化概念提出时间较晚，目前各地水文化的认识存在误区，容易与水生态、水环境、水利工程等相混淆，没有从文化建设的高度加以定位和认识。

②对水文化重视程度不高。在城市规划建设、旅游开发、水利建设、宣传教育等方面，对水文化的重视程度不高。目前，水利部已经建立了专门的水文化网站，但省、市水行政主管部门对水文化关注相对较少。

③水文化保护意识淡薄。在城市规划、交通、水利等基础设施建设中，忽视水文化资源的保护，部分优秀水文化设施遭到破坏，如十里长街、大砻坊码头、接官亭码头、古桥梁等。一些民间创造的水文化作品缺少传承，即将成为绝响。

④挖掘深度不够。部分水文化资源被有效保留和传承，但是深度挖掘依然不够。如镜湖公园与张孝祥的渊源，从生平事迹、到诗词歌赋、再到文人的家国情怀都值得深度挖掘。中江塔的民间传说反映古人治水精神同样需要深挖掘。

⑤宣传开发不足。老芜湖人对长街、沿河路防洪墙、老码头等，尚有记忆，但越来越多的年轻人对芜湖的历史文化了解很有限。对水少了一份敬畏，少了一份情怀。芜湖市内客船码头、滨江公园观光游船等运营和宣传不足，游人只能望江兴叹。

⑥对水文化缺少统一规划和提升。芜湖近几年建设了不少带有水

面的公园，但大多各自为政，就水建水，把水面作为公园的附属物，没有赋予文化的内涵，更谈不上与历史文化相结合。缺乏把全市各水域、各公园、各种传说、各种水文化传承串联起来的理念和规划。

（2）对芜湖水文化保护和建设的建议。

①吸取经验教训，树立水文化统领意识。

芜湖地跨长江，长江航运和港口为其特色，应大力打造港口文化。长江水面很宽，两岸景观没法辉映观赏。青弋江横穿市区，水面窄，完全适合江南水乡的一河两街的格局，这是许多城市梦寐以求的格局。而现在主城区的两岸已经是各种住宅区林立，不仅浪费了穿城河巨大的城市商业功能，更失去了穿城河带动旅游观光等独特的水文化价值。因此，今后的城市建设中在考虑水利使用性的同时要树立水文化统领意识，更加注重人水和谐，要主动借鉴长三角其他中心城市好的经验做法，凸显芜湖江南水乡的文化特色，提升城市文化品质。

②增强水利综合能力建设。

水利综合能力建设是水文化保护和发展的基础。坚持防水、排水、调水、蓄水、节水、净水"六水同治"，保障防洪安全、供水安全、粮食安全和生态安全，坚持除害与兴利结合；注重水资源节约保护；注重水环境和水生态修复与保护；坚持大江大河大湖治理与中小型水利工程建设、畅通"最后一公里"契合，更加注重兴水惠民、兴水富民。以信息化促进水文化管理升级，芜湖市在江河湖库重要节点建有56个视频监测点，建成水位雨量自动测报站189个，建有水资源管理综合信息系统等。通过微信公众号或App的开发和维护，将河长制信息、水雨情预警信息、节水、水文化资源名录、水利宣传信息在平台发布，增加公众投诉、举报、建议等互动板块。

③开展水文化资源普查登记。

组织水利、文化相关方面的专家等对全市水文化资源进行普查，深度挖掘水文化资源，利用图文影像等进行记录，对水文化资源进行确权登记，编制水文化名册，为我市水文化的保护做好基础工作。在普查的基础上，对水文化资源保护与开发进行规划，分步实施。

④用水文化激发本土文化的灵气。

水文化是一种在人类社会中客观存在的文化，并且是一种博大精深的文化、一种将会影响到人类未来生存发展可持续性的文化。芜湖半城山半城水。水是芜湖的灵气之所在。水文化是芜湖诞生的根脉，也必将决定芜湖的未来。水文化具有明显的地域特征和时代特征，是人们喜闻乐见、普遍接受的文化现象。芜湖本土文化繁杂而流长，现在许多已濒临绝传，有必要利用水文化自身的特性激发本土文化的灵性，使其重新焕发生机。

⑤充实水文化元素，提升城市品位。

把水文化与城市规划建设、旅游开发、水利建设、教育等相结合。如在滨江公园增设水情教育内容，通过雕塑、文图等形式反映1954、1998、2016年等典型年份的水位、水患情况，增强市民的水患意识和敬畏意识。在芜湖古城或其他适宜河段保留客船码头，在滨江公园等游客较集中的地方开通水上观光路线。在河湖湿地等公园增设水上观光项目，让市民或外来游客体验亲水的慢生活。在现有涉水公园充实水文化元素，提升城市品位。如增加反映水文化精神层面的内容，如善利万物的奉献精神、上善若水的尚德精神、智者乐水的求知精神、以柔克刚的坚定精神、浮天载地的包容精神、碗水端平的公平精神、臣心如水的廉洁精神、高山流水的重情精神等。

水文化概念的提出只有十数年时间，但其在文化传承和提升城市品位中的巨大作用已为少数先行地区所证实。芜湖独特的地理优势，注定迟早要走到利用水文化提升城市品牌的一天。现在，全市人民在上下同心，弯道超车，完全有条件、有可能、更有必要先行先试，主动出击。做好水文化这篇大文章，一举打响芜湖特色的水文化品牌

3.保兴埠水系环境保护亟待加强

芜湖保兴埠自2006年7月开始整治，历经三年，整治后的保兴埠流域发生了显著的变化。水清澈了许多。沿岸绿树成荫、亲水平台、小桥流水、杨柳依依、风景如画，给市民生活带来了清新、自然的享受，成了市民早晚散步或锻炼或休憩的公园。然而时隔多年，保兴埠在有些时段、有些河段特别是在高温酷暑期间，水系里沉渣泛起，有些河段水质发黑，形成黑臭水体，影响了水系的整体环境，其原因一是当初截污不彻底；二是没有完全定期清淤疏浚；三是水系补水点少、量少、时间短，起不到改善水系环境的作用，为此建议有关部门：

（1）对可能截污不彻底地方要清查，然后坚决实施污水的堵截。

（2）根据河床情况，每年要定期开展清淤疏浚，特别是黑臭水体频发地段。

（3）补水点要增加。要加强景观补水的调节，在高温少雨时期要多向水系给予补水，以维持景观需要。补水也是改善水体环境的重要手段，流水才能不腐。

（4）对河面漂浮物的清捞要常态化。

（5）对流域内居民及单位要加强水系环境保护的宣传；对水系环境造成破坏或影响的单位和个人要依法坚决惩处。

（6）流域内水系管理要实行河长制。

保兴埠的整治来之不易，整治后的保兴埠管理更要加强，而且要

持之以恒、坚持不懈。

4.关于做强"陶辛水韵"荷花文化的建议

2016年8月水利部公布了第十六批国家水利风景区，芜湖陶辛水韵水利风景区是其中之一。同时"陶辛水韵"作为芜湖市新十景之一，也是安徽省省级生态农业观光实验区和国家AAA级旅游风景区。陶辛水韵国家水利风景区以其美丽的自然风景和人文风景展现在世人面前，尤其是每年夏季因其盛开的荷花更是吸引了全国各地游客纷至沓来。

作为水乡芜湖的风景代表陶辛水韵最具特色的是每年的赏荷旅游活动。因此以绿色发展理念做大做强荷花文化内涵，是建设水生态文明的重要途径。建议：

（1）设立陶辛水韵"荷花节"，在每年的7月中旬的第一个双休日设立"荷花节"，其间开展赏荷的诗歌、书画、摄影等文化创作活动，弘扬"清莲"文化，打造水生态文明的商旅经济。

（2）建设完善香湖岛的文化游览设施。赏荷正处在盛夏高温时节，天气炎热。但现有位于湖中心的游览通道都为露天，要增加有遮阳的亭廊供游人避暑，使游客增加游览时间，增加书画、摄影场所，供书画、摄影者创作。

（3）提升荷花文化内涵，创建廉政文化基地。以"青莲"寓意"清廉"，通过举办荷花展览和"廉政"人文景观的建设，宣传荷花出淤泥而不染的高洁品格，使人们在欣赏荷花自然美的同时，崇尚荷花文化所代表的"清廉"气节。

5.我市乡镇水利站建设亟待加强

芜湖市地处长江中下游，沿江支流、湖泊众多，素有江南水乡之称是一个水利大市，水利工作显得尤为重要。乡镇水利站作为水利部门最基层的管理单位，担负着极其重要的任务，具有开展农村水利工程建设、管护农村水利基础设施和承担农村水利工程调度运行的职能作用，是保障粮食安全、改善民生、促进农村社会发展的重要基础，是水利直接服务于"三农"的主体力量。

随着我市乡镇机构改革的稳步实施，基层水利管理工作面临着许多新情况、新问题。加强基层水利队伍建设，充分发挥基层水利工作人员在水利建设和管理中的作用，是当前必须认真研究和解决的一个问题。

据了解，我市从1987年开始相继在各地设立乡镇水利站，作为县水利局的派出机构，实行"条块结合、以条为主"的管理体制，有力地推进了农村水利工作的开展。但经过几次的农村改革，乡镇水利站大都撤消或合并，技术力量十分薄弱，服务能力亟待加强。从我市近年来事业单位招考情况来看，乡镇水利站一直鲜有新人进入，年龄结构偏于老化，部分乡镇水利站工作人员的年龄已达到50岁以上，呈现青黄不接的状况。而且，不少水利站技术人员还被地方政府借调或抽调到其他部门从事政务工作。以繁昌县为例，该县水务局仅有工作人员15人，其中50岁以上的为12人；直属二级机构共35人，其中，50岁以上9人；乡镇水利站在岗工作人员共21人，其中，水利专业技术人员仅4人。

水利要发展，人才是关键。为此建议：

（1）科学设置机构。建议政府有关部门尽快出台文件，建立和恢复乡镇水利服务机构，对恢复建设的乡镇水利站，财政部门拿出一定的资金进行补助，以强化建设力度。

（2）理顺管理体制。建议将乡镇水利站纳入全额或差额事业单位序列，按需设岗，以岗定人，实行"条块结合，以条为主"的管理体制。作为县级水利管理部门派出机构的乡镇水利站，其人事、业务、财务等由县级水利部门统一管理。这样既能解决多重管理、职责不清的问题，又能对人员统一调整、优化人员配置。

（3）优化队伍结构。建议结合事业单位改革，建立以聘任制为核心的人事管理制度。通过公开招考、择优录用，吸收一批水利技术人员和专业对口的院校毕业生进入乡镇水利站工作，并逐步淘汰学历层次低、专业不对口、工作难胜任的人员。

（4）加强人员培训。各级水利部门每年要列支专项经费，采取短训、委培、脱产学习等多种形式，帮助现有在岗水利员更新知识，提高专业技术水平，培养观念新、素质高、创业精神强的专业技术人员。

（5）落实工资待遇。各级党委、政府和有关部门要高度重视和关心基层水利员，切实解决好他们的晋职晋级、工作条件、生活和政治待遇、评先奖优等，充分调动基层水利人员的积极性。

6.关于推进城市景观水系黑臭水体治理的建议

近年来，国务院出台了《水污染防治计划》等一系列护水治水的政策。芜湖市在水环境治理中也迈上了一个新台阶，先后对市区景观水系进行了治理，如保兴垾、九莲塘、西洋湖等，这些景观水系周边陆地环境得到了极大改善，为市民生活、休闲、娱乐提供了良好的环境。但遗憾的是这些景观水系黑臭水体的治理仍不尽如人意，还严重滞后，市民意见较大。景观水系治理中存在的问题如下：

景观水系改造建设中，偏重陆地景观设计，忽视了水生态平衡治理，未能将黑臭水体治理当作工程建设一部分来做。

对黑臭水体治理工艺和技术未能做到因地制宜，而是盲目地将各种技术死板地施加到治理中，造成事倍功半。

缺乏打造景观水系生态平衡理念，没有把握好水生物植物和微生物平衡，水体自我净化功能难以实现。

不注重建管结合。尤其是未考虑到对景观水系的维护和管理，且管理部门缺少专门人员和专业技术，导致景观水系水质量普遍较差。

针对上述问题，通过考察调研，了解到正在实施中的弋江区黑臭水体治理示范项目推进顺利。该项目以"创建生物生存条件、培育生物多样性和构建水环境生态平衡"为宗旨，提出了全新的治理后生态修复标准，取得了良好开端。借鉴弋江区水系生态治水理念，提出如下建议。

（1）全面推进城市景观水系治理工程。针对西洋湖等城市景观水系多为静止或流动性差的缓流水体特征，整体规划设计城市景观水系改造提升实施方案，按照打造水下森林，长期保持水生态平衡的目标要求，以点带面，科学实施，分步推进认真探索城市景观水系治理技术路线。

（2）综合运用各种治理技术，按照重点污染源拦截清除，水动力提升与异位净化、水生态修复的治理思路，利用控源截污、内源治理、生态修复、水面曝气、太阳能泵站提升、信息智能化控制等措施，建立生态堤岸和健康水生生物群落，恢复水体的生态自我净化功能。

（3）不断完善城市景观水系建设和管理模式。结合海绵城市建设指导意见提出的"渗、滞、蓄、净、用、排"等措施，积极探索"连、活、露、亲、培"的治理经验。逐步将湖水与周边水系、沟塘、泵站连通，拆除改建影响景观建筑。增添亲水平台、步道、小型景观等设施。强化综合管理，建立专业、高效、科学的管理体制。

（4）努力打造城市景观水系治理新亮点。重视城市景观水系治理工作，从规划、设计、施工，到后期的维护管养的每一步，都必须考虑陆地和水体立体生态平衡的打造。注重专业队伍和专业人员的培育，发挥专业团队创新优势，不断总结经验。完善符合市情的水面绿化覆盖率、水体微生物、水下森林、水生动物生态监测指标，努力打造城市景观水系治理新亮点。

7. 关于我市黑臭水体生态整治与治管结合的建议

2015 年以来，国务院先后出台了《水污染防治行动计划》（简称"水十条"）和《关于推进海绵城市建设的指导意见》等一系列水体整治等纲领性文件和政策。在环保部和住建部的牵头督办下，全国如火如荼开展了城市黑臭水体治理工作，环保企业因势而上、各显神通，创新了很多水体治理工艺和技术，有力推动了水环境治理工作。地方政府和环保企业在黑臭水体治理中积累了很多好的经验，主要包括：一是项目合作方式灵活多样，既有传统的招投标模式，也有政府购买服务、政府和社会资本合作 PPP 等创新模式；二是治理工艺和技术路线变化多样，有底泥疏浚、控源截污、活水循环、曝气充氧、引水换水等物理方法和各种化学方法，也有投放和培育各种微生物菌种生物方法和生态驳岸、生态浮岛、水下森林营造、水生生物投放等生态修复方法。

但通过治理后的效果分析，也暴露出很多问题和教训：一是重建设轻管理现象较为普遍，很多地方仍把黑臭水体治理当作工程来做，忽视后期的运营管理，出现污染反弹；二是治理的工艺和技术未能做到因地制宜，盲目将各种技术机械地应用到治理中，造成事倍功半；三是不注重水体生态系统构建，忽视了水生动植物和微生物平衡，水体自我净化功能不能恢复；四是多部门管理带来的监管不到位，既暴露出各自为政问题，也存在监管队伍庞大、运行成本高、效率低下等问题。

安徽水韵环保科技有限公司是芜湖市一家民营环保企业，与安徽师范大学等高校合作，以"创建生物生存条件、培育生物多样性和构建水体生态系统"为宗旨，在城市黑臭水体和农村水体污染治理中，成本低，成效显著，该模式获得住建部、环保部和水利部以及很多水环境专家学者的高度好评。本人作为从事环境科学和生态学研究的高校教师非常推崇这种模式，认为必须把"生态治水"和"水环境综合治理"的理念应用于城市黑臭水体整治基础上，为此提出如下几点建议：

（1）建立城市水环境综合管理体系。总结保兴埠治理存在的问题与教训，黑臭水体整合必须将水污染、雨洪管理、景观设计、水利建设等有机结合在一起。不能孤立地就一条水系来治理，应编制一个区域水环境总体治理规划方案，提高治理工作的系统性，保护和重建城市水网结构，建立水与城市生态、生产生活的平衡共生体系。

（2）优化海绵城市治理工艺路线。在采用海绵城市建设指导意见提出的"渗、滞、蓄、净、用、排"等措施的同时，结合各区域的实际情况，有针对性地采取"连、活、露、亲、培"等方式，即：必须将"断头"水系与沟塘、泵站、湖泊连通；通过太阳能提升泵站增加水体流动性，形成活水循环系统；对影响水环境和景观的围墙予以拆除，显山露水；在治理好的水域添加亲水平台、步道、景观亭等设施，让老百姓近距离与水亲近；通过综合治理与长期维护，在美化环境的同时，修复和培育水体生物多样性。

（3）探索区域水环境综合治理新模式。综合运用各种治理技术，按照重点污染源拦截清除、水动力提升与异位净化、河流生态系统修复的综合治理思路，通过控源截污、内源治理、生态修复、水面曝气、太阳能泵站提升、信息智能化控制等工艺和技术治理污水，把治理区域内的水系、沟塘、湖泊与相应的泵站连通，建立大流域活水循环系统，建立生态堤岸和健康的水生生物群落，恢复水体自我净化功能，彻底消除水体黑臭。实现防汛排涝、水质改善、环境美化的综合治理目标，将"多头管水"归口到一个单位管理，避免了职能交叉、责任不清、各自为政和成本过大等问题。

（4）创建和培育水环境治理示范点。尽快建立和培育城市黑臭水体治理示范点，总结示范点的成功经验进行推广示范；优化传统工程招投标模式，在招投标条件上设置一定的门槛，投标人必须有成功的生态治理水体工作业绩，组织专家组对投标人的项目治理效果、治理维护模式进行实地考察评估；不能仅仅满足于住建部城市黑臭水体摘牌的四项指标，一定要增加构建水体生态系统的相关指标，如：水面绿化覆盖率、水生动物生态监测等指标；把工程治理和后期维护管理统一起来，治理单位一定要负责5—10年维护运营，治理费用要按维护的年限核算，分年度考核合格后，按年度支付费用。

8.加强住宅小区二次供水质量监管的建议

随着经济发展，土地资源的稀缺，我市高层小区及高层和多层的混合小区越来越多，在这些小区中都涉及二次供水问题，很多小区二次供水设备老化，供水环境差，供水设施长期不清洗，导致使用的水里面有明显的沉淀物，给居民的饮水安全、身心健康带来不良影响。

2016年本人居住的凤凰城小高层住宅，洗衣机上水管堵塞，上不了水，洗衣机维修人员上门拆下上水管管道口的滤网，上面全部被像青苔一样的东西堵住了，厚厚的一层。经了解这种情况在市区二次供水的小区多有发生。

对于二次供水的质量，饮用水的安全问题，这几年市民反映也比较多，为此市2015年3月出台了《芜湖市市区住宅二次供水管理办法》：根据《管理办法》规定，对新、改、扩建的住宅建设项目及老旧高层住宅实施二次供水建设和改造，新建住宅建设项目，住宅二次供水应按照国家、省有关规范和工程技术规程及《技术导则》建设，验收合格后移交供水单位管理。《管理办法》出台已一年多了，但饮用水安全问题没有得到彻底的解决，因此加强监督是有效解决问题的关键。为此提出以下3点建议：

（1）物业管理部门要落实小区二次供水管理员，加强对管理人员的培训；对二次供水设施、蓄水池内的水质情况每日巡检；发现问题及时向供水管理部门反映；质检站加强对各小区饮用水的定期抽检；检测结果不合格要责令。

（2）供水管理部门整改，多次抽检不合格的应有相应的处罚措施；

（3）发挥小区业主委员会的作用，监督定期检查检测，并向广大业主通报各期检查检测结果。真正使我市居民喝上放心的水！

9.关于要求妥善处置江北自来水小水厂的建议

基本情况：目前江北区域居民自来水由辖区内20余家小水厂进行日常供水，这些小水厂大多建设于20世纪90年代前后，相对而言，生产工艺简单，规模偏小，布点分散，其中取水口位于长江（16家）、裕溪河（3家）和牛屯河（3家），经处理后供给用户使用。为满足江北新区发展需求，保障供水水质和供水安全，2015年1月香港中华煤气有限公司中标芜湖江北新区供水特许经营项目，芜湖市政府与安徽省江北华衍水务有限公司签署了"芜湖江北新区供水特许经营协议"，供水特许经营范围涉及江北新区规划范围内的沈巷镇、二坝镇、汤沟镇、裕溪口街道全部用地，及白茆镇大部分用地（除黑沙洲、天然洲），区域总面积551.4平方公里。存在问题：

第一，经初步统计，江北自来水小水厂约22家，目前已有7家联合上访（汤沟2家、二坝5家）。该7家自来水水厂因担心华衍水务管网铺设完成后，居民和商户选择江北华衍水务供水而放弃各家小水厂供水，造成原本经营更加困难，由于涉及各家自来水水厂利益，诉求要求先收购后华衍水务再铺设管网施工，为此江北华衍水务与7家自来水厂多次发生正面冲突，矛盾风险很大。

第二，由于江北华衍水务自来水供水管网建设未完成，江北区域供水仍由原水厂继续供给，7家自来水厂扬言如果在收购方案未确定前，江北华衍水务继续施工的话，将停止供水，由于涉及江北区域广大居民用水问题，停水造成的后果十分严重。

第三，江北自来水水厂建设年代较早，原有供水管网布局随意，管径不合理，部分区域水压较低，管道陈旧老化，漏失率高，且管网易造成水质二次污染。

第四，根据2014年9月16日芜湖市人民政府与香港中华煤气有限公司签订的战略合作协议书中约定"由江北新区负责小水厂逐步关闭、退出及相关资产、人员处置"，然而在2015年12月18日芜湖市住建委与安徽省江北华衍水务签订的"安徽省江北产业集中区及周边镇区供水特许经营协议"中调整为"由鸠江区政府负责小水厂逐步退出及相关资产、人员的处置"。"江北供水特许经营协议"中虽对实施主体有约定，但是对原既有小水厂下一步如何处置未作出明确约定。

建议：

（1）为保障江北自来水管网建设和正常供水，市政府应高度重视，协调市直部门和江北华衍水务，避免矛盾激化，并尽快制定应急方案。

（2）由于江北既有自来水小水厂约22家，随着江北华衍水务的进入，这22家小水厂将逐步退出供水市场。市住建委、财政局应统筹考虑，由市级财政予以安排这22家小水厂退市所需资金。

10.关于加强我市农村区域养殖水质污染监管的建议

当前我市农村水域环境面源污染主要来源于村镇生活污水、农药化肥残留和畜禽水产养殖污染三和方面。而水产养殖作为当前农民增产增收的农业支柱产业之一，近年来养殖水面承包费、苗种费、饲料费及管理人员工资等生产成本的不断上涨，加大了水产养殖生产的风险。部分水产养殖户在从事水产养殖生产中，为化解养殖风险，促进稳产增收，不注重科学养殖，随意加大苗种放养及畜禽粪便、饲料等投入品的使用量，造成我市农村区域养殖水质的富营养化趋势偏重发生，同时产出的水产品质量也得不到有效保障。现将我市农村区域养殖水质污染现状、存在的不足及监管工作建议情况汇报如下：

（1）我市农村区域养殖水质污染监管现状。

当前我市农村水环境的行政管理实施是由统一的监督管理和部门分工监督管理相结合的机制，县级以上环境主管部门对其辖区内的水环境保护工作实施统一监督管理，具体到水产养殖业的水环境的行政管理，由各县环保、水利、农业（渔业）共同管理，显现出"多龙治水"的局面，造成了部门之间职权交叉多，分工不明确，往往出现"谁都该管而谁都不管"的局面，导致监督和执法力度效果不佳，从法律层面看，《渔业法》《环境保护法》《水污染防治法》法律中是关于水产养殖的一般性规定，单行地方性法规不完善，造成实行行政执法实际操作性差；从养殖水面权属上看，我市农村养殖水域所属权大都为镇村集体所有，当前养殖水域环境监管从实际现状分析，应该以各镇村实施综合治理为主导，但缺乏有效的监管手段，同时大多数养殖户没有水环境保护意识，对水产养殖生产水环境生态治理更没有概念。

（2）我市农村区域养殖水质污染监管存在的问题。

①当前我市农村养殖水质污染防治中政策执行主体存在的问题。水污染防治监管主体对监管工作的重视程度不够，采取消极的应对措施，多数镇村仍以发展农村经济作为当地政府工作主流，降低了对农村养殖水质综合防治等在短期内难以看到实效的工作的关注程度。

②当前我市农村养殖水质污染防治中政策执行资源存在的问题。农村养殖水质污染防治中的资源要素包括人力资源、财力资源、制度资源等，因我国在立法时坚持"宜粗不宜细"的指导思想，导致现有水污染防治的相关法律可操作性不强，相关部门之间职权不明，出现了法律之间不协调，同时行政主管部门在制定规范性文件时强调部门利益，造成职责设置重复或缺失。

③当前我市农村养殖水质污染防治中政策执行环境存在的问题。

我市尚未建立和完善有效的农村养殖水质污染防治问责机制，主要表现在：一是环境监管的法律约束机制不完善。地方政府环境监管者法律责任制度仍不完善。在实际中，环境监管部门难以承担相应的法律责任。二是地方政府环境监管问责制有待改进，环境监管内部约束机制不健全，虽然法律明确由地方政府对环境质量负责，但是地方政府环境保护责任制尚不健全。

（3）对我市农村区域养殖污染监管的建议。

①建立农村区域养殖水质污染防治部门分工协作机制。各县区应成立农村区域养殖水质污染综合治理领导小组，并将该项工作列入年度工作综合考核目标。各镇要切实加强领导，强化对辖区养殖水面污染源的调查核实，逐步细化落实分年度实施方案，逐水面落实整治措施，全面推进水面生态环境保护工作。同时须将镇政府以及基层群众自治组织纳入协作、联动机制，发挥其对水产养殖水质污染防治的基础性作用。

②注重强化绿色健康水产养殖技术的推广应用。在河沟、湖泊型养殖水面，着力推广以投放鲢、鳙鱼、细鳞斜领鲴等滤食性鱼为主的增殖模式，充分利用水体生物间食物链关系，有效发挥渔业在生态净水，恢复生态平衡的作用；在规模化水产养殖基地着力推行低碳绿色养殖：严禁施用畜禽粪肥，实行精准投喂，大幅度提高标准化生产经营水平，实现资源利用、产出效益和产品品质的共赢，实现渔业水体环境与水产养殖业的协同发展。

③明确职责，建立河长负责制。积极探索农村养殖水面管理运行机制，按照"以块为主，属地负责"的原则，各镇所属水面管理单位负责人为"河长"，是整治农村养殖水域污染源，推行低碳绿色养殖的第一责任人，统筹负责养殖水体环境保护工作，着力解决人工养殖水

域管理的"最后一公里"问题，不断加大对水域外来污染工作的监督巡查力度，及时制止、举报施肥投饵污染水域环境行为。

④建立长效机制，完善合同监管制。着力完善农村区域养殖水面承包机制，充分发挥承包合同对洁水养殖监管作用。按洁水养殖总体要求，各镇村须建立"统一规划、统一发包、统一管理"的养殖水面承包机制，通过整治规范、完善合同等措施，积极引导承包方发展生态养殖生产，合同未到期水面，通过签订补充协议，督促养殖承包方签订"不施肥净水养殖生产承诺书"，条款中明确承包方在养殖过程中如有违反合同约定，投施畜禽粪便等造成水面环境污染，发包方可单方面终止合同

⑤加大对农村区域养殖水质污染的渔业行政执法力度。实行最严格的水面环境监管制度。坚持对农村区域人工养殖水面环境违法行为实行"零容忍"，加大造成水面环境污染的行政处罚力度，强化初级水产品质量安全生产管理，加大水产养殖投入品的监管力度，大力开展水产养殖污染执法专项行动，依法从严从重打击污染农村区域养殖水质的违法行为。

⑥加大对保护农村水域环境的宣传工作力度，积极营造共建氛围。环境执法部门及各镇村要采取多种形式，利用各种渠道加强宣传让广大村民和养殖户充分认识养殖水域水质污染对广大群众身体健康的危害性；对因不良养殖行为危害水域生态环境的要给予公开曝光，对发展低碳绿色水产养殖业先进典型给予大力宣传，营造良好的舆论和社会氛围。

11.关于加强城东水系保护与开发的建议

（1）问题。

①原污水管网的设计和施工未充分考虑城东扁担河以东区域的地质特性（粉沙性软土层），多处出现污水管网塌陷，导致明渠水系污染。

②部分施工单位在小区周边水系中非法倾倒渣土，沿水域岸线居民随意倾倒垃圾，均造成渠道淤积严重，雨水排放不畅。

③部分部门在水系整治上存在"重工程建设、轻运营管护"现象，缺乏严格监管体制和长效管护机制。

（2）建议。

①制定五年城东新区整治污染水体方面的规划、目标及年度实施计划，明确整治污染水体项目、责任部门、整治目标、完成时限等。每半年向社会公布治理情况，确保2017年底前，实现河面无漂浮物，河岸无垃圾，无违法排污口。力争城东新区黑臭水体控制在20%以内，至2020年底前城东新区黑臭水体总体得到消除

②多措并举，系统推进整治工作。包括"控源截污"：实施雨污分流、截污纳管、控制径流污染；"内源治理"：定期疏浚河床，防止淤泥中重金属、有机质分解物和其他腐烂物二次污染水体；"生态修复"：实施沿线湿地整治和岸线恢复、水体生态修复、活水造流等工程措施。

③完善监管和维护的机制。坚持建管并重，建立监测、清淤、保洁等工作的长效机制，明确河流运行维护的责任主体。区政府和相关部门要积极探索和建立沟渠河道长效管护机制，落实专人负责，确保水质长期满足水功能区划的要求。因地制宜制定具有针对性的各沟渠河道长效管护办法，规范沟渠河道日常管护工作，细化管护措施，巩

固沟渠河道综合治理效果。

④吸引社会资本，创新治理模式。社会资本参与城市黑臭水体整治，不仅可以解决政府短期集中投入资金短缺的问题，还可以将水系环境治理的系统工程转换成一个按"效果"付费的易于管理的合同工程。（按效果付费，即根据政府对项目公司的运营维护绩效考核结果来酌情付费。）合同期限应考虑水系治理的长期性，合同效果的考核要注意科学性。这种方式可以有效减少重建设、轻运营的现象，尤其是解决了治理无法与长期维护效果挂钩的顽症，

⑤强化监督考核和舆论引导。市住建委应会同水务、环保等部门，做好沟渠河道综合整治工作的协调、监督、考核，对整治不力、污染问题严重、群众反映强烈的沟渠河道，要及时通报并实施挂牌督办，追究有关责任单位、责任人的责任；对整治不力的地方和突出问题进行公开曝光。通过媒体公布各地域整治计划、责任单位及责任人，并定期公布整治工作进度。

第八章 政协芜湖市第十三届委员会（2018—2021年）

一、十三届一次会议（2018年）

1.关于划定饮用水水源保护区范围和强化环境保护的建议

饮用水源安全涉及千家万户并影响到社会稳定。目前，我市有多座规模不等的自来水厂，长期以来仅有极少数饮用水水源地划分了明确的保护区范围，长期下去将不利于经济发展，以及公众对保护饮用水水源地重要性的认识和监督保护。建议如下：

（1）市、县人民政府应按照《安徽省饮用水水源环境保护条例》和国家《饮用水水源保护区划分技术规范》相关规定，依法、科学提出我市饮用水水源保护区范围划定方案，报省人民政府批准。乡镇及以下的饮用水水源保护区的划定，由所在地乡镇人民政府提出划定方案，报县级人民政府批准。经批准的饮用水水源保护区（含备用水源地）由提出方案的人民政府向社会公告。市、县、乡镇人民政府应当按照饮用水水源保护区标志技术要求，在饮用水水源保护区的边界设立明确的地理界标和明显的警示标志。饮用水水源一级保护区周边生活、生产活动频繁的区域，应当设置隔离防护设施。任何单位和个人不得损毁、擅自移动饮用水水源保护区地理界标、警示标志和隔离防护设施。

（2）严格落实环境保护责任。各级人民政府要高度重视保护区的环境保护工作，严格按照有关法律法规规定，进一步明确职责任务，采取有力措施，确保保护区各项责任和措施落实到位，切实做好饮用水水源地保护工作。乡镇人民政府应当督促和指导分散式饮用水水源所在地村民委员会制订水源保护公约，明确保护范围，落实保护措施。

（3）加强保护区综合整治工作。禁止在饮用水水源一级保护区内新建、改建、扩建与供水设施和保护水源无关的项目；禁止在饮用水水源一级保护区内从事网箱养殖、旅游、游泳、垂钓或者其他可能污染饮用水水体的活动；禁止在饮用水水源二级保护区内新建、改建、扩建排放污染物的建设项目；对于已有的各类禁止建设项目，环保、水务等部门和属地乡镇政府要组织拆除或关闭；发改、国土、规划等审批部门要根据保护区划定范围严格建设项目审批、备案；环保、水务部门要全面排查饮用水水源保护区内排污口，依法取缔关闭一、二级保护区内所有排污口。

（4）完善保护区饮用水水源保护基础工作。不具备保护条件的取水水源口由水源取水口管理单位对其进行迁建，迁建水源取水口的选址应预留水源保护区范围。废弃的水源取水口应按照相关程序封填报废，取消其水源保护区范围应报请市或县政府批准同意；对于以后陆续新建的水源取水口、水务管理部门要予以登记、水源取水口管理单位要参照已划定的水源取水口保护要求进行管理、建立保护区水源监测评估制度，环保部门每年至少开展一次保护区水质全指标分析，每年会同相关部门对饮用水水源地基础环境状况进行评估，保障供水安全。对于监测和评估过程中发现的问题，环保、水务、卫生等部门要及时分析原因，采取有效措施加以解决，切实消除环境安全隐患。

（5）各级人民政府和有关部门要根据各自职责，共同做好保护区饮用水源保护工作，要广泛宣传保护区饮用水源保护工作，引导公众知晓保护区划定范围和在保护区饮用水源保护工作中的责任、义务，建立舆论监督和公众监督机制，增强公众依法自觉保护饮用水源意识，营造公众参与和社会监督的良好氛围。对不履行工作职责或者履行工作职责不到位造成严重后果的部门，将根据有关规定对部门和有关责任人依法进行严肃处理。

2.关于做好城市黑臭水体治理的建议

城市黑臭水体是百姓反映强烈的水环境问题，不仅损害了城市人居环境，也严重影响城市形象。城市黑臭水体整治工作系统性强，涉及的管理部门多，工作量大，周期长。因此，将黑臭水体治理纳入发展规划，开展专项调研，征集解决方案，强化管理措施，构建完善的城市水系统和区域健康水循环体系，才能从根本上改善和修复城市水生态环境。为此提出如下建议：

（1）部门联动、政策保障，坚持政府主导，强化部门协作，明确职责分工，完善政策体系，拓宽融资渠道，健全养护管理机制。

（2）有的放矢，标本兼治。加快城区污水截污管网和雨污分流工程改造建设，实施并完善雨污分流工程，争取不留死角。通过管网改造使城市污水全部纳入污水处理厂集中处理。改造和完善市政污水管网，结合老旧小区综合整治改造小区污水管网，结合棚户区改造和打通"断头路"工程，完善道路配套市政管网，尽快实现建成区污水全收集、全处理。

（3）生态改善，长效保持。切实提高再生水利用水平，科学开辟补水水源，改善水动力条件，修复水生态系统，提升水体自然净化能力。实施城区水体综合整治工程，实现水面无大面积漂浮物，岸线无垃圾堆积，两岸无违法排污口，进一步提高区域水环境质量。

（4）强化监管，公众参与。强化全过程监管，可考虑在城市水体引入"河长制"，建立水体水质监测、预警应对机制；信息公开，鼓励公众参与，接受社会监督。城市黑臭水体是一个漫长的治理过程，地方政府要做好排查，摸清城市黑臭水体的现状，提出治理方案。向市民公布治理对象、治理进程、治理效果，要有评判、考核、责任追究机制，强力推进城镇黑臭水体治理的具体工作。将城镇黑臭水体治理的好和坏交给市民来评判。

3.关于加强我市水环境综合整治工作的建议

我市地处长江中下游，集山水园林于一体，境内水系丰盈。水给我市增添了灵气与活力，水环境是我市赖以生存发展的命脉。随着工业化、城市化的快速推进，我市水环境承载压力日趋加大，已成为制约经济社会可持续发展的重要因素。

（1）我市水环境基本情况。

我市水系密布，长江穿境而过，水资源丰衍，平均年径流总量达

8921亿立方米，年平均降水量1200毫米，平均水资源拥有量为22.44亿立方米。水质监测情况显示，我市境内长江干流水质整体较好，大部分时段内水质为Ⅱ-Ⅲ类，长江右岸市区部分江段个别时段水质略有污染。全市境内主要河流19条，其中，水质为Ⅱ类的占23.5%，Ⅲ类的占49.7%，Ⅳ类的占20.2%，Ⅴ类的占3.3%，劣Ⅴ类的占3.3%。

（2）我市水环境综合治理工作面临的困难和问题。

我市的水环境治理工作虽然取得了一定的成效，但水环境现状与城市科学发展和人民群众对生活品质的需求相比还存在一定差距。

①管水部门众多，水务一体化管理体制尚未形成。我市涉水事务管理存在条块分割现象，导致了多龙治水、各自为政、责任不清的局面。从职责上看，城市供水、排水设施运行、生活污水由住建部门管理；工业污水由环保部门管理；农田水利、水资源管理由水利部门管理。众多部门都在管水，管水量的不管水质，管水源的不管供水，管排水的不管污水。全市水务一体化管理体制尚未建立，涉水事务管理和法规建设有待加强。

②环保压力较大，水系修复任务艰巨。受人口规模和经济总量的影响，我市生活及工业用水、污水排放同步增加，境内河流局部河段污染明显。同时，农村面源水污染物排放量也逐年加大，部分塘坝水污染现象严重。当前，我市新一轮产业集聚，境内长江干支流重点水域水质保护更加艰巨，水环境保护面临较大压力，维护水系的正常功能，加强水生态保护与修复任务艰巨。

③监督管理缺位，污水乱排乱放现象时有发生。因涉水部门监管人员力量不足，我市污水排放监管存在不到位现象。少数企业污水虽经简单处理，但依然存在未达标排放情况，极少数企业甚至违规偷排。另外，全市现有在建建筑工地200多个，总建筑面积1200多万平方米，

涉及单体项目近2000个，这些工地的污水排放量很大，部分施工单位未办理排水许可，建设工地临时排水监管存在缺位。居民小区阳台洗衣机排水、企事业单位的雨污水混流，错接乱排现象较为普遍。

④缺乏综合整治，水体生态功能有所退化。在气候变化和人类活动的双重作用下，我市一些河流出现河道淤积，水位下降、集水面积和蓄水量减小，水体生态功能退化的现象。全市19条主要河流中，水质劣于Ⅲ类的占26.8%，少数河流处于高度富营养化状态。部分水利建设工程忽视河湖岸带的净化作用，缺乏以流域为单元的综合整治意识，使河流形态平整化、直线化，人为抬高了河流水位，改变了河道的自然形态，破坏了河流生态系统，河道退化为单调的泄洪道和排污沟，这不仅造成防洪排水的隐患，也使城市风貌受到破坏。

⑤水文化底蕴浓厚，保护发掘能力亟待加强。芜湖因水得名，水文化是芜湖的灵魂所在、灵气所在。长江、青弋江、漳河三江之水孕育了芜湖千年文明，形成了独具特色的芜湖水文化。然而，虽然我市水文化遗产众多、古遗迹分布广泛，但尚未完全得到充分挖掘和有效保护。水环境治理和水生态文明建设仍然停留在"就水治水"的阶段，没能将水环境与水文化作为一个系统整体来规划和整治。

⑥生态意识不足，群众参与治理积极性不高。水环境综合治理需要全民积极参与。当前，我市群众参与水环境综合治理的积极性还有待进一步提高，公众治水、全民护水的观念需要进一步引导和树立。

（3）加强我市水环境综合整治工作的几点建议。

①强化责任，有效提升水环境综合保障水平。一是严格绩效考核。认真贯彻落实河长制，将水环境综合治理列入考核内容，加大考核力度，落实目标责任制。二是完善编制配备。针对水环境综合治理过程中人员短缺问题，有关部门要加强人员配备，切实保障水环境执法工

作的有序开展。三是强化财力保障。充分的资金运作是保障水污染防治工作有序高效展开的必要条件。有关部门要创新机制，积极运作，多渠道筹措建设资金，充分发挥财政资金的引导作用，同时，发挥好市场机制筹资融资。四是理顺体制机制。制定出台《芜湖市水环境保护条例》，改变目前水环境治理在一定程度上存在的条块分割、政出多门的局面，形成分工明确、各负其责、部门联动、齐抓共管的管理体制。同时，有关部门要增强水污染的应急反应能力，建立健全水污染监测预警系统。

②关注民生，切实保障人民群众饮水安全。我市饮用水源集中分布在长江芜湖段，过度依赖长江水，隐藏着一定隐患，加快推进饮用水源保护和备用水源建设刻不容缓。一是加强城市饮用水水源保护工作的立法和规划。制定出台《芜湖市饮用水水源保护条例》，细化饮用水水源长效管理措施，加强对水源保护区的控制和管理。建立饮用水水源保护区联席会议制度和联合执法机制，对影响饮用水源的污染企业采取挂牌督办、关停和搬迁等举措。二是完善城市应急供水保障规划。根据城市人口数量及用水需求，优选备用水源，市区备用水源和引水管道应尽快完工。建立应急水源水质监测系统，严格保护备用水资源不受污染。三是加快推进老旧小区住宅二次供水改造工程．加大资金投入，统筹实施，分期推进，规范二次供水设施建设、运行、检查和维护工作。

③盘活水系，积极构筑水环境网络体系。一是统筹谋划全市水系网络。综合考虑我市河道功能定位、水位高度控制、污水截流、水流走向等因素，把城市水系纳入流域、区域水系和整个城市建设之中，保证城市河湖与流域、区域河湖沟通，增强引排能力。二是大力推进青弋江分洪道建设。通过河道及枢纽工程的联合调度，沟通水系，盘

活水体，缓解我市防洪压力。三是恢复增加水域面积。在管护好现存河流的基础上，恢复增加水面，规划建设湿地公园，做好暗河的恢复还原工作。对于失去活水源头的河流，要疏通水道，使其重新流动起来。

④惩治并举，有效治理城乡水体污染。一是积极防治工业点源和农业面源污染。加快产业结构调整，督促企业革新生产工艺，改造生产流程，实现转型升级。推广节肥、节药技术，减少农业生产中化肥、农药使用量。积极开展美丽乡村、清洁家园、"六走进"等行动，解决农村生活污水、生活垃圾和畜禽养殖污染等问题。二是有序推进排水达标区创建工作。全面排查已建排水设施，分流域分片区，集中整改乱接乱排问题，构建完善的排水体系。三是科学整治河道湖泊水体。依据河流自然形态和水文情况，修建丰富多变的河底线、河坡线，保持河道水体自然曲线。减少浆砌块石、钢筋等硬质材料，推广使用生态护砌材料修建河堤。切实保护水域面积、湿地面积，增加水生植被面积，提高水体自净能力。四是加大水环境执法监管，加强排水执法，加大监管力度，推进现场综合执法，对违法企业一律限期整治和关停，加大惩处力度，对偷排并造成严重环境污染的，一律移交司法机关依法从严从重处置。

⑤更新理念，建设人水和谐的生态环境。一是坚持依法治水理念"认真梳理、制定和完善我市水环境相关政策和法规，推进依法治水进程。二是加大节水工作力度。建立供水管网信息化管理平台，用现代化手段加强城市计划用水与定额管理。大力开展农业节水改造，推广节水器具，加快供水管网更新改造，控制供水管网漏损。大力开展节水型小区、单位、企业创建活动，使节水成为每个单位、每个家庭、每个市民的自觉行动。三是大力弘扬城市水文化。我市水文化史料、

遗址、遗迹众多，要进一步挖掘整理深厚的历史水文化，继承发扬现代水文化。挖掘滨江文化，发展城市水经济，打造既具有历史文化特色又体现现代文明特征的城市水生态景观。

⑥加强宣传，形成全民治水良好氛围。一是形成全民参与局面。充分利用每年"世界水日""世界环境日""生态日""节水日"等重要节日，加大水资源保护的专题宣传，增强全民生态意识，将保护水环境、爱护水资源变成每个社会成员的自觉行动。二是加大信息公开力度。定期向社会公布水环境数据，扩大公众对水环境保护的知情权、参与权和监督权。三是加快公益组织发展。培育和发展一批环保公益组织，建立水环境志愿者队伍，重点对城乡企业污水排放、生活垃圾收集清运、河道保洁等方面进行监督。

4.关于在我市城区黑臭水体改造中采取PPP模式的建议

根据"十三五"规划及中共中央、国务院"关于加快推进生态文明建设的意见"精神，国务院于2015年出台了《水污染防治行动计划》。为落实《水污染防治行动计划》提出的"消除城市建成区黑臭水体"和"强化公众参与和社会监督"的要求，住建部会同环境保护部等部委编制了《城市黑臭水体整治工作指南》。我省各地亦相继制定了《建成区黑臭水体清单》，对地域范围内黑臭水体治理的任务进行层层分解，计划五年完成。但在这种传统思维模式下，造价不会低，治理效果不一定理想。原因如下：

其一，城区往往水系相连，污染相通，一个水系横跨几个县区的现象比比皆是。按行政区划治理不可能彻底解决污染问题。如果再分解任务到镇、社区，治理层次更加复杂。按行政区划治理肯定会出现多个施工单位，技术水平和公司实力差距很大，治理效果肯定不一致。责任主体多而混乱，互相推诿的现象不可避免。

其二，各县区经济条件不一样，招标程序不一样，低价中标现象不可避免，治理效果可想而知。后期维护保养的水平参差不齐，又因施工单位实力不同，治后返臭的现象极有可能发生，届时再次投资在所难免。

其三，群众满意度难以确保。各县区内因行政区划的区别导致治理效果上的明显差异，群众肯定会不满意。

黑臭水体治理必须根据客观规律来办事，水体污染不是一时一地，治理更不是一蹴而就。就安徽城区而言，必须统筹规划、统一治理。具体地说就是针对我省各地城区黑臭水体制定统一的治理方案，统一步骤，统一治理、统一达标。为了实现上述目标，特提出以下建议：

（1）查清家底，摸清需要治理的黑臭水体基本情况。根据要求，确定治理需要达到的水质标准。

（2）由政府出面找一家有经济和技术实力俱佳的水务公司进行谈判，进行PPP项目洽谈，把地域内需要治理的黑臭水体清单及需要达到的水质标准拿出来，由这家公司进行设计，拿出治理方案，委托第三方进行方案论证。

（3）达成协议后，由这家公司按照水系进行治理。政府根据治理水面的多少和污染程度统一分解资金任务到各县区。

（4）治理完成后维保也交由该公司承担（可以在协议中约定维保期限），政府对治理后水质定期请第三方进行检测。确保地域统一的治理水准、统一的水质要求、统一的维保水平。

这样，既能节省时间也能节约资金，更重要的是责任主体只有一个，不会发生各区县及各施工单位互相推诿的现象。因为采用PPP方式，更不会发生施工单位跑路的现象。同时，因为是由一家公司设计、施工，治理的标准相对统一，不会发生因各区群众相互比较治理效果而出现部分群众不满意的现象。

5.关于加强对我市高层建筑二次供水设施管理的建议

高层建筑供水采取二次供水方式，目前我市高层建筑特别是年代较早楼房的二次供水卫生状况不容乐观。一是蓄水池大多是未进行防腐防锈处理的水泥箱或铁箱，建筑材料不符合卫生标准，灰尘、蚊虫、沉淀物进入，容易造成供水二次污染。二是蓄水池仅靠物管公司管理，清洗维护标准、周期不定，无专管部门监督，尤其是没有物业的老楼房，蓄水池基本无人管理。三是二次供水设施一直是城市供水、用水、物业管理三方利益关系的矛盾集合点，产权归属和日常维护责任的责任主体不明，监管不力，给正常供水秩序带来了较大影响。为此建议：

（1）提高群众的监督意识，畅通监督渠道。加强饮水安全宣传，公开楼房水池（箱）具体位置、卫生标准和监督电话等信息。

（2）住建部门严格审验楼房水箱的安装位置、水箱周边环境、材质、防腐防锈等，确保蓄水池设计安装符合规范。

（3）出台相关文件，实行专项专管，明确职责，让规范二次供水有章可循：一是蓄水池的日常维护应明确由物业管理公司负责，没有物管公司的小区可落实给物业管理委员会代管；二是卫生防疫部门应负责对二次供水进行定期水质抽查、监督管理，对物业人员进行专业培训等。

6.关于"水环境保护·黑臭水体整治及城东水系开发与保护'回头看'"的民主监督报告

近年来，在市委、市政府的统一部署下，通过对水环境的综合治理，我市城区黑臭水体整治和城东水系开发与保护取得了成效。列入生态环境部、住建部全国监管平台的71条黑臭水体，42条验收复核"初见成效"。但是，对照中央的要求和群众的关注期待，黑臭水体整治任务依然繁重，需要下决心解决一些突出问题。城东水系开发与保护需要加大力度，继续推动工作进展。

（1）黑臭水体整治存在主要问题及工作建议。

①主要问题。

一是水系损害多发。在项目建设、房地产开发等过程中，缺乏水环境保护的意识，而是对河渠沟塘填埋扩地，造成水体水面减少、消失，水系"毛细血管"堵塞；违规倾倒生活垃圾、建筑垃圾以及侵占水体等行为较为普遍，破坏了水环境生态健康，如镜湖区浴牛塘水系被填埋阻塞。

二是管网设施薄弱。老城区排水设施不完善，存在破损、断头、错接等现象，如九华路、黄山西路、北京西路、中山北路、镜湖路等道路污水管网未及时维护改造，部分管径及埋深不足。中心城区水系沿线雨污混接现象严重，尤其市政道路和周边住宅区中存在大量的雨污混接。新开发地块部分污水管网建设滞后，污水排放路径不合理，造成污水直排，如左岸、华庭阳光、白金湾等住宅小区污水排向保兴埠沿线。

三是污源管控缺失。污水处理系统的运行生产调度不够完善，未能弥补污水管网满管运行的缺陷，导致污水溢流。如保兴埠文化路支沟段，晴天水质较好，但只要下雨，截污管合流污水污泥大量溢流至水系。部分整治工程完成后，河道周边的违章建筑、污水私接乱排、岸边垃圾、水面漂浮物等污染情况出现回潮；一些生活污水、商业污水排放点未进入污水管道。对此，没有采取有力有效的管控措施。

四是共治协同困难。黑臭水体整治涉及住建、城管、规划、环保、水务、国土等多个部门和不同层级，权责界限不够明晰，整治项目涉及方方面面，整治工作往往各自为政，协调不畅通，联合共治难度大，形成了"九龙治水"合力不强的困局，导致区域化、碎片化，缺乏系统治理。

五是治理手段单一。城市黑臭水体治理目前主要采取污水截流、清淤、筑坝、护岸等工程措施，采用化学治理、生物治理等科学技术治理和防污措施较少。同时，由于雨水利用率低、生态用水少的原因，河道自身生态功能变差，进而导致河道水体自净能力减弱。

六是市场机制不足。一直以来，我市黑臭水体整治基本上都是政府包揽，以财政投入为主，市场化程度不高，未能形成良好的市场竞争机制，调动社会资本、技术参与不够。虽然近年来各级政府增加了水环境治理的投入，但资金缺口仍然较大，在项目策划和安排上受到一定限制。

②工作建议。

一是确立科学理念。牢固树立水资源、水安全、水环境、水生态、水文化"五位一体"治水理念，破除"重建设轻管理、重治理，轻保护、重应急轻长效"的误区，走出"黑了治、治了黑、反复治理、治理反复"的怪圈，实行系统治理。

二是完善计划方案。按照中央《全面加强生态环境保护坚决打赢污染防治攻坚战的意见》明确的目标和时间表，制定《2018—2020年芜湖市城区黑臭水体综合治理总体方案》，着力从根本上解决"九龙治水"、建管分离的问题。各区制定辖区内黑臭水体治理方案，实行"一流域一策"，建立黑臭水体整治项目库，制定详细的整治工程设计方案，做到整治项目化、项目工程化。

三是实施控源截污。以保兴埠、板城埠、大阳埠为重点，实施雨污管网分流改造、漏损污水管网改造、雨污混接管网改造三大工程，补齐缺失排水管网，完善流域污水收集和处理系统，消除点源污染。按照《芜湖市海绵城市建设规划》推进海绵城市建设，采用低影响开发技术，立足初期雨水治理，控制径流面源污染。深化内源治理，清淤疏浚，建立沿岸和水体垃圾、生物残体及漂浮物常态清理制度，降低内源污染负荷，减少污染物向水体的释放。

四是强化污水处理。加快城区污水处理设施配套管网建设，满足城区污水基本全收集、全处理的需要，饱和污水处理，解决污水处理厂"吃不饱"和处理质量不高的问题。2020年，城区污水处理率达到95％以上。2019年完成城区污水处理厂一级A提标改造。优化城市污水处理厂布局，继续推进城区污水处理厂建设，提升污水处理能力。

五是提升水系活力。加强城区"蓝线"规划管控，严禁填埋河渠沟塘，严控侵占河道水体。坚持"江—河—湖—渠"相互贯通的理念，科学制定水系贯通、活水循环方案，打通城区水系，改善水体动力，增强自净能力。完善镜湖、西洋湖、九莲塘补水工程，新建补水工程，增加补水线路，充分利用城市再生水、雨洪水、清洁地表水等作为补充水源，增强水环境容量，逐步做到智能控制、精准调度。

六是推进生态修复。编制《芜湖市市区水环境生态修复规划》，从恢复水体自净能力、水环境生态功能着手，把黑臭水体治理纳入规划约束机制，打造健康水生态环境。在充分考虑城市防洪排涝的基础上，选择科学合理的生态修复技术，修复岸带，改造硬化，合理种植岸边植物、挺水植物和沉水植物，恢复水体岸线自然化，提升河道生态功能。统筹排水防涝、城市绿化、城市建设需要，合理建设生态岸带、公园绿地、海绵湿地、慢行绿道等城市滨水空间。

七是加强综合管护。建立水环境监测网络，在各城区水体、岸带直排水口、合流制溢流口、小区雨水管网接口等设置监测点、利用互联网技术对水体水质状况进行实时动态监测。加强同步管理，确保雨污排水设施与片区开发项目建设同时设计、同时施工、同时投入使用，做到设施建设"不欠账"、加强排水设施维护，定期开展排查，对损坏的管网及时修补更换，对雨污水错接的管网进行改正，确保污水处理设施正常运行。

八是创新治理模式。以市建投公司为主体，设立黑臭水体整治专业平台公司，实行市场化运作，为黑臭水体整治提供人才、资金、技术、运营、维护等综合保障，统一融资、统一施工、统一管理。鼓励以流域为单位，将黑臭水体整治工程建设和长效养护整体打包，采取政府购买服务或财政性缺口补贴等模式，招标选择有实力的专业化公司具体实施，并根据整治和养护效果"按效付费"。

九是统筹资金保障。市级财政资金对黑臭水体整治进行"按效补助"，制定具体补助办法。积极争取中央、省对中部地区黑臭水体治理、长江大保护项目的资金支持，协调政策性银行、开发性银行等金融机构对黑臭水体整治提供综合金融服务。各区政府加大辖区黑臭水体整治资金投入力度，建立资金保障机制。

十是建立长效机制。整治工作是一个系统性工程，单靠几个部门很难完成，必须在市委、市政府直接领导下进行，全面统一指挥。制定出台水环境保护的地方性法规和行政性规章，推进城市水环境管理法治化、规范化。建立联席会议、信息月报、定期通报、公众监督、责任追究机制。借鉴中央环保督查的流程和方法,定期开展专项督查,对工作不力、推进缓慢的责任单位,视情启动问责程序。依法严查破坏水环境的违法犯罪行为。

(2)城东水系开发与保护"回头看"情况。

2016年12月27日,市政协十二届十九次常委会议暨"关于加强城东水系保护与开发"专题协商会通过了《关于加强城东水系保护与开发的建议案》。一年多来,市直相关单位根据市委、市政府的要求,对建议案中7条建议积极采纳,抓好落实,有序启动水系补水。2017年市政府安排了大阳埂补水泵站建设。2018年市住建委正在编制《芜湖市城市中水利用及补水规划》,实施部分防洪防涝工程建设。整治恒达花木城水系375米,强化黑臭水体治理,已完成弋江站等15条主沟的治理。《芜湖市海绵城市建设规划》已通过市规委会的审定。

虽然市直相关单位采纳了2016年建议案中的一些建议,但仍有部分建议有待落实。

①深化制度保障不全面。城东水系保护与开发的相关工作规则不够完善,有些尚未制定;相关成员单位工作责任分工方案不够明确具体;年度工作方案中的工作重点、责任部门和时间节点不够清晰;信息公开制度不够健全;工作合力成效不明显。

②推进基础设施建设力度不大。按照建设"丰"字形水系及东大闸站等排涝工程的要求,基础设施建设推进力度还不够大、工程进度还不够快。如万春圩的排涝能力还有待提高,杨港站的排涝效益发挥还不够明显,永安桥泵站二站工程进度还不够快,杨港泵站水系治理还未完成等。

③生态修复未成体系。沿线湿地整治、岸线恢复、水体生态修复、

活水地流等工程设施未全面系统实施。扁担河、大阳埠等城东水系沿岸区域美化有待提高，水系联通未能全面实现，城东新区"精品公园＋生态绿廊＋郊野公园"三级生态梯度建设格局未全面完成等。

为此建议：

①全面完善相关工作制度。进一步完善关于城东新区开发与保护的工作规则和成员单位工作责任分工方案，明确工作重点、责任部门和时间节点。积极推进信息公开制度，形成工作合力。

②加大基础设施建设力度。尽快完成"丰"字形水系及东大闸站等排洪工程的建设，加大推进力度，提高推进速度。尽快完成九条沟节制闸综合整治、永安桥泵站二站、杨港泵站水系治理、万春泵站二站前的老桥改造等重点工程建设。

③系统实施生态修复。进一步实施沿线湿地整治和岸线恢复、水体生态修复、活水造流等工程措施。加快推进城东新区"精品公园＋生态绿廊＋郊野公园"三级生态梯度建设格局，把城东新区建成海绵城市示范区。

二、十三届二次会议（2019年）

1.进一步加强长江黄金水道建设，打造我市开放新高地

我市拥有长江岸线总长193.9公里，目前我市境内现有通航河流29条，航道总里程达728.9公里，其中长江115公里为I级航道。长江黄金水道与芜申运河、合裕线航道在芜湖形成交叉，互联互通，构成芜湖

"十"字形主航道框架网，奠定了我市作为沟通中西部、连接长三角地区的航运枢纽地位，也是我省作为长江经济带上重要节点的有力支撑。但随着"一带一路"和长江经济带建设国家战略的深入实施，我市长江黄金水道建设还存在明显不足，成为制约我市开放发展的因素之一。

（1）存在的主要问题

①我市长江岸线资源无序开发。管理政出多门，口岸发展缺少统一整体的规划。港口码头布局不尽合理，没有形成分工协作、错位发展、突出重点的格局，造成长江干流岸线资源利用率不高。还有公用码头岸线较少、部分涉岸项目岸线深水浅用、陆域纵深不足以及历史遗留小码头较多等问题。

②临港经济发展不足。缺乏外向型大企业、大项目入驻，临港经济发展薄弱，集装箱生成整不足，特别是沿江产业园区规模和经济总量有限，口岸建设和进出口发展缺乏强有力的产业支撑。

③政策扶持力度不够，实施难度大。支持水运建设和航运企业发展的政策措施较少，如在用地指标、税费减免、资金补助、信贷融资等方面缺少操作性强的政策措施。港口、航道、锚地、疏港道路、公共信息平台及支持保障系统等水运基础设施建设资金缺口较大，融资较为困难。

④长江水道还未完全实现"铁水联运""公水联运""江海联运"。各港口没有与铁路、公路有效衔接。保税区、商品集散地区等到港口之间交通还不够通畅，运输成本较高，快速便捷多式联运的综合运输体系还没有形成。

⑤现代航运服务业发展相对滞后。我市航运服务业虽然起步较早、数量较多，但基本上以船舶交易、船舶维修、船员培训、船代货代等低端业务为主；航运经纪、船舶租赁、金融保险、仲裁担保、信息咨

询、高级船员培训及劳务等高端航运服务比较滞后。

（2）几点建议

为进一步加强长江黄金水道建设，打造我市开放新高地，特提出以下五点建议：

①加强长江黄金水道建设的顶层设计、科学谋划发展。一是成立由市委、市政府主要领导挂帅的领导小组，统筹规划、统一推进。二是把我市长江黄金水道建设深入融入"一带一路"、长江经济带国家战略之中，积极争取国家、省相关方面的支持。三是把长江黄金水道建设与皖江产业转移示范区、合芜蚌自主示范区、皖南国际文化旅游示范区结合起来，协调推进。四是加快制定我市长江岸线资源开发利用总体规划，优化长江岸线功能布局，合理开发利用，提高岸线综合利用效率。五是统筹整合港口资源，推动集团化、规模化、专业化发展，形成功能互补、联动发展的港口群。

②加大政策扶持力度。一是要积极主动争取和充分利用好国家、省的相关政策，加快我市长江黄金水道建设。二是要完善投资政策。既要扩大财政性资金的投资规模，又要广泛吸引多种资本等来我市投资发展。三是进一步出台相关的扶持水运建设发展的政策措施，在项目立项、融资、用地指标、资金补助、税费减免等方面加大支持力度，支持、鼓励水运企业加快重组和升级转型。

③加快重点工程建设和现代物流发展。一是加快港口公用物流项目建设，如朱家桥国际集装箱码头二期、中外运三山码头二期、江北集中区公用码头二期、奇瑞滚装码头二期等大型公己用码头建设等。二是完善港口服务功能和集疏运体系建设，打造芜湖港朱家桥外贸综合物流中心、裕溪口煤炭储配交易物流中心和三山临港产业物流中心三大港口物流中心。三是推动芜湖港朱家桥外贸港区融入综保区，加

快芜湖港向具备保税仓储、配送流通加工、市场交易、信息服务、电子商务等功能的现代化综合物流型港口转型。

④打造综合立体交通走廊，增强经济发展支撑力。一是积极协调推进南京12.5米深水航道工程上延至芜湖长江大桥的深水航道建设，全面建成芜申运河、合裕线航道工程以及漳河航道整治工程，改善支流通航条件。二是依托芜湖长江二桥、商合杭芜湖长江大桥、城南隧道等过江通道建设，加快全市综合交通运输体系建设，实现与重要港区的无缝衔接，有效解决"最后一公里"问题。强化基础设施互联互通，推动公、铁、水、空联运，发展干支直达和江海直达运输。三是加快配套集疏运设施和后方基地建设，提升货物中转效率，进一步推动港口、航运业提质增速发展，加快推进内河运输船舶标准化。建立多种运输方式综合服务信息平台，实现信息互联互通。

⑤突出芜湖港龙头作用，进一步扩大口岸开放能力。一是全力推进芜湖皖江航运中心和安徽外贸主枢纽港建设，将芜湖港打造成安徽水上门户、长江中下游江海多式联运综合枢纽和上海国际航运中心的重要喂给港。二是积极推动皖江芜湖航运服务集聚示范区项目建设，提升我市现代航运服务业的能力和水平。三是推进港航企业战略合作和重组。加强芜湖港与上海港、宁波港的深度合作。促进与长江中上游港口、省内沿江港口及合肥港等周边港口的合作共赢，实现港口集装箱运输跨越式发展，不断增强芜湖港的集聚和辐射能力。

2.关于农村水环境治理的建议

党的十九大报告提出"加快生态文明体制改革、对设美丽中国"，芜湖是一个宜居、宜业、宜创、宜游、宜学、宜养的"六宜"城市，为了让芜湖的水更净、山更青、天更蓝、空气更清新，我市加大了环境治理的力度，生态环境得到明显的改善，但是我市农村水环境现状仍非常堪忧，近年来，由于粗放的生产生活方式，基础设施与农村公共服务体系的欠缺，我市农村水环境出现不同程度的恶化，作为一个山川秀美之城，本应绿水青山，"望得见山、看得见水，留得住乡愁"，但是现在农村很难看到潺潺流水，大部分是浑浊的死水塘，富营养化严重，严重影响了我市文明城市的形象。

（1）农村水环境的问题及原因。

①传统生活方式的改变。30年前我们农村都是进行着物质的循环，比如冬天塘泥堆肥还田，秸秆烧饭后飞灰还田，畜禽粪便堆肥还田等，同时随着经济的发展，基础设施的大批建设导致江河阻塞，死水塘越来越多，再有为了追求短期农产品高产量而大量使用农药、肥料、农膜等，导致大量氮磷进入水体。

②现有治理手段简单粗暴。村镇环境污染有自己的特点。范围广，搜集难，处理量小，目前市场上仍然采用建设污水处理厂"一刀切、一锅端"方式，不假思索，漫无目的地处理，一方面拼命花钱买化肥、农药施肥，另一方面想尽一切办法去除污水中的氮磷营养元素，对氮磷"赶尽杀绝"，殊不知氮磷本身就是农业灌溉非常好的肥料，同时污水处理厂出水仍然为劣V类，达不到地表水水质标准。

③可持续性差，缺少产业支撑。村镇经济基础薄弱，环保资金投入紧张，传统的污水处理站模式因为村镇污水的特点难以收集，铺设管网费用大，缺乏长效运营的基础、同时没有跟村镇产业联系起来，只顾眼前，不顾后续，常常花大力气大价钱建成了污水处理站，反而因为缺少运营资金、缺少技术而搁置，为了摆设，让投入的建设资金白白打了水漂。

（2）农村水环境治理的建议

村镇水环境的治理困局就是不具备可持续性，未找到适合村镇水环境治理的模式，村镇水环境的治理不能一味地靠建设污水处理厂，而是要实现污染资源化、资源产业化，打造生态循环产业。循环产业化是农村水环境治理的基础，低投入、少维护、有产出是核心。发展农村的生态文明，必须以习近平总书记提出的"生态产业化、产业生态化"为指导，只有打造出高效的农村循环产业平台，污染的治理根基才有支撑，才能长久。具体建议如下：

①做好垃圾分类，生产农业有机肥。统筹推进农村生活垃圾、农业生产废弃物、工业固体废物等垃圾治理，建立健全符合农村实际、方式多样的农村垃圾收运处置体系，完善生活垃圾无害化处理设施建设规划，科学布局农村生活垃圾收运和处理设施。在各自然村设置垃圾分类搜集箱，按照有机垃圾及无机垃圾的模式分类，无机垃圾安排正常的垃圾清运车定期定点收集外运处置，有机垃圾则搜集后运往统一的地点进行厌氧及好氧农业堆肥，腐熟的有机肥料无毒无害，直接做肥料回用至果园、菜园及苗木基地。

②利用生活污水，转化成氮磷有机肥。遵循分散就近处理的原则，对分散的住户适当布置短程管网进行搜集，搜集的生活污水经过厌氧预处理去除有害物质（病原体、抗生素等），但保留较高浓度的氮磷，含高氮磷的预处理污水进入农业生产中去，还田给农作物灌溉，经过植物或庄稼吸收后的清洁水流至自然水体中作为河流的补水源。既消灭了污染，净化了水质，同时还有经济产出。

③针对资源化对象，设定污水排放标准。结合目前农村正在积极制定水体排放标准的需求，针对污水资源化的对象及目的，制定相应的废水排放标准。污水预处理主要考虑安全性，主要考核其中的粪大

肠杆菌、蛔虫卵及臭气浓度；经过农业生产后的排水由于要考虑氮磷的吸收效率，出水要考虑COD、氨氮、总磷；进入河道后的水体要考虑清洁度，考查指标有COD、氨氮、总磷、透明度，采取因目的定标准，不能一味像污水处理厂一样一刀切去氮磷。通过以上的循环，将"农民生活的污染转化到农业生产中去，结合农村生态，最终达到了绿色、低碳、循环的目的，真正地实现村镇生活污水能施肥、能灌溉，村镇河道能洗衣、能洗菜，让政府"省心、省力、省钱"，同时效果好。

④加大投入力度。统筹整合环保、城乡建设、农业农村等资金，加大投入力度，建立稳定的农业农村污染治理经费渠道。落实"以奖促治"政策，合理保障农村环境整治资金投入。采取以奖代补、先建后补、以工代赈等多种方式，充分发挥政府投资撬动作用，提高资金使用效率。

⑤引导村民自治。广泛开展农业农村污染治理宣传和教育，宣讲政策要求，开展技术帮扶，将农业农村环境保护纳入村规民约，建立农民参与生活垃圾分类、农业废弃物资源化利用的直接受益机制。增强农民保护自然环境意识，引导农民科学使用农药、肥料、农膜等，合理处置畜领取粪污等农业废弃物。推广绿色生产方式、绿色生活方式，形成家家参与、户户关心农村生态环境保护的良好氛围。

3.关于对我市高层建筑"二次供水"设施加强监管的建议

近年来，芜湖市高层建筑数量激，高层建筑供水采取二次供水方式，目前我市高层建筑特别是年代较早的楼房二次供水卫生状况不容乐观：一是蓄水池大多是未进行防腐防锈处理的水泥箱或铁箱，建筑材料不符合卫生标准，灰尘、蚊虫、沉淀物进入，造成供水被二次污染。二是蓄水池仅靠物管公司来管理，清洗维护标准周期不定，无专管部门监督尤其是没有物业的老楼房，蓄水池基本上无人管理。三是"二次供水设施"一直是城市供水、用水、物业管理三方利益关系的矛盾集结点、产权归属和日常维护责任主体不明、监管不力，给正常供水秩序带来了很大影响。为此建议如下：

（1）提高群众的监督意识，畅通监督渠道。加强对群众饮水安全的宣传，公开楼房水池（箱）具体位置、卫生标准和监督电话等信息。

（2）住建委严格审验楼房水箱的安装位置、水箱周边环境、材质、防腐防锈等，确保蓄水池设计安装符合规范。

（3）出台相关文件，实行专项专管，明确职责，让规范"二次供水"有章可循：一是蓄水池的日常维护应明确由物业管理公司负责，没有物管公司的小区可落实给物业管理委员会代管；二是卫生防疫部门应负责对二次供水进行水质抽查、监督管理、对物业人员进行人员培训等。

4.关于小江水环境治理的建议

小江发源于繁昌县繁阳镇，自南向北流经繁昌县横山社区中心（该段又称横山河），与三山区高安街道、保定街道、三山街道交汇处垂直分流，向西直达长江、向东汇入龙窝湖（该段又称三山河、小江），因长江大堤无直排口和地势原因，小江水流经龙窝湖最终从鲁港排入长江。随着上游企业入驻和人口激增，小江水质逐年下降，周边群众反映强烈，2017年列入三山区黑水体整治项目，目前已开工，预计2019年12月完成。

存在问题：一是小江水环境治理涉及繁昌和三山区，三山区黑臭水体整治不能从源头上解决小江污染问题。二是横山工业园污水经河沿山泵站排入小江（横山河），集中表现在汛期，当污水经排涝泄洪从上游而下时，污水、生活垃圾、漂浮物顺流而下，造成下游小江内大范围鱼死亡。三是小江沿线横山社区、三山街道居民、保定街道生活污染。

建议：

（1）市相关部门协调县、区联动加强对小江沿片排污口治理。

（2）请市相关部门对跨区域的河流设立水质监测点，通过监测断面水质情况建立生态补偿机制。

（3）对小江岸线开展岸坡整治工作，建设景观绿化带，为生态修复创造良好环境。

（4）在治理的基础上，为强化对龙窝湖国家级细鳞斜颌鲴水产种质资源保护区保护，在小江上江坝建立上江坝排灌站，引导小江（横山河）水最终从小江自东向西排入长江。

5.关于加快形成全面推进河长制湖长制社会氛围的建议

全面推行河长制湖长制，是党中央确定的重大改革任务，是破解"九龙治水"、维护河湖健康生命的有力抓手。自2017年全面推行河长制湖长制以来，在市委、市政府的坚强领导下，全市基本建立党政负责、水利牵头、部门联动、社会参与的河长制湖长制组织体系和工作体系，有力推进河长制湖长制从"有名"到"有实"的提升，并解决部分河湖存在的突出问题。

但在实际工作中，由于宣传的方式不当、广度不足、深度不够对这一事关全市市民切身利益的重大改革任务，很多市民知之甚少、不清楚河长制湖长制到底是怎么回事，以及跟自己到底有多大关系，从而没有自愿参与，以致没有形成全面推行河长制湖长制的社会氛围。为此，建议：

（1）进一步加大宣传力度。利用新闻媒体和网络等宣传工具，组织开展河长制湖长制进社区、进企业、进乡村、进学校、进幼儿园等活动，特别是讲好推行河长制湖长制前后河湖变化、发生在老百姓身边的故事，使全市市民都知道党中央、国务院为什么作出全面推行河长制湖长制的决定，河长制湖长制是干什么的，跟他们有什么关系，会给他们带来什么好处，从而由要市民参与到市民主动自愿参与。

（2）搭建完善市民参与平台。除在河湖显著位置设立河湖长公示牌外，在市民生产生活聚集区和公园等人群密集场所，公布河长制湖长制举报内容和举报电话，实行有奖举报，充分调动市民参与的积极性和主动性。积极推广使用"随手拍"市民通 App 软件，鼓励市民随时随地拍下身边河湖管理工作中存在的问题，随时发送给市河长办管理信息平台进行处置，引导和鼓励市民把维护身边美丽河湖作为每个人的自觉行动。

（3）完善市民参与相关制度。对重要江河湖泊，由各级河长办聘请热心人士担任河长制湖长制社会监督员，履行河湖管理保护的宣传员、信息员和监督员职责。充分发挥各级政协委员、村居老党员、老干部以及志愿者的作用、聘任民间河长，参与并监督河长制湖长制相关工作、切实让每条河湖有不同的市民以不同的身份参与到河湖治理和保护中去，真正形成全民参与的浓厚社会氛围，尽快改变河湖面貌，让老百姓看到实实在在的治理效果和保护成效，不断推进河长制湖长制落地生根开花结果。

6.关于加强我市长江生态环境修复保护的建议

近年来，我市全面落实习近平生态文明思想和推动长江经济带发展重要战略思想，严格落实《关于全面打造水清岸绿产业优美丽长江（安徽）经济带的实施意见》精神，按照"先干流后支流"顺序，加快推进长江干线芜湖段的岸线清理整治工作，保护长江岸线资源，保障长江航运和生态安全、各项工作取得明显成效。但目前还存在一些问题。如：长江芜湖段岸线资源利用综合效率仍然不高，港口发展潜力有待深入挖掘，涉及岸线非法行为打击力度需要提高；地方船舶污水污物排放管制和船用油气产品全过程监管机制有待优化，船用"油砍气"工作要加大力度；个别码头周边交通环境亟待改善，部分岸线周边水体污染整治刻不容缓。

结合当前长江芜湖段环保形势，我们提出以下建议。

（1）加速对长江芜湖段及其支流岸线资源管控和环境整治。长江岸线资源具有不可替代性和稀缺性，是有限的宝贵资源。随着长江经济带战略深入推进，岸线资源相对紧缺的矛盾日益凸显，整治长江干流岸线，既要保护岸线资源，也要保障长江航运和生态安全。依据《长江岸线保护和开发利用总体规划》《关于加强长江黄金水道环境污染防控治理的指导意见》等相关法规，建议：①严格分区管理和用途管制，做好岸线负面清单制定工作，严控新增开发利用项目，优化整合已有岸线利用设施；②对存在不符合环保要求、无环保和消防等基本设施、无船舶智能充电桩及岸电系统、缺乏安全环保监督部门及专职人员、规划审批手续不全、运量小而无序竞争等问题的码头，一律实行关停并转；③依法严惩乱占岸线及不符合环保要求码头，严格控制港口码头的无序建设；④依法严惩在长江及其支流六类非法行为，主要是严惩非法码头、非法采砂、非法采矿、非法排污、非法转移倾倒堆放固体废弃物、非法捕捞等环境违法行为。

（2）加大对我市地方船舶的污染防控治理。据相关船舶数据统计，每年通过芜湖长江公路大桥的船舶约140万航次，长江航运安徽段繁忙显而易见。由于目前我国对在用船舶尚未提出大气污染控制要求，长江及内河水域船舶基本使用柴油发动机，随着船舶运输业的快速发展，船舶港口废气排放日益严重，已成为我市重要的大气污染源之一。建议：①编制地方船舶港口排放清单，准确评估船舶港口污染现状，为精细化控制提供数据支撑；②加强利用遥测技术对船舶排放监管技术研究，加大监管的覆盖面积；③加快在用老旧船舶发动机改造及淘汰更新，并加强油品生产、进口、流通、使用等全过程监管。

（3）加快对朱家桥外贸码头周边交通和环境整治。港一路是朱家桥外贸码头进出的唯一通道，道路本身仅有四车道，常年停靠货车、客车、加油车等各类车辆，占用两边车道，保洁车辆无法清扫和冲洗路边，道路拥堵、灰尘弥漫；长江大桥公园临侧路边存在大量简易汽车修理厂、重型汽车服务站、配件加工厂、油品销售点、废旧摩托车回收场等，缺乏环保及相关消防设施，污水横流、道路坑洼，环保和安全隐患突出，严重影响芜湖形象。建议：市相关部门尽快落实对港一路周边交通和环境整治，持续提升我市环境整治的工作成效.

（4）加强对我市长江周边黑臭水体的环保整治。我市要继续深入开展水污染防治行动和城市黑臭水体专项治理。建议：①落实整改责任制，实行责任清单管理；②源头控制，综合治理，严管重罚，防止反复；③着力解决江北"化工围江"等突出问题，根除环境隐患。

7.关于加快建设省级奎湖湿地公园和奎湖旅游风景区的提案

奎湖位于南陵县北部，为芜湖市第一大湖泊、省级湿地公园，距芜湖市区仅16公里。奎湖素有"鱼米之乡"之称，集自然景观和人文景观于一体，拥有绚丽的奎湖风景、悠久的人文景观、闻名全国的体育之乡以及朴素的民居特色四大闪光点，在省内外享有较高的知名度，具有良好的旅游价值和开发前景。但是，现在的奎湖面临很多问题。一是缺乏配套设施，堤岸年久失修，建设滞后；二是存在人为干扰，如在湖上种植菱角菜等，导致湖面惨不忍睹，一定程度上影响了鸟类的栖息和越冬，对生态环境也有不良影响；三是补水渠道不畅，整个湿地公园水安全有隐患。205国道、环湖外围乡道将原来与奎湖相通的水道人为阻隔或切断，水流受阻，导致湖水过浅，湿地面积逐渐缩小；四是水质受到影响，受农业生产、畜禽养殖和生活污染等人为影响，污染较严重。五是开发程度不够，尚处于原始状态，与芜湖"后花园"地位名不副实。

奎湖水域面积大，是我市非常珍贵的水体资源，且具有丰富的自然景观和人文景观，对芜湖城市环境提升、生态环境调节、绿色生态养殖、改善人居环境、蓄水防洪排涝和休闲旅游观光等诸多方面都起着重要作用。保护好奎湖自然生态环境，对把芜湖建成滨江山水园林城市，实现奎湖区域可持续发展有着重要意义。为深入贯彻党的十九大精神，全面加强生态环境建设，必须重视奎湖生态环境保护和科学开发利用。为了加快和高标准建设省级奎湖湿地公园和奎潭湖旅游风景区，建议：

（1）成立管理机构。成立奎湖湿地公园开发建设委员会，明确副县级建制，直属芜湖市自然资源局，全面负责奎湖湿地公园的保护和奎湖旅游风景区的规划建设。

（2）明确目标任务。要坚持"保护优先、科学修复、合理利用、持续发展"的原则。要统筹兼顾，正确处理好保护与建设的关系，不能因要发展奎湖旅游而盲目扩大人工建设，不能因制造人工景点而破坏自然植被和自然环境。在建设湿地公园的过程中，要将湿地公园的修复工作摆在首位，做到边建设边修复，在建设中修复，在修复中建成。要通过对奎湖湿地的保护及恢复，增加水生植被面积，实现湿地生态系统的良性循环，并形成区域内安全、稳定、健康的基础水环境，使野生动植物得到有效保护，生物多样性明显增加。要通过以生态观光旅游为核心竞争力的旅游产品设计，发挥奎湖湿地在生态旅游、科普教育等方面的效益，将奎湖建设成维系水资源安全示范、生物多样性丰富、整体形象突出、湿地景观独特、科普教育与湿地生态旅游兼备的省级湿地公园。

（3）加大保护力度。一是在湿地公园周边，引导农民积极创新生产经营模式，逐渐摆脱传统的农业生产模式，减少化肥、农药的使用量，减轻对土地的污染和水质的影响。二是加强周边基础设施建设和居民区脏、乱、差的管理，严禁生活污水向奎湖内排放。三是加快退耕还湿、退渔还湖、退耕还湿工程建设。如，湿地公园内人工湿地（水稻田）有165.8hm²，其中有20hm²人工湿地原来为湖泊湿地，近年来，由于围湖造田等原因，逐步变成了人工湿地，这部分湿地需要在土地流转完成后恢复为湖泊湿地。

（4）完善配套设施。加快奎湖湿地公园道路、停车场及其他配套设施建设，以满足旅游车辆停放和吃住行等生活要求。另外，在芜南路中巴车运营的基础上，开设芜湖市区到奎湖湿地公园的公交专线，在一定程度上调动市区居民参与和游览的积极性，打响奎湖旅游牌。

（5）重视生态修复。在湿地周边、岸边地块大量种植乡土树种，如水紫树、水杉树等；湿地水面进行水产品养殖；通过此类措施，提升奎湖湿地公园生态环境质量，让奎湖成为鸟类的乐园、动物的天堂，更好地发挥其生态和经济效益。

（6）开展水利兴修。要疏通三埠管与奎湖之间的水道，建设好水利设施，确保上潮河与奎湖水系的畅通；疏通恢复奎湖东边与上、中、下黄塘的水道，疏通恢复南边与圣旨塘的水道，疏通恢复西边与上、下洋河的水道，增大湖泊湿地的面积，降低奎湖湿地公园水安全的风险。雨量充沛时，要通过漳河、青弋江来控制上潮河的来水量，减少对奎湖的补水；干旱季节，则要漳河、青弋江通过上潮河增加补水，以达到正常水位。稳定的正常水位可以起到促进奎湖湿地生态系统的修复、加快奎湖湿地生态系统的形成，维护奎湖湿地生态系统平衡。此外，目前的奎湖由于湖中的烂泥沉淀，已经很浅了，而且水面积渐渐缩小，必须下大力气清淤，同时清除湖面水生植物，才能保持奎湖水清水蓝。

（7）彰显文化底蕴。要注重景点的保护建设与景观再造，凸显湿地公园的文化底蕴。一是要加大遗址保护，加大对商周时期的上石门遗址、西周春秋时期的建福遗址、三国时期黄盖墓、唐代李白仙酒坊等的保护，凸显奎湖湿地公园文化内涵之所在。二是要保护现有景点，如荷花墩、柄鸳墩、赭头刘、龟门关、圣旨塘等重要景点，是不可再生的精神文化资源，要在保护中进行景点建设。三是要重塑历史景观。

8.关于加强滨江公园综合治理的建议

我市健康路水厂坐落在滨江公园旁边，作为一级饮用水源保护地的滨江公园在水源保护和观光旅游相统一方面存在严重不足，主要体现在：

其一，滨江公园的管理未能把观光旅游休闲健身的功能与健康路水厂的水源保护要求统一起来，在处理水源保护时，工作粗糙，破坏了滨江公园原有观光设施，有损我市滨江公园的整体形象。同时也未能真正做到水源保护，水源保护区内，渔船改建的江渔饭店不但为招揽顾客，扯开了水源保护网，厨余垃圾的管控也是水源保护面临的一大挑战；在夏季，一些人仍然扯开水源保护围栏或翻过围栏，在水源保护区内游泳，宠物也在禁止区内戏水。

其二，滨江公园在水源保护方面缺乏整体设计和总体规划。滨江水利风景区标牌旁新建设的公共卫生间刚启用就因水源保护问题需要改造。水源保护护栏应属于临时搭建仓促上马，与滨江公园原有设施不配套，应付痕迹浓，什么地方该有什么样的设施，缺乏规划和设计，水源保护护栏质量差，损坏严重。

其三，对水源保护的宣传内容单一，宣传方式和手段简单粗糙，广大市民对水源的保护意识不强，对水源保护的认识不足。

建议：

（1）芜湖作为沿江城市，要保证广大市民健康用水，水源保护压力大，健康路水厂的供水安全直接关系到城市核心区域百姓的生活。因此要大范围、全方位、多手段加大对饮用水源保护的宣传工作。

（2）相关各部门要统筹规划和建设，把公园的观光旅游休闲健身的功能与饮用水源保护要求统一起来。因此有必要对滨江公园进行部分整改，既要保持滨江公园风貌的整体性、环境的优良性、观光旅游的舒适性，又要达到饮用水源保护的目的。

（3）要加强监管，综合治理。滨江公园是芜湖的一张名片，作为一处重要的旅游观光地和广大市民的休闲活动场所，应加强治理，把长江滨江段水面的管理，滨江公园内部观光服务设施的管理、周边的交通、餐饮、商贸等要统筹起来，具体责任要落实到位，形成合力。

9.关于加强古城遗迹保护和开发，进一步完善青弋江两岸防洪墙功能的建议

上起袁泽桥下至临江桥的青弋江两岸防洪墙，紧邻芜湖古城，是芜湖古城保护的不可分割的一部分。为进一步完善和拓展城市防洪墙及其附属工程的作用，提出以下建议：

（1）目前弋江两岸防洪墙的现状。

①工程建设进度较慢。青弋江南岸防洪墙建设已基本完成，只有部分扫尾工程有待完善，但已经出现部分设施损坏需及时修理；青弋江北岸防洪墙建设工程进度较慢，自2017年开工一年多来，只有主体工程浇筑基本完成，栏杆、墙面等辅助工程仍然没有完成，需加快施工进度，尽早发挥使用功能。

②辅助工程设置不科学。防洪墙除了防洪功能，还有供市民休闲、锻炼以及观景等功能。目前青弋江两岸防洪墙都存在的一些问题：断头路现象，即市民锻炼和休闲散步不能从头到尾一气呵成，在经过几座跨江桥时中断，也没有设置阶梯供人们上下，且连接防洪墙内外的阶梯设置过少，没有考虑到方便市民上下的需要。

③周边环境脏乱差突出。两岸防洪墙内外，都不同程度地存在垃圾乱扔、杂草丛生、晴天灰尘、雨天烂泥的状况，市民休闲锻炼不方便，急需治理美化。

④景观设施不适用。青弋江南岸防洪墙部分景观设施不适用，比

如景观灯设计为自发光的日光灯，建成后几乎没有发挥过作用，目前有不少已经损坏。不仅增加了建设费用，也加大了施工难度和进度。而真正需要建设的绿化设施、墙面美化等景观设施却没有。

（2）完善青弋江两岸防洪墙功能的建议。

防洪墙建设要有整体协调观念。要与滨江公园景观相呼应，要与芜湖古城改造相呼应，要与十里江湾景观带相呼应，将其作为打造"宜居、宜业、宜游、宜学、宜养"芜湖的一部分。主管单位要高度重视，建议组织设计、施工、管护单位相关人员，邀请附近居民代表参加，到实地勘察，从头至尾走一遍，为发现问题解决问题提供第一手资料。需从以下几个方面逐步完善：

①加快建设进度。尽快与滨江公园实行无缝对接。尤其是北岸的进度要加快，以便与即将建成的滨江公园二期连为一体，方便两岸居民休闲锻炼。

②科学设置辅助工程。尽可能多设置阶梯方便人们上下，解决断头路的问题；栏杆景观灯设置宜简化，可在重点区域设置投射光源；根据景观需要，设置部分绿化等。

③重点谋划景观设置。一是墙体立面的艺术装饰。公开征集艺术作品，参考艺术小镇的创意，用瓷砖、陶片、水泥漆等材料进行绘画，内容以历史名人、芜湖十景、能工巧匠、米市文化等反映芜湖独特的文化底蕴为主，结合现代城市风貌，体现芜湖现代、开放的城市气质，达到美化墙面的目的；二是北岸防洪墙古城改造段，其栏杆、墙面装饰应与古城氛围相一致；三是将艺术装饰与广告相结合，适当插入企业品牌广告，增加收入，减少财政资金的投入或规划好内容，直接由企业去完成。

10.关于解决碧桂园小区生活污水处理问题的建议

芜湖碧桂园小区总户数 16500 户，现已基本建成交付，入住人口约 1.8 万。小区生活污水经处理后排入小区人工湖及内部水系，最终经芦滩站排入外龙窝湖汇入长江。因历史原因，小区生活污水处理存在缺陷，在近两年的各级环保督查中，小区居民投诉较多。

（1）主要情况和问题。

自建 4 座污水处理站用于小区生活污水处理，并自行负责设施的维护、保养和运行。

①因污水处理站由物业公司代管，自建成后不能全面达标运行，特别是 2016 年下半年开始，运行设备相继出现故障，导致小区生活污水在未达标处理的情况下排入小区明渠，造成明渠水质恶化。

②小区内部分污水管道建设、维护不到位，存在混接、沉降、堵塞现象。部分别墅居民私自改造下水管道，擅自将堵塞的污水管改接至丽水管，造成污水直接流入明渠。

③周边居民存在种菜、养殖、倾倒垃圾及自建院落占用水系现象。同时，因水系流动性较差、未及时清理水生植物和清淤，导致小区水系水质严重恶化。

④小区由市华衍水务公司供水并收取水费，但水费中的污水处理费用一直没有返还，致使小区污水处理设施的维护、保养和运行费用一直由开发公司承担。

（2）目前措施。

①2018 年 7 月，对 4 座污水处理站提标改造，至 2019 年 3 月，已全部改造完成并正常运行。

②2019 年 4 月中旬，对小区管网进行全面雨污混接排查整治，现已

完成 12 公里的管网混接排查，正在拟定整治方案。整治完成前，由碧桂园物业公司通过临时管道，将污水引入污水处理站。

③三山区自 2017 年 10 月开始定期对碧桂园人工湖进行水质检测，2019 年 4 月起在芦滩站出水口设置水质监测断面，定期检测水质。

（3）下一步建议。

①取消小区 4 个污水处理站污水处理功能，将小区污水汇入城市污水主管道送往市区污水处理厂。具体做法是：沿峨山西路铺设污水主管道，考虑小区水位需在适当位置建设，提升泵站，将小区污水提升抽排至五华山路污水主管道，最终排至滨江污水处理厂集中处理。该小区外接污水干管及配套污水提升泵站项目，列入与三峡集团签订的 PPP 项目包中，立即开展项目前期工作，同步组织实施。

②在市政污水提升泵站及污水管网未完工之前，建议将 4 座污水处理站交由市政工程管理处，委托专业队伍负责日常运维。

11. 关于"推进农村垃圾污水处理、厕所革命、村容村貌提升"情况的民主监督报告

根据《2019 年度政协重点民主协商计划》安排，围绕"推进农村垃圾污水处理、厕所革命、村容村貌提升"重点民主监督议题，市政协专题小组组织农业和农村委员会成员，采取集中调研、明察暗访，以及赴四川省和本省有关市考察学习等方式，开展了一系列民主监督活动。现将有关情况报告如下：

（1）存在的主要问题。

近年来，市委、市政府深入贯彻落实习近平总书记关于改善农村人居环境的系列重要指示批示精神，借鉴推广浙江省"千万工程"经

验做法，强化统筹部署，实行高位推动，坚持问题导向，注重因村施策，农村垃圾处理逐步规范，农村污水治理持续推进，农村＂厕所革命＂力度加大，村容村貌提升开局良好，有力地促进乡村振兴、生态文明建设、民生保障和改善。但是，在调研中，我们也发现工作中还存在一些问题和不足，突出表现在：

①建设进度总体不快。无论是农村改厕，还是乡镇驻地污水处理设施建设，建设进度严重滞后。根据要求，农村改厕需在明年年底前基本完成，我们随机抽取2个行政村，目前一村935户完成户厕改造82户，另一村620户完成户厕改造50户，两村明年年底完成任务难度较大。截至7月底，19个乡镇污水处理设施全部尚在建设，5个乡镇污水设施提标改造建设还有1个尚未完成。其中无为县18个乡镇污水处理设施建设采取PPP模式，根据与SPV公司签订的合同，工程竣工时间为2020年底，将无法完成年度目标任务。

②工程质量存在隐患。农村改厕过程中，部分施工单位未严格按技术规范进行操作，有的三格式化粪池前两格密封不到位，导致发酵不彻底，少数甚至无法正常使用、需要进行二次施工。改厕工程招标由县区或镇统一组织实施，但工程施工、监理、竣工验收等环节缺乏监督指导，工程质量监管缺失。据测算，农村厕所改造户均约需1700元，芜湖县农村改厕每户投入2155元，而无为县部分镇2018年、2019年农村改厕两年一次性招标、分年实施，招标价格仅为1200—1400元，远低于市场价格，容易发生施工单位偷工减料等问题。

③资金投入缺口较大。调研中，基层反映最强烈的是资金严重不足，由此制约了各项工作的正常开展。在农村污水处理方面，由于配套污水管网里程长、所需费用大，资金缺口严重，造成污水处理厂大多虽建成，但污水管网建设严重滞后，特别是建后运行经费大都没有

落实，污水处理厂很难正常运行。在村容村貌提升方面，市和县没有专项资金投入，部分经济实力较差的镇村资金压力很大，常常捉襟见肘。

④治理效果不尽理想。调研中，我们发现农户改厕五花八门，有的仅将旱厕改为水冲式厕所，极少数改造后的厕所仍然是臭气熏天，与调研的其他市相比，改造的档次明显偏低。全市64个美丽乡村中心村污水处理设施，只有12个中心村采用生物膜法，其余均规划为三格式化粪池生态技术处理。受制于农村生活用水量、用水时段及用水习惯等诸多不确定因素，加之部分村落未设置雨污分流，进水负荷不能满足工艺设计条件，化粪池的处理能力不佳，大多不能满足《城镇污水处理厂污染物排放标准》一级 B 标准，无法实现达标排放的目标。农村人居环境整治还存在死角和盲区，特别是房前屋后沟塘大多为死水塘，水质普遍较差。有的基层干部戏称，在一些地方，仍然是"垃圾靠风吹，污水靠天晒"。

⑤后续管护机制缺失。重建轻管现象普遍，大多数地方维护的主体未明确、运行机制不健全、维修费用无保障，缺乏专业运行管理人员，导致部分工程未能发挥应有效益。有的前建后损，如无为县赫店镇黄墩行政村已建成的三格式化粪池选址位于农户院外，农户已自行覆盖黄土并种植玉米，现场仅留清淤口把手可见；有的前建后废，如繁昌县繁阳镇东风村已建成太阳能微动力处理设施，因配套管网迟迟未建成，导致设备长期闲置，遍布锈迹；有的难以为继，由于我市农村改厕大部分镇采用的是三格式化粪池，粪污及尾水仍需农户自行清掏，而农村留守人员多数为老人和小孩，粪污和尾水后期处理问题普遍存在，有的甚至直接排入附近沟塘，严重污染环境。

⑥群众参与意愿不强。农村"三大革命"涉及千家万户，既是村

民生活方式的一次革新，也是村民思想观念上的一次变革，没有广大村民的自觉参与是不可能持续的。调研中，基层反映，由于宣传形式单一，宣传广度、深度不够，部分村民对农村垃圾污水处理、厕所革命、村容村貌提升认知度不高，加之农村劳动力外出务工多，农户自建缺乏劳力，也降低了农户参与的热度。调研中，有的镇村干部反映，"干部在干、村民在看"的现象不同程度存在，少数地方村民甚至要求村干部组织力量对其自家庭院内环境进行清理整治。由于村民参与不足，家禽散养污染环境等问题还没有找到根治的良策。

（2）工作建议。

总的来看，我市在推进农村垃圾污水处理、厕所革命、村容村貌提升方面，虽然取得了很大成效，但仍然任重而道远。针对当前工作中存在的主要问题，我们建议：

①强化村庄建设规划管理。农村人居环境要实现大变样，村庄建设规划必须先行。按照乡村振兴战略规划明确的集聚提升类、城郊融合类、特色保护类、搬迁撤并类四种类型村庄，抓紧委托有资质高水平的设计单位，科学论证规划保留和撤并行政村、自然村，以县区为单位对村庄布局规划进行优化完善，着力做好小村庄和"空心村"撤并，以期解决因村民居住分散导致实施污水处理和村容村貌提升难度大的问题。同时，强化村庄建设规划管理，推动各类规划在村域层面"多规合一"。在此基础上，围绕"生态宜居村庄美、兴业富民生活美、文明和谐乡风美"目标，统筹做好垃圾污水处理、环境整治等配套设施建设，建设农民幸福美丽家园。

②因地制宜建设污水处理设施。结合区位、人口等因素，坚持因地施策，选择符合群众意愿和当地经济发展水平的治理模式，科学编制农村生活污水治理专项规划及分年实施方案，分类实行集中治理和

分散治理。对靠近乡镇政府驻地或城区的，可采取管网延伸，最大限度将周边农村生活污水纳入污水处理厂处理；对污水易集中收集的美丽乡村中心村，可采用一体式微动力污水处理设施；对居住分做的自然村，可采取三格式化粪池加人工湿地技术，将生活污水直接排进人工湿地进行净化处理，同时有效解决化粪池尾水处理的问题。由点到面，逐步实现农村生活污水应集尽集、应治尽治、达标排放的目标。

③严格管控工程建设质量。对农村户厕改造的选址、厕屋、冲具、化粪池等，制定统一建设标准和验收标准，既不能盲目拔高，也不能随意降低。在工程实施过程中，牢固树立质量第一意识，建立健全污水处理、农村改厕质量监督体系和保证体系，可聘请热心公益事业的村内老党员、老村干担任工程质量义务监督员，切实加强施工现场质量监督，严格把好各个环节验收关，确保施工质量合格，坚决杜绝只重视进度而忽视质量的现象。

④注重激发群众内生动力。坚持"政府主导、群众主体"的原则，在各级党委、政府的统一领导下，从细节入手，从点滴做起，先易后难，循序渐进，形成由"政府主导"向"多方协同"转变的良好社会氛围。充分发挥党员、村干示范引领作用，率先干出样子、树立标杆，通过改造前后的对比，使村民切身感受农村"三大革命"带来的好处，调动每一个村民建设美好家园的积极性，使村民由袖手旁观者成为主动参与者。采取可利用废品市场回收、有毒有害垃圾政府有偿回收、厨余无害垃圾堆肥填埋等方式，让村民享受到开展垃圾分类带来的"生态红包"，激发村民参与的热情大力开展最美家庭、最美庭院、文明户评选等活动、积极引导村民转变观念，养成良好的卫生习惯和行为方式，以人居环境整治推动农村生活方式转变，以农村环境改善带动农民增收和农村发展。

⑤多方筹措建设资金。做好农村"三大革命"，资金是保障，应将其作为财政优先保障领域和金融优先服务领域，持续加大财政投入和金融支持力度，市、县区、乡镇都应加大财政有效投入，并对美丽乡村建设专项资金、农村"三大革命"奖补资金等进行整合，形成资金叠加效应，保障农村"三大革命"和人居环境整治如期推进。与此同时，积极探索多渠道投入方式，引导集体经济组织、村民、其他社会组织以多种形式参与，努力构建"政府引导、市场运作、社会参与"的多元投入机制，着力破解资金需求和投入不足的瓶颈。

⑥建立健全长效管护机制。农村"三大革命"要实现既定目标，不仅应在治表上下功夫，更需在治本上做足文章。要想彻底扭转"有人建没人管"的现象，应注重在加大公共财政投入和依规管理上双向发力。可将建后管护资金列入县区、乡镇财政预算，对一家一户难以解决的户厕清掏等，采取政府花钱买服务的方式，实行市场化运作。坚持以《村规民约》为抓手，全面实行"门前三包"，广泛推行村民行为档案记实，积极引导村民自我管理、自我提高，不断巩固治理成果，加快推进农村改厕、污水处理建设标准化、管理规范化、运维社会化、监督透明化，确保农村改厕、污水处理设施建起来、用起来、管起来、长受益，不断增强村民的获得感和幸福感。

⑦切实加强组织协调考核。推进农村垃圾污水处理、厕所革命、村容村貌提升，涉及方方面面，责任重大，时间紧迫，任务艰巨，必须举全市之力而为。全面落实"五级书记抓乡村振兴"要求，建立"党政主导、县区为主、部门协同、齐抓共管"的工作体系，形成一级抓一级、层层抓落实的工作格局。明确治理目标，实行问题清单、任务清单和责任清单"三单管理"，制定"任务书"，紧盯"时间表"，落实"施工图"，扎实做好项目落地、资金保障等工作，注重持续加压发

力，坚持久久为功、善作善成。持续完善"月通报、季调度、半年督查、年终考核"工作机制，建立联席会议、督办交办、通报约谈等制度，拧紧监督责任，及时协调解决工作推进过程中的矛盾和问题。将农村水环境治理纳入河长制、湖长制管理，重点抓好房前屋后沟塘清淤疏浚和生态修复，深入推进农村黑臭水体治理，基本消除劣 V 类水体。将农村"三大革命"列入市政府对县区政府年度目标管理绩效考核，坚持量化标准，创新考核手段，完善考核体系，形成奖惩分明的激励机制，确保农村"三大革命"有力有序有效推进。

12."千名委员推进污水治理措施落实"民主监督报告

本次专项民主监督活动，市、县区政协联动，对全域污水治理情况开展民主监督；充分发挥国家、省、市、区四级委员的智力优势，组织 1000 余名委员参与监督活动；广泛运用"请你来政协，有事好商量"平台开展协商座谈，听取基层声音，找准问题症结，提出对策建议，在推进污水治理措施落实上建言资政、凝聚共识，实现双向发力。

（1）进展情况。

今年以来，我市以中央生态环保督察反馈意见整改和"三大一强"专项攻坚行动要求为主抓手，编制《芜湖市黑臭水体治理攻坚战实施方案》及市区黑臭水体整体提升方案，坚持多元共治，取得阶段性成效。对 73 条"初见成效"水体进行管护的同时，对"板城埠""保兴埠"等 9 条黑臭水体继续治理；朱家桥、城南、滨江、大龙湾、天门山五座污水处理厂的新建、提标改造、扩建工程正有序进行；镜湖区、弋江区、鸠江区、三山区及长江大桥开发区已完成雨污管网排查工作，城东污水管网正在边检测边整治；城南污水系统片区主次管网项目正在进行初步设计工作，城东、大龙湾、朱家桥、滨江和高安5个片区已开工建设；已完成24个城市老旧小区雨污分流改造。

（2）主要问题。

①水体黑臭现象未得到根治。

监督调研中委员们发现，今年整治的9条水体中，"板城埂""保兴埂"水体黑臭治理进度偏缓；73条"初见成效"达标验收的水体虽然总体水质较好，但已整治水体偶有水质反弹现象。问题表现在水中，根源在岸上，究其原因还是雨污管网错乱，仍然有污水下河。这与我市雨污分流设施不完善、城区排水管网的规划设计不系统、标准低、城市开发造成水系分割和部分地区污水系统高水位运行有很大关系。

②工程推进较为缓慢。

因工程前期招标和与有关单位协调时间过长，导致管网建设工程进度缓慢。由于缺乏重要的档案资料，造成老旧小区雨污分流改造等工程推进缓慢。污水治理工程存在协调难题，一是管网建设与其他市政工程叠加给城市交通带来很大压力；二是工程推进中的征收工作存在难点，如在浴牛塘、余庆路的拆迁僵局；城东片散居户污水收集工程，因占用农田、林地遭遇村民阻挠等。

③污水治理的社会参与度还不够高。

群众对污水治理工作的理解和参与度不够。一是由于在工程建设过程中存在出行不便、噪声、粉尘、光源污染等问题，部分居民对污水治理工程影响生产生活理解不够，认为有关部门在治理中统筹安排不尽合理。二是部分群众缺乏践行环保的行动自觉，如私接改装下水管道、沿街商户随意排污、乱扔垃圾等问题时有发生，建筑工地废水入河现象存在。

④治理目标与治理手段之间还有距离。

污水治理过程中存在眼前问题和长远利益之间的矛盾。治理目标作为硬性任务，有时候与城市的发展阶段和现实情况还不太契合。污水治理是一个长期工程，采取"一刀切"和高压的办法，容易导致疲于应付的现象，采取应急性的合理手段完成治理目标，从根本上和长远利益上来看，影响污水治理的效益和效率。

（3）对策建议。

①树立系统治水的思维。

立足我市的实际情况，进一步加强整体规划，按轻重缓急、难易程度和治理规律确立治理的重点、标准和顺序。妥善处理好追赶施工进度与确保工程质量的统筹协调关系，防止造成资源浪费。根据不同水系，采取"一河一策"，对黑臭水体点源污染、面源污染、内源污染和生态环境实施综合治理。按照区块，加大对盲区的调研力度，全面排查，列出清单，建立档案，逐年攻坚，逐年完善。

②强化制度治水的刚性。

依据相关法律，做到依法治理、规范治理。规范居民与企事业单位雨水、生活污水和工业污水的排放标准；规范城市排水管道的建设维护以及河道的管养；规范新建小区污水收集处理系统的设计、施工，同步交付使用。对重点水系位置、重点检测时段、重点监测单位，加大部门管控强度。进一步加强综合执法工作，坚持定期开展水务专项执法和集中整治行动，通过各有关部门综合执法，严厉打击各类偷排偷倒等排污行为，扩大社会监督范围，提高污染举报奖励金额，对涉事污染企业，尤其是多次违法违规排放企业，坚决从重从快处罚。

③保持长期治水的韧劲。

城市水系治理与长效管理同时并重，坚持建管并重，以保持良性运行。建立监测、清淤、保洁等工作的长效机制，明确河流运行维护的责任主体。水系治理之后，抓好后续管理，特别是定时清淤，保证水系的泄洪能力；加强环卫部门巡查和网格员定片反馈，及时清理水面垃圾，保障日常水体和两岸卫生；定期检测水质，发挥科技手段作用，建立信息化水系管理体制。落实好"河长制"，明确职责分工，发动上下游、各部门联动治水，形成整治合力和长效机制；各级"河长"应对照既定目标，加大督促检查力度，定期对整治进度、完成质量、河道维护效果等开展考核，不定期对相关项目、责任人进行抽查，确保各项工作内容如期顺利完成。

④落实综合治水的措施综合施策。

运用多种手段有针对性地开展治水工程。一是加快推进主城区水系连通，通过江、湖、河连通提高向主城内河的补水能力，让河水流动起来，达到改善水质的目的。二是创新治理方法，引入国内外先进的、创新的污水治理技术和方法，如引入微生物治理和修复技术以及光催化治水技术，以消除河道黑臭现象。三是落实水岸共治，在重建水下生态系统的同时要从岸上问题入手，加快推进雨污分流工程建设，重点建设污水处理厂以及与之配套的污水管网，确保工业和生活污水集中收集、集中处理，杜绝直接排入河道。

⑤形成合力治水的局面。

在项目施工协调上，必须加强全面统一指挥，加强论证协调和统筹安排，涉及的相关部门在明确事权的基础上，各尽其职，各负其责。在资金保障上，积极申报项目，争取上级资金投入的同时，把水环境作为重要的资本要素来看待，通过生态环境的综合整治来推动土地、旅游等资源要素增值，采取市场化方式，吸纳社会资金的投入，为整治工作提供持久动力。在施工过程中，要注重赢得群众的口碑，只有群众满意，才能形成良好的社会氛围，各有关部门对工程施工要做好统筹安排，保障施工的同时尽量减少对市民生产生活的影响；做好宣传告知，规范设立工程公示牌。在环保宣传教育上，要加大相关法律法规的普法宣传力度，提高全社会的环保意识和监督意识，通过报纸、网络、掌上社区、微信公众号等媒体，用身边人讲身边事的方式，营造人人关爱水环境、人人保护水体质量的良好氛围，形成水污染防治齐抓共管的良好局面。

三、十三届三次会议（2020年）

1.加快农村黑臭水体整治，助力乡村振兴战略实施

实施乡村振兴战略，是党的十九大作出的重大决策部署，是决胜全面建成小康社会、全面建设社会主义现代化国家的重大历史任务，是新时代"三农"工作的总抓手。中共中央、国务院关于实施乡村振兴战略的意见提出：坚持人与自然和谐共生，牢固树立和践行绿水青山就是金山银山的理念，落实节约优先、保护优先、自然恢复为主的方针，统筹山水林田湖草系统治理，严守生态保护红线，以绿色发展引领乡村振兴。近年来，我市城市黑臭水体整治工作相继开展，取得了一定成效，但农村黑臭水体问题仍然是农村人居环境整治工作中的突出短板。2018年，我市粮食种植面积221.71千公顷，油料种植面积31.37千公顷，棉花种植面积13.95千公顷，全年农用化肥施用量（折纯）17.40万吨。因此，加强农村生态环境治理，加快推进农村黑臭水体整治对我市而言意义重大，关乎我市农村生态环境质量能否根本好

转及建设美丽宜居乡村的基本目标能否实现，是实施乡村振兴战略过程中急需解决的重要课题。

（1）农村黑臭水体治理存在的问题。

2018年以来，我市组织完成农村黑臭水体调查工作，排查统计出农村黑臭水体160条，总长度99公里。分析其形成原因，一是农业生产中种植业使用农药化肥、养殖业排放造成水体污染。近年来我市畜禽养殖场粪污处理水平虽然不断提升，但由于畜禽养殖排放污染物浓度高且排放标准相对宽松，农药化肥利用率不高，因此养殖业排放污染及农业面源污染仍然是容易导致农村黑臭水体形成的一个重要原因。二是农民生活中随地倾倒垃圾、随地排放污水现象比较普遍。我市农村生活污水处理率还不高。截至目前，全市40个乡镇大多已建成污水处理设施；但2018年及2019年确定的省级及市县级中心村，已建成农村生活污水治理设施36个，在建25个。部分农村生活污水尚未得到有效处理。三是部分垃圾、污水收集处理设施运维管理缺失、滞后，引起水体污染。农村生活污水治理缺乏资金、人才技术保障，运维管理达不到环保要求，导致现有部分处理设施不能很好发挥效益。四是管理协调难度大。一些农村黑臭水体由于流经不同行政区域，治理的责任也因此分属于不同的主体。上下游水体没有形成整体治理，造成水体治理区域化、各自为政。

（2）建议。

①明确责任，形成合力。生态环境、水利、农业农村等部门要积极落实农村黑臭水体治理的相关职责。市级层面做好上下衔接、域内协调和督促指导等工作。县（市）人民政府是农村黑臭水体治理责任主体，对实施效果负责。同时，发挥村民主体地位，引导农村党员发挥先锋模范作用，带领村民参与黑臭水体治理，保障村民参与权、监

督权，提升村民参与的自觉性、积极性、主动性。

②示范引领，递次推进。充分利用我市农村人居环境整治有利时机，深入开展农村黑臭水体治理。各县（市）择优推荐试点示范乡镇名单，提交治理实施方案。2020年上半年，根据各地农村自然条件、经济发展水平、污染成因、前期工作基础等方面，择优确定试点示范名单，筛选农村黑臭水体治理试点示范县（市）1—2个，示范镇8—10个。定期调度农村黑臭水体治理工作进展。开展试点示范督促指导，努力让我市农村黑臭水体治理工作走在全省前列。

③分类施策，精准治污。对农村每条黑臭水体要建立污染源档案，开展水体超标因子溯源解析，对症下药，实施靶向治疗。尤其要抓好排污口治理。各级责任部门要准确识别每条黑臭水体及其形成原因与变化特征，结合污染源、水系分布和补水来源等情况，精准确定整治和效果保持的技术方案。方案设计要加强系统性整体性，将污染源整治与生态整治相结合，根据水体不同污染源头采取有针对性的措施。加强农业面源污染的管理控制，以减少农药化肥施用量、提高农灌用水效率为手段尽量减少面源中的氮、磷等营养物质流入水体。同时，完善垃圾清运基础设施建设，加强环境保护常识的宣传教育，真正杜绝随意抛弃农村生活垃圾的行为，要重视河道的流通问题，采用生态净化手段，促进农村水生态系统健康良性发展。因地制宜推进水体水系连通，增强渠道、河道、池塘等水体流动性及自净能力。

④协同部署，高效利用。各级政府要将农村黑臭水体整治同农村人居环境整治、农村生活污水治理、畜禽粪污治理、水产养殖污染治理、改厕等治理工作相结合，统筹谋划部署整体协同推进。要促进生产生活用水循环利用，探索将高标准农田建设、农田水利建设与农村生活污水治理相结合，统一规划、一体设计，在确保农业用水安全的

前提下，实现农业农村水资源的良性循环。

⑤加强保障，健全机制。健全工作调度和督查制度，各级财政要加大对农村黑臭水体整治工作的投入，要安排资金支持农村黑臭水体整治项目实施，对被评为农村黑臭水体整治示范的县（市）加大奖补力度。推动河湖长制体系向农村延伸，农村黑臭水体所在的河湖长要切实履行责任，调动各方协调联动，确保治理到位。健全第三方运维机制，探索试点农村生活污水治理依法付费制度，健全农村黑臭水体治理绩效评价机制。

2.关于加强汛期后防洪设施修复的建议

今年7月，长江芜湖段发生了仅次于1954年的大水，内河青弋江发生了30年一遇洪水。镜湖区境内的防洪工程经受了极大的考验，很多水利设施防汛期间暴露了严重问题。特别是主城区沿长江干堤、青弋江干堤一带，发生许多险情。主要表现为青弋江土堤大面积严重散浸、渗漏、管涌；沿长江防洪墙多处出现不均匀沉降变形导致止水橡皮断裂渗水、防洪墙伸缩缝老化渗漏；墙后管涌；通道闸叠梁闸门破损老化、结构安全不可靠等。在今年的防汛中，中江塔临江桥下穿墙体渗水、花津桥防洪墙脚渗水等多处险情，在2016年汛期就出现过，但都没有对这些险堤险段险处进行处置。由于这些险情处的责任主体，涉及市水务局、市河道局、市重点处、市住建委等多个部门管理。今年主汛期，省、市派驻镜湖区防汛抢险技术支撑指导组，针对这些险情提出了相应的处理意见。现就镜湖区防洪设施汛后修复工作建议如下：

（1）严格落实责任，实施清单化处置方案，强力推进灾后恢复重建工作的落实；认真组织摸底排查，找准险情根源，落实青弋江和长江芜湖市区水利工程管理主体责任，将今年汛期发生险情的主要险工险段，在枯水期抓紧时间，完成汛后除险及水毁工程修复工作。

（2）市有关部门对青弋江的三八斗门、老袁泽桥泵站、老弋江泵站；国家粮食储备库、老造船厂等穿堤工程失去功能的逼道闸进行封堵，彻底消除安全隐患。

（3）多方筹措资金，统筹用好中央及省救灾专项资金，严把资金使用关，加强资金使用全过程监管；严把工程质量关，加强项目现场管理和施工监理，确保把灾后恢复重建项目建成经得起检验的放心工程、人民群众满意的民心工程。

（4）系统谋划，举一反三。根据今年汛期暴露的问题，科学统筹规划城乡重大水利基础设施建设，结合"十四五"规划编制，抢抓国家重点支持"两新一重"建设机遇，谋划一批关乎长远、补短板锻长板的重大水利项目，突出防洪减灾重点工程建设，全面提升灾害防御和减灾能力。确保来年防汛城区的主干堤万无一失。

3.关于加强农村及城镇生活饮用水监测能力的建议

饮用水安全直接关系到社会稳定和人民群众的身体健康，城乡生活饮用水卫生检测是定期监测水质合格状况、动态监测水质变化趋势的重要手段。《国务院关于印发水污染防治行动计划的通知》《国务院关于进一步加强新时期爱国卫生工作的意见》《关于加强农村饮水安全工程水质检测能力建设的指导意见》均对饮用水卫生监测工作做出重要部署，也使相关部门进一步提高了对城乡生活饮用水卫生监测工作重要性的认识。目前全市集中式供水水厂一共141个，城市市政供水水厂一共有9个（不含自建供水和二次供水），全市农村集中式供水水厂132个，供水覆盖人口2228603人。132个集中式供水水厂中，以地面水为水源的水厂129个（占97.7%），供水覆盖人口22133397人，占集中式供水人口99.3%；以地下水为水源的水厂3个（占2.3%），覆盖人口15206人，占集中式供水人口0.7%。地面水源水厂中以江河水为主，地下水源水厂均为深井。2019年全市设水质监测点243个，其中城区74个，农村169个。我市城区水质监测工作相对令人满意。根据芜湖市疾控中心的监测结果显示城市生活饮用水总体合格率为93.9%（枯水期合格率为97.3%，丰水期合格率为90.5%）。但农村及城镇生活饮用水水质安全令人担忧。

主要原因如下：①农村集中式供水水质较差，设施建设时设计标准低，部分水厂水处理工艺不完善，水质消毒设备落后或不能正常运行。多数水厂建成以后，以水养水，难以收回基本运行成本，也没有足够的资金投入，导致水厂运营不善，甚至有的水厂水处理工艺根本不运行。②工程管护是农村饮用水安全的薄弱环节，"重建设轻管理"的现象普遍存在，多数水厂管理不到位，制水工人水平参差不齐，无法按要求操作设备，混凝剂、消毒剂投放量不够规范；管网、设备老化且得不到及时维护和修理。③农村集中式供水单位水质自检能力薄弱，缺少基本的检验设施和检验人员，不能保证水质卫生安全。目前农村及城镇生活饮用水的水质监测工作主要是依赖于各县疾控中心，但由于监测人员、设备、技术及检测能力等严重不足，实验室管理不规范，计量认证未通过，行政干预较多，人才难以留住等诸多问题，致使农村及城镇生活饮用水水质监测工作难以得到质量保证。为了进一步加强城乡生活饮用水监测能力，更好落实国家《关于加强农村饮水安全工程水质检测能力建设的指导意见》，切实保障广大农民群众饮水健康，特提出如下建议：

（1）改善水质保障安全。①农村集中式供水工程应实行规模化发展，集约化经营，以城市供水为依托，辐射周边城郊、村庄，发展城乡一体化供水工程。关停并转一些日供水能力较小、水处理工艺不完善、水质卫生检测多次不合格的农村集中式水厂。②供水单位应加强水处理工艺的完整性建设，提高管理实效及水质检验能力水平，确定水处理工艺的关键控制环节及质量控制要求，建立各关键控制环节的水质检测制度，保证供水范围内的生活饮用水达到国家《生活饮用水卫生标准》的要求，实行"谁供水、谁负责"。③有关部门要进一步提高管理人员的责任心和业务素质，加大督查力度，督促各水厂做好水质处理工作，更好地落实水质净化和消毒措施。定期检查管网设施，做到及时发现问题、解决问题。督促二次供水单位按规范要求定期对水箱进行清洗消毒，并添加足量的消毒剂，确保居民饮水安全卫生，为人民群众的健康提供保障。④监管部门应加强对供水单位管理人员的卫生知识培训，通过多种途径大力开展生活饮用水卫生安全知识宣传活动，丰富居民饮水安全相关知识，提高居民饮水安全意识。

（2）加大财政投入力度，尽快提升水质监测及检测能力。①先行保障落实机构、专业技术人员和运行管理费用来源，加强检验检测基础设施建设，支持检验检测硬件建设，提升水质检测设施装备水平和检测能力，为政府部门提供技术支撑、为企业发展提供技术服务、为社会安全提供技术保障。②进一步加强检验检测质量管理控制体系建设，积极申请计量认证等各种类检测资质认定，确保检测中心所出具的检验检测数据具有法律效力，使检测中心成为资源共享、技术全面、资质过硬、管理规范的专业性、权威性公共检测机构。每个县应具备《生活饮用水卫生标准》（GB5749-2006）中要求的42个常规检测项目以满足日常需求的检测能力，保证本区域内农村饮水安全工程日常运行及水质周、月度和季度检测需求，保障农村饮用水卫生安全。③检验人员数量亟待补充。检验检测机构属技术性机构，对人员素质、专业要求都很高。目前县疾控中心检测人员配置严重不足。以南陵县为例：目前实验人员3人，承担着全县水质监测、传染病监测、院感监测等任务。其中1人有实验室检测工作经历，其余2人是刚工作1—2年，检测能力、实验室规范管理能力几乎为空白，难以完成各项监测任务。故建议相关部门能增加人员编制和技术职称岗位，加大高素质专业人才的引进力度，从薪资待遇、政治地位等方面建立一整套人才保障制度，以确保人才"引得进、留得住、用得好"。④建立完善农村饮水安全工程水质检测网络和信息共享平台。一方面优化检测队伍结构，通过各种形式培训专业人才队伍，优化学历、职称、专业结构，整合各类资源，逐步建成结构合理、专业齐备、业务精通的政府部门检验检测技术人才梯队。另一方面利用省市检测平台，加大对第三方机构检测人员的专业技能、政策法规培训力度，更好地发挥检测机构公平、公正、公开的第三方检测平台作用，以政府购买服务等方式，满足水厂运行的水质检测和质量控制的要求。

（3）强化预防，源头治理。①在加强水质检测能力建设的同时，全面加强源头预防和治理，做到"防患于未然"。强化水源保护意识，针对集中式和分散式饮用水水源地的不同特点，依法划定水源保护区或水源保护范围，设置保护标志，明确保护措施，加强污染防治，严格控制新污染源产生，稳步改善水源地水质状况。②各县级水利、环保部门要配合发展改革、卫生计生等部门，严格按照本级人民政府部署，结合《关于加强农村饮水安全工程水质检测能力建设的指导意见》要求，完善长效运行机制，明确各部门的工作职责和要求，根据原水水质、净水工艺、供水规模等合理确定各级水质检测中心的水质检验项目和频率，对非常规指标中常见的或经常被检出的有害物质应重点监测。严格落实水质安全责任，加强农村及城镇生活饮用水水质监测和监管能力，保证水质稳定达标，保障百姓饮水安全。

4.进一步促进我市水环境治理工作的建议

做好"水文章"一直是市政协长期持续关注的话题，2019年，市、县区政协联动，开展千名委员推进污水治理措施落实专项民主监督活动，坚持建言资政和凝聚共识双向发力，积极推动了我市水环境治理工作。

（1）基本情况。

市委、市政府高度重视，主要领导亲自挂帅统领我市水环境治理工作。目前，污水提质增效项目的持续推进，以黑臭水体治理为主要内容的水环境治理工作已得到全社会的广泛认可，我市80条黑臭水体已初见成效，并获全国第三批黑臭水体治理示范城市，一些昔日的"龙须沟"变成了今日的"景观带"，经过持续治理，将逐步实现长治久清。

（2）存在的问题。

一是历史欠账多。老城区还有部分区域受条件所限，采用雨污水截流式合流制，遇到汛期暴雨等恶劣天气时，管网污水仍然部分外溢至水系，对已修复水体造成损害，污水主次管网破损较严重，收集管网建设滞后，有的片区与主次干管网间还存在连通不畅的问题，导致滞留污水管和排口闸前池中的污水不能及时进厂处理。

二是水系关联度高。芜湖地处长江中下游，建成区所有水系都承担着城市排涝的功能，增强了黑臭水体治理难度，也对流域治理提出了更高的要求。

三是统筹难度大。每年的雨季，大流量地面径流汇集都会对水系造成阶段性污染，市区的厂网建设和扩容增效项目还在推进中，没有形成规模效益，城市水环境全局性好转的拐点尚未到来；既有管网的混接错接排查整治工作还没有全面结束，增量效益还未完成显现；市区公共单位雨污水分流进展缓慢。

四是路面排口问题多。背街小巷各类服务业小店星罗棋布，污水乱倒乱排现象严重；部分居民、流动商贩把沿街、道路两侧的"雨水排口"当作"污水排口"使用；沿街小餐馆污水残渣等"平时不见、下雨即出"的问题比较普遍。

（3）对策建议。

水环境的持续改善既是一项长期的系统工程，三分建设、七分管理，不能重建轻管，以免旧账未清，又添新账。

一是建章立制、巩固成果。市排污主管部门，应加快建章立制步伐，制定餐饮业污水管理实施细则；建立消淤疏浚制度，解决暗涵暗渠消淤难题；以排污许可为抓手，将污水管道方案审批、污水接入许可等行政管理职能与排水管养模式统筹整合，着力解决城市公共排水管网的淤积、隐患、错漏接等问题。

二是雨污分流与智慧城市管理相融合。围绕城市的精细化管理，把水环境的日常监管纳入"网格化监管"范围。依托5G"互联网+"、云计算、大数据等技术，加强对流域河道运行情况、雨污分流工程、公共排水系统的智慧监管，提供高效、实时、真实的信息，为系统水环境治理工作提供可靠的保障。

三是切实加大水环境执法力度。相关执法部门以顶格上限标准开展执法，以"零容忍"的态度坚决查处违法洗车、超排、非法向河渠道排污、向河道倾倒、堆放、掩埋、弃置垃圾渣土等违法行为；将违法排放单位和个人纳入我市信用管理，限制其市场准入、招投标以及商消费行为，加大水环境违法成本，遏制违法行为。

四是科学制定目标、避免过度治理。市生态环境会同相关部门切合芜湖实际，按照我市经济体量、发展速度、财政承受能力，科学设定治理目标，因地制宜制定水环境指标，切忌过度治理，影响我市经济发展和民生保障，甚至破坏生态环境平衡。

五是设立水环境治理常设机构。目前，市委、市政府成立水环境领导小组办公室，分别从市住建、城管以及华衍水务等部门抽调领导和专业技术人员，主要承担国家环保督查整改阶段性任务，负责厂网建设和管网维护任务。为确保水环境得到长效治理，巩固整改成果，防止问题反弹和增添新账，建议市委、市政府设立常设机构，市编办认真研究，科学定位、明确职能，主要负责全市水环境宏观指导、监督执法、考核问效等日常性管理工作。

5.关于加强小型水利工程建设管理的建议

近几年来，我市年复一年开展以沟渠河塘消淤疏浚为重点的小型水利工程改造提升行动，对全市范围内小泵站、小水闸、中小灌区、塘坝、河沟、末级渠系等 G 类小型水利工程进行有效治理，既改善农村水环境，又有力地保障农业高产稳产。在近期调研中我们发现，农村小型水利工程，无论是在建设上，还是在管理上，仍然存在一些薄弱环节，亟需补齐短板。

（1）存在的主要问题。

一是小型水利工程还没有全面得到有效治理。圩区相当一部分沟渠多年没有进行清淤，更没有实施水系连通，以致淤积严重，大沟变小沟，深沟变浅沟，清水沟变浑水沟。特别是大多数村前屋后塘变成"碟子塘"，加之水系梗阻不畅，垃圾随意丢弃，污染特别严重，每到夏季臭气熏天、蚊虫成堆，周边居民苦不堪言。

二是小型水利工程有的标准质量还不高。在实施小型水利工程改造提升时，有一半资金来源于农业综合开发、土地整治、"一事一议"财政奖补等支农涉水项目整合，受多种因素制约，往往项目整合达不到要求，造成建设资金存在缺口，致使部分工程配套不完善、工程质量存在缺陷。

三是小型水利工程产权界定比较困难，小型水利工程点多、面广、线长、量大，近几年，在推进小型水利工程"两证一书"发放过程中，受工程投入多元的影响，部分工程所有权涉及多人或多村共有，以致工程产权不明晰、管护主体不明确。

四是小型水利工程建后管护不到位。受重建轻管思想影响，部分地方热衷于工程建设、忽视建后管护，工程建成后往往验收了事，结果几年下来损毁严重、江山依旧。相当一部分小型水利工程管理主体缺失、管理制度缺乏、管护资金不足，工程处于失管、半失管状态，"政府管不了、集体管不好、农民不愿管"的现象比较突出。

（2）有关建议。

一要持之以恒地抓好小型水利工程改造提升。坚持系统治理、成片推进，因地制宜、突出重点，节水优先、绿色发展的原则，以提高农田抗灾减灾能力为主线，以改善农村水环境为重点，继续大力开展农村沟渠河塘消淤整治行动，重点要在清除淤泥、沟通水系、调活水流、清洁水源上下功夫。通过几年的努力，真正使我市沟渠河塘无水变有水、死水成活水，提高引排能力，使水系变活、水质变清，再现芜湖市千湖之城、江南水乡的特色。

二要注重把好工程建设标准质量。围绕"水清、河畅、岸绿、景美"的目标，从设计、施工、验收等各个环节，严格把好工程建设质量关。对河沟清淤疏浚工程，要严格按照"清空见底、坡面整洁、岸线顺畅、环境同步"的要求，做到工程标准质量与环境形象同步到位。对塘坝扩挖工程，塘边要适当绿化或采取生态护坡，配套亲水平台，设置安全警示标志。真正使每一项工程在形象上成为精品工程、在功能上成为效益工程、在服务上成为便民工程。

三要全面推进小型水利工程产权制度改革。按照产权有归属的要求，以明晰所有权、放活经营权、保障收益权为重点，全面完成小型水利工程"两证一书"发放工作，逐一明确小型水利工程产权归属，相应落实其管护主体，彻底解决小型水利工程有人建、有人用、无人管的问题。

四要强化小型水利工程建后管护。建是基础，管是关键。按照"管理有载体，运行有机制，工程有效益"的要求，进一步理顺管理体制，明确管护主体，健全管护制度，筹集管护经费，落实管护责任，创新管护方式，逐步建立健全"职责明确、形式多样、管理高效、服务到位、充满活力"的小型水利工程长效管护机制，确保工程能够良性运行、长期发挥效益。

6.关于尽早兴建芜湖闸的建议

水是生态环境的控制性要素，水生态文明是生态文明的重要组成部分。目前，江北片入江口均已建闸控制，内部水系水位可根据需要通过通江闸站进行调度；而江南片除新建的鲁港闸外，青弋江下游和水阳江支流与长江直接相通，其水位随着长江水位的涨落而变化。特别是芜申运河实施以后，虽然有效改善芜湖到上海的通航条件，但随着河道拓宽、河底高程变低，沿线水位较原状都有不同程度下降。每到冬季或遭遇干旱，青弋江下游的水位偏枯，既严重制约生产生活用水，也严重影响水生态环境。

良好的水生态环境是现代城市文明的重要标志。为提高区域防洪抗旱能力，实现水旱灾害和水环境系统治理，从芜湖江南片来说，建设芜湖闸显得尤为重要，若能协调马鞍山市同步建设当涂闸则效益更加显著。倘若芜湖、当涂两闸不能同时建设，先建芜湖闸，必要时在青山河三里埂处筑坝拦水，对取水和改善水环境也能取得明显效果。

一是建设依据充分。芜湖闸工程是水利部批准的《水阳江、青弋江、漳河流域防洪规划报告（2001年修订）》确定的流域重要防洪控制工程之一，并列入国务院批复的《长江流战综合规划（2012—2030年）》，明确指出"芜湖、当涂两口建闸控制，使芜湖市能够防御长江1954年型洪水……以芜申运河为主线，进行干支流航道整治疏浚，并结合芜湖、当涂建闸控制，改善内河通航条件……"

二是综合效益显著。第一，可减轻内河防洪压力。当1954年洪水重现时，关闭芜湖闸能够防止江水倒灌，可以降低青弋江下游圩区水位0.3—0.6米；当1996年洪水重现时，关闭芜湖闸可以减少江水倒灌约1800万立方米，青弋江下游圩区洪水位相应有所降低。第二，可改善城市水环境及水景观。非汛期关闭芜湖闸，可以抬高枯水期河道水位，增加河道水环境容量，保障河流生态环境用水的要求，水环境与水生态状况以及城乡人居环境将得到明显改善。第三，可改善航运条件。可使芜申运河枯水季节航道水深和航道宽度增加，水面比降减缓，航道条件得到显著改善，促进腹地经济进一步发展。第四，可增加城市备用水源。枯水期青飞江下游可以蓄积近15G亿立方米水量，一方面可以直接为沿线工农业及城市居民生产生活提供充足的水资源；另一方面，可以作为芜湖市的备用水源地，在紧急情况下提供必要的水资源。第五，可通过芜湖闸、鲁港闸、红庙节制闸联合调度，使江南水网圩区沟渠湖塘连起来、通起来、流起来、动起来，构建良好的水生态。综上，建议加快推进前期工作、尽早兴建芜湖闸、助力人水和谐。

7.关于在峨溪河流域设立市级蓄洪区的建议

（1）基本情况。

峨溪河是漳河的一级支流、长江的二级支流，流经芜湖市繁昌县、三山区，在三山区峨桥镇汇入漳河（青安江），上游为山区，中下游为圩区，流域总面积169平方公里，其中山区面积为117.4平方公里，圩区面积51.6平方公里。峨溪河干流沿岸分布有峨山联圩、王叶圩、三山区保大圩（五万亩以上圩口）和浮山联圩、湖庄圩等圩口，峨溪河流域中下游防洪工程主要有峨溪河两岸堤防、峨溪河出口排涝泵站和峨桥闸等。流域内现有繁昌县城、峨桥镇、巢黄高速公路芜湖长江二桥南岸引桥接线段等重要基础设施，流域总人口2.0余万人，耕地10.8万亩。

（2）存在主要问题。

由于峨溪河流域地形复杂，上为山区，下为圩区，中部山圩交错，傍山圈圩，特别是峨溪河上游"马蹄形"地貌，极易造成洪涝灾害。历史上峨溪河流域洪涝灾害频繁。根据1949—1971年共22年资料统计，有8年破圩，平均不到3年一遇。1972年峨溪河的出口建节制闸以后的45年，已有7年破圩，约5—7年一遇。1969、1983、1984、1999年峨溪河流域洪涝灾害损失严重；2016年汛期，峨溪河发生30—50年一遇洪水，内河水位超历史记录，致使三山区湖圩溃破，损失惨重。

一是峨溪河防洪标准整体不高。近年来，市、县区不断加大对防洪工程建设的投入，峨溪河流域防洪能力得到提升，但仍存在一些防洪薄弱环节亟待解决，如原规划中的蓄洪区受资金限制仍不具备启用条件等。受短板效应影响，现状峨溪河防洪标准约15—20年一遇，与三山区和繁昌县城50年一遇防洪标准相比仍有一定的差距。

二是峨溪河现状外排能力不足。逢大暴雨，且外河水位较高峨桥闸关闭时，易形成"关门淹"。根据拟建的峨溪河排洪新站工程（设计排洪流量每秒104立方米）规划，该新建站建成后，原规划中的峨山联圩蓄洪区仍然需适量分洪，即不启用蓄洪区，仍达不到50年一遇防洪标准。该峨溪河排洪新站工程计划建设工期2年，由于新建闸站址与宁安高铁距离仅约20—30米，工程建设受宁安高铁等场地条件制约，短期内峨溪河外排能力不足的现象依然存在。

（3）几点建议。

①建议市政府批准峨溪河流域设立市级蓄洪区。

随着芜湖行政区划调整和2006年新设立的三山区成立，峨溪河流域防洪涉及两个行政区划，即繁昌县、三山区。根据行政区划等外部条件已发生变化的实际情况，为进一步理顺关系，统筹上下游利益，有效地解决峨溪河整个流域度汛安全问题，建议市政府批准设立市级峨溪河流域行蓄洪区，并按照要求完成《芜湖市峨溪河流域市级蓄洪区调度运用方案》编制和审批工作。

②加快推进峨溪河市级蓄洪区安全设施建设。按照"建大于防、

防大于抢、抢大于救"防汛思路，对蓄洪区内的地形地貌进行全面详细测量和普查，并尽快编制蓄洪区安全设施建设方案，由市级层面统筹资金安排，加快蓄洪区内农户搬迁，建设蓄洪区内的安全道路、安全防护、排涝（洪）泵站改造等必要的工程措施和非工程措施，使蓄洪区尽早具备启用条件，确保峨溪河流域20余万人口和相关重要设施的防洪安全。

8.关于推进龙窝湖湿地保护及立法的建议

龙窝湖是我市临江重要湿地，地处长江下游南岸，位于芜湖市三山区境内，紧靠芜铜公路，距市中心仅5公里，与长江隔闸相通，为半封闭湖泊。龙窝湖正常水位面积约10500亩，丰水期水面达2万亩，平均水深4.5米，最深处为12米，是发展旅游和生态养殖的理想场所。龙窝湖现为芜湖市最大的无公害及绿色水产品生产养殖及深加工基地，年产成鱼280万公斤，河蟹50万公斤，中华鳖30多万斤，2011年三山区龙窝湖被批准为国家级细鳞斜颌鲴水产养殖资源保护区。芜湖市最新城市总体规划拟将打造两江三城，即以龙湖生态环境敏感区为自然本底，构筑城市生态绿核，同时作为城市未来发展的重要战略储备区域。但目前该区域非法垂钓、浣洗、垦殖等各种破坏湿地的行为屡禁不止，现状情况如下：

其一，污染隐患。内外龙窝间碧桂园小区已形成几万人居住规模，区内大塘及部分沟渠水质富营养化严重，污水处理设施不完善；内龙窝西北岸边存在居民浣洗行为，岸边已出现污染现象。

其二，过度开发，环内龙窝湖周边有大量蔬菜地和住户，存在一定的面源污染隐患，内、外龙窝湖堤、滩涂均存在程度不一的垦荒种菜、倾倒建筑垃圾现象，屡禁不止，有扩大、蔓延趋势，对湿地存在潜在的破坏风险。

其三，规划滞后。有关部门尚未出台龙窝湖完整的保护规划。

其四，湖长制落实不到位。存在仅有警示标志标识、巡查监管缺失现象。

建议：

（1）推进龙窝湖湿地保护立法。将龙窝湖湿地保护纳入立法计划，合理有效地利用湿地资源，加大湿地立法和执法力度，完善湿地保护法规体系，科学划定湿地保护红线，明确具体的保护范围和界线。各级媒体要大力宣传湿地的重要性和湿地保护法规的重要性；湿地保护的底线要遵守，要在湿地区域广发公告，让人们了解湿地保护法的核心和要点是"禁止或减少一切人类活动的干扰"，减少市民对湿地的无意识破坏。成立湿地保护组织，与地方政府、社区共管。

（2）加快湿地保护体系建设。建立专门的湿地保护管理机构，培养专业管理人才和科研队伍，选派专业技术人员和管理人员参加湿地相关知识培训，提高管理人员综合能力，逐步形成湿地管理监测网络，结合实际情况做好开发、保护及管理工作。联动三山区政府及相关职能部门，加大执法力度，建立巡护管理常态化机制，不留空当和死角。

（3）统筹规划布局，合理有序开发。完善规划内容，在景观设计上充分体现区域、地方特色和文化内涵，规划湿地生态文化、科普教育和本地特色文化长廊，做到生态、人文景观与旅游的和谐统一。要以科学发展观来统领市政建设、农业发展和生态旅游规划，对该区域有限度地有序地保护性地开发。

（4）加强跨部门合作，保护环境、减少和治理污染。目前龙窝湖是由各部门多头管理，协调存在一定问题。只有加强跨地区跨部门合作，实行生态系统与区域的综合管理，统筹考虑龙窝湖开发与保护的各类目标和利益，才能实现龙窝湖湿地效益的最大化。

（5）湿地保护必须坚持常态化和社会化。加大湖长巡查频次，落实责任制。联合较为严密、责任感强的民间组织，利用好志愿者的力量，适度购买社会服务，形成监管互补。

9.关于"水环境保护·推进水系连通"民主监督报告

（1）基本情况。

我市境内河流众多，流域面积50平方公里及以上的河流69条，跨县区河流有长江、青安江、青弋江、漳河等15条；面积1平方公里及以上湖泊14个，10平方公里及以上湖泊2个。近年来，我市在城市建设中采取一系列措施推进水系连通，取得了一定成效。

①合理编制规划。聘请浙江省水利设计院，编制全市河湖水系连通规划，以集中连片、水域岸线共治为整治思路，分区分片提出河湖水系连通实施意见。先后编制《芜湖市城区水环境综合治理规划》《芜湖市市区中水回用及水系补水系统专项规划》，编制申报扁担河、荆山河水系连通工程可行性研究报告。

②实施活水工程。投资3亿元实施扁担河水系连通综合整治一期工程，连通城东新区水系干支。投资6亿元建成澛港闸（桥）工程，蓄水可达0.6亿立方米，极大改善枯水期漳河、青安江上游水系水源状况，在2019年严重干旱时期发挥显著作用。

③构建补水系统。建成芜湖市江东水生态公园（一期），通过深度处理朱家桥污水处理厂尾水涵养板城埠、保兴埠水系，提升城市绿地景观。践行"厂网河"一体化治理理念，推进"城南污水处理厂尾水

排放水环境综合整治工程"。完善袁泽桥补水系统工程，建设大阳埠补水泵站、双陡门补水泵站。

④开展污水治理。与三峡集团签订4个PPP合作项目。至2019年底，市区黑臭水体整治累计完成治理并通过"初见成效"验收77条，消除黑臭比例为93.9%。加快推进污水处理设施建设，朱家桥（一期、二期）、城南（一期）、滨江（一期）污水处理厂提标改造建成运行。污水主干管及泵站、次支管网完善工程完成过半。

（2）主要问题。

①部门联动缺少常态。水系连通工作包括工程建设和管理、城市活水引水、截污治污、生态涵养等方面，涉及水务、住建、城管、环保、自规等多部门。目前，我市水系连通工作还存在部门各自为政的现象，需要市政府的统一领导和组织实施，通过顶层设计，形成更加有序的推进机制。

②项目融资存在困难。水环境治理项目投资大回报见效慢，社会资本参与度低，缺少灵活高效的资本引进方式。目前，在同时推进多个水环境治理重点工程项目建设的情况下，水系连通程建设资金投入有限，需求不足。

③水系水面人为受损。长期以来的城市快速建设，带来河道填埋、河流截弯取直、占压水面、污染物排放等一系列问题，使原有水系发生改变，造成水系、水面萎缩甚至消失。开发地块建设中只关注到本位排涝安全、水系治理和建设需要，存在人为阻隔排涝分区现象。

④工程建设不够科学。原有的部分桥涵等连通性建筑物规模较小、断面不足，造成水系连通不畅、河道湖泊淤塞等。水系整治侧重于保障城市防洪排涝和环境景观，忽视河道生态系统修复的需求，水体、河岸、河底相对封闭，缺乏开放循环的生态系统，水体自净和纳污能

力不足。

（3）对策建议。

①提高政治站位，科学合理编制规划。充分认识推进水系连通是加强水环境保护、水生态文明建设的重要内容。统筹我市城市规划、水利规划、河流治理规划等，考虑水系连通的需求与可行性，做到自然连通与人工连通相结合、恢复历史连通与新建连通相结合，及时做好以市区为重点的水系连通规划建设，将水系连通纳入国土生态规划涉水规划修编范围。确定"十四五"期间的水系连通重点工程，分批列入年度建设计划加以实施。

②加强重点谋划，建立良性循环的长效机制。以"大水务"思想为指导做好顶层设计，建立组织领导有力，部分协调顺畅的工作机制。加大对水系连通工程建设的财政支持力度，增加财政投入，多渠道筹集建设资金，吸引社会资金参与建设，形成政府主导、市场驱动、社会参与的协同共治格局。充分运用好国家政策，将扁担河、荆山河水系连通工程列入国家中小河流治理项目。加强统筹协调，以项目为纽带，确保水系连通与黑臭水体治理、水生态修复一体设计、一并推进。"十四五"期间，在消除黑臭水体的基础上，巩固银湖、汀棠治理成效，强化保兴埠、板城埠全流域水系管理保护，精心打造中心城区示范河湖，彰显河湖新面貌。

③严格依法治水，全面落实污水防控措施。及时将水系连通工作及新建水系、水体纳入河（湖）长制管理范围。遵循水系连通工程"三分建设，七分管理"规律，大力开展截污治污工程。严格实施排水许可、排污许可制度，加强排污口监管，健全排水管网溯源执法、联动执法机制，及时维护维修管网设施，严厉打击私挖乱接、乱排偷排行为，确保城市排水系统安全高效运行，保持水系畅通。

④做好前期论证，提高工程方案的科学性。遵循水系循环、河湖演变等自然规律，充分听取有关职能部门、专家和公众意见，加强调研论证，确保决策的科学性。利用现有水系开辟方村湖，疏浚治理弋江区上游主沟、下游主沟、长坝河等河道，实现水系整体由南至北的连通。进一步破除辖区观念，地块开发前，将促进水系循环作为重要前提统筹考虑。把握好大循环和小循环的关系，推动城南、城东、城北、三山各片区主要水系连通，既注重片区内部水系衔环，也注重各主要水系间的循环。把握好内循环和外循环的关系，在提高城市水系互联互通的基础上，以保障防洪排涝为前提，充分利用长江及其支流（漳河、青弋江）增加实施补水工程，以满足城区水系循环需求。

⑤注重生态治理，发挥水系连通的社会效益。在城市建设中，采用生态友好型和绿色低碳型的工程技术和施工措施，最大限度减少工程建设对水生态系统产生的不良影响和破坏。在水系连通工程中，坚持宜明则明、宜宽则宽、宜深则深、宜弯则弯的原则，运用现代园林艺术，突出水系特色，融入湿地、绿地、森林等自然元素，以节点形式打造开放式城市水生态主题公园。促进水生态与水文化的全面交融，深入挖掘芜湖水文化的内涵和特色、长江及支流水系与芜湖的关系、生态文明实践亮点等，着力构建芜湖人水和谐的绿色生产、生活、生态空间。

四、十三届四次会议（2021年）

1.关于促进我市人水和谐的建议案（2021年7月7日市政协十三届二十七次常委会会议通过）

十三届市政协围绕"人水和谐"主题，深入开展调研考察，广泛听取意见，形成对策建议。

（1）基本情况。

长期以来，特别是党的十八大以来，在市委、市政府的坚强领导下，全市水环境治理和城乡水利事业有了长足发展。青弋江分洪道等一大批骨干防洪排涝工程相继建成受益，澛港闸等水资源配置工程如期实施，"雨污分流三年计划""黑臭水体综合整治""污水处理提质增效"等重大治污项目扎实推进，十里江湾公园等水生态修复工程成为网红打卡地。全市水资源保护与利用持续向好，城镇污水处理、城乡供水一体化持续推进，河长制、湖长制持续推深做实，长江东西梁山等6个列入国家水质考核的断面水质全部达到Ⅱ类标准，成功创建全国水生态文明城市，入选全国第三批黑臭水体治理示范城市，有效防御2016年、2020年长江流域大洪水的袭击，水利为芜湖经济社会可持续发展提供了坚实的支撑和保障。

（2）存在问题。

我们也必须清醒地认识到，同人水和谐的要求相比，无论是治水、用水，还是管水、亲水方面，都还存在不少短板。主要有：一是人水和谐因素有待增进。当前我市水体治污目标限于"水质达标"，距离"水清岸绿、鱼翔浅底""河湖健康、人水和谐"的美好愿景尚有差距；治水手段以工程化措施为主，河道往往被渠化、硬化改造，对河岸植物和水生生物产生负面影响；治污工作偏重城镇地区，存在不均衡不协调不充分的问题。二是水安全水平有待提高。疏堵结合的治水理念仍未得到全面践行，随意加高小圩致汛情加大。城市防洪体系还不完善，长江干流江心洲外滩圩防洪安全问题日益凸显，洪涝风险仍是影响全市高质量发展的最大威胁。三是水资源保护与利用有待强化。全市水资源合理配置和高效利用体系尚未全面建立，全民惜水节水意识不强，水资源的调控能力较弱，已整治的建成区水体偶有水质反复的现象，断头河、死水沟、臭水塘在全市城乡不同程度存在。四是水管理能力有待提高。河湖水域及岸线利用的监管体制机制仍不完善，水行政执法能力尚需提高，水利基础设施信息化程度相对较低。五是水文化挖掘和传承有待加强。芜湖市拥有深厚的水文化底蕴，但因传统水文化载体的保护和文化内涵的挖掘工作未得到应有重视，厚重的芜湖水文化湮没在历史的长河之中。

（3）对策建议。

以习近平新时代中国特色社会主义思想为指导，按照"节水优先、空间均衡、系统治理、两手发力"新时代治水方针，立足全面规划，突出系统治理，在观念上牢固树立人文系统与水系统和谐相处的思想，在思路上从单纯的就水治水向追求人文系统与水系统融合发展转变，在行为上正确处理好水资源保护与开发利用之间的关系。强化组织领导，加强顶层设计，多方加大投入，切实把《关于全面加强生态环境保护坚决打好污染防治攻坚战》等政策措施落到实处，统筹解决好水资源配置、水生态修复、水环境治理、水灾害防治，奋力实现我市

"十四五"规划提出的打造"长三角中心区有特色有魅力的生态名城"目标。

①坚持体制机制双向发力，构建智慧水网。

以依法治水、管水、用水为目标，抓紧制定地面水域保护条例等地方性法规，完善以《水法》《长江保护法》为核心的水法规体系，依法规范水事活动的正常秩序。以长江大保护为己任，依法划定河湖管理范围，严格水域岸线等水生态空间管控，强化岸线保护和节约集约利用，加强对涉河建设项目事前、事中、事后全过程监管，禁止不符合河道功能定位的涉河开发活动，逐步恢复江河水域岸线生态功能，再现一江碧水向东流。以创建国家、省级水利风景区为依托，稳步推进水利工程管理规范化、工程面貌景观化、管理设施园林化、管理技术现代化，促使江河湖泊、水利工程管理水平提档升级。以幸福河湖建设为载体，重点抓好青安江等样板河湖建设试点，促进全市河湖管理再上新台阶。以智慧水利建设为重点，充分利用物联网、云计算、大数据、人工智能等新技术，推进信息化从支撑保障、辅助手段到驱动引领、主要抓手的转变，全面支撑综合监管、专职监管、专业监管、日常监管，为水利治理体系和治理能力现代化提供强劲动力。以深化河长制、湖长制为抓手，统筹山水林田湖草系统治理，变"多龙管水"为"一龙治水"，助力江河湖泊突出问题解决。

②坚持治理监管齐抓，建设宜居水网。

根据不同水体污染的成因和水质出现反复的原因，实施一河（湖）一策，合理确定不同水体短期和长期的治理目标，实行远近结合、标本兼治，确保"治理一条、验收一条、销号一条"。针对污水处理厂收水浓度不达标、污水系统高位运行等问题，规范居民与企事业单位雨水、生活污水和工业污水的排放标准，以"绣花功夫"持续推进住宅小区、机关事业单位、企业厂区等排水单元内部的雨污分流改造和雨污混接排查整治，确保工业和生活污水集中收集、集中处理，严禁直接排入河道。对新建小区污水收集处理系统，必须与建设项目同步设计、同步建设、同步验收、同步交付使用。尊重和遵循河流生态系统的自然属性，以自然恢复为主、人工修复为辅，深入推进农村水环境综合整治，绘就"水清岸绿、河畅景美"的生态画卷，推进美丽乡村建设。全面整治高污染的珍珠养殖，大力推广水产绿色健康养殖，严格防控水体出现富营养化现象。坚持共建共治共享，严格实施排污许可制度，完善入河湖排污管控机制，推行部门联动执法，形成多部门协商统筹、责任共担、信息共享、联防联控的工作格局，始终保持对违法违规偷排偷放企业高压严打态势，推动生态系统良性循环。

③坚持疏堵并举，筑牢安澜水网。

牢固树立疏堵结合的思想，建立健全流域与区域相结合、城市与农村相统筹、大圩与小圩相协调的防洪保安格局。对标长三角区域，按照一次规划、分年实施的原则，拉高城市和重要圩口防洪排涝标准，确保汛期河畅堤固、安澜无虞。加快芜当联圩加固提升工程和大龙湾新区防洪排涝整治工程前期工作，早日高标准组织实施，全面提高城市防洪能力。加速城南联圩、湾沚区六联圩、无为西河流域等联圩并圩步伐，有效缩短防洪堤线，大大减轻防洪压力，便于内部水系科学治理。抢抓巢湖流域启动新一轮防洪治理的机遇，加大争取与对接力度，力争更多项目挤进国家和省水利投资计划，以期对裕溪河、西河堤防全面实施提标改造。按照"提高一批、规范一批、退出一批"的原则，切实做好江心洲外滩圩分类治理，避免经常性、大范围的人员转移，消除安全度汛的心腹之患。根据建设海绵城市、韧性城市要求，全面实施雨水源头减排工程，加快排涝泵站建设与改造，畅通排涝明渠暗沟，确保城区排水防涝安全。高度重视非工程措施建设，在青弋江、漳河、西河、峨溪河等支流，以流域为单元，按照全市防御特大洪水预案，选择部分万亩以下圩口作为行蓄洪区，配套兴建进退洪设施，做好圩内人员有序外迁安置。当发生超标准大洪水时，按照预案主动进洪蓄洪，减轻城镇和重要圩口防洪压力，变控制洪水为管理洪水。

④坚持保护利用并重，打造生态水网。

坚持把水资源承载能力作为刚性约束，实行水资源消耗总量和强度双控行动，坚决抑制不合理用水需求，加快建设节水型社会。全面落实地表水域保护行政首长负责制，切实强化湖塘、沟渠、湿地等地面水域保护管理，严禁擅自填堵和占用地表水域，保障全市水面率指标不减少。健全完善"依托长江、开发支流、多元配置"的水资源利用格局，尽早实施青弋江芜湖闸工程，积极协调马鞍山市建设姑溪河当涂闸，提高区域水资源调配和保障能力，着力改善水生态。充分发挥长江与芜申运河、合裕线形成的十字交叉航道水运优势，推进芜湖港港口型国家物流枢纽建设，加快实施青弋江、漳河、兆西河等内河航道整治工程，完善江河航道网络，提升航道等级，实现干支联动、通江达海，促进水运经济发展。以扁担河、龙窝湖、陶辛灌区水系连通工程为引领，全面推进江河湖库水系连通工程建设，恢复河湖水系的自然连通，切实让水连起来、通起来、流起来、动起来，使无水变有水、死水变活水、浑水变清水，再现小桥流水的江南水乡特色。合理确定河湖、湿地的生态流量和生态水位，建立健全生态调水、生态补水机制，维护河湖健康生命。采取建设闸站等方式，实施引水入城工程，完善城区河网布局，贯通城区水系，改善城区生态环境、景观环境和居住环境，让市民领略水的灵气、享受水的乐趣。以惠生联圩滨江生态湿地公园建设为契机，启动江北新区生态廊道建设，有计划地抓好沿江万亩以下外滩圩湿地化改造，逐步恢复沿江湖泊湿地生态功能，全面提升城市综合品质。

⑤坚持挖掘传承结合，共筑水文化网。

组织专门力量，充分运用古今书籍检索收集，以及走访、座谈、征集等调查手段，对全市涉水的各类遗迹遗址等进行挖掘、收集，摸清芜湖市水文化家底。运用有效载体再现已消失的古漕运码头、古圩口、古灌区、古陡门等水文化遗迹遗址，讲好沈括修建万春江南第一圩、大禹导中江、张孝祥与镜湖等水故事，构建以码头漕运文化、滨水建筑文化、治水历史文化、水休闲文化等具有芜湖特色的水文化体系，并积极创造条件申报世界灌溉工程遗产，使水文化遗迹遗址得以代代相传，使水文化得以持续发展。在开展江河整治等水利工程建设时，注重丰富水工程文化元素，将水利工程建设与展示水文化内涵相结合，在发挥水利防灾减灾基本功能的同时，不断提升水工程的文化品位，展现治水兴水的文化魅力，切实做到建设一处水利工程、形成一处新的景观，成为人民群众美好生活的好去处。新建芜湖水利博物馆，采取水文化展览、水科普讲座等方式，积极开展丰富多彩的水主题活动，普及水文化知识，彰显优秀的治水传统和宝贵精神财富，让人民群众切身感受到传统水文化的博大精深，满足其日益增长的精神文化需求。以弘扬江南水乡旖旎风光为切入点，全面整合芜湖市水文化资源，推动水文化与产业深度融合，助推全域旅游和经济社会高质量发展。

2.关于"十四五"期间芜湖市水生态环境保护的建议

"十四五"是衔接"两个一百年"奋斗目标、开启全面建设社会主义现代化国家新征程的开局五年。我市正处在转变发展方式、优化经济结构、转换增长动力的攻关期，人民群众对优美生态环境的需求愈加迫切，加强以水环境整治、水生态修复、水资源管理、水环境风险管控等为标志的水生态环境保护建设，对改善人居环境、提升城市品质、打造绿色芜湖具有重要意义。

（1）存在的问题。

①水环境保护面临更大挑战。目前我市河流水质总体较好，但国、省控断面均偶有超标现象发生，水环境质量改善成果尚不稳固。长江东西梁山断面总氮、总磷控制难度较大；黄浒河氮氢浓度、裕溪河高锰酸盐指数和溶解氧临近标准值，存在超标危险；漳河断面多项指标接近标准值，同时上游来水水质超标，不断威胁水环境质量安全。建成区黑臭水体基本消除，农村黑臭水体摸排全面完成，但黑臭水体治理模式尚未成熟，治理后的黑臭水体时有返黑返臭现象。农村水环境质量有待提高，城乡黑臭水体治理长效保障机制有待健全。

②环保基础设施仍需完善。我市主城区仍有部分老旧小区受条件限制，采用雨污合流排水体制，部分雨污分流区域管网混接错接现象难以避免，地下水渗入、雨水倒灌通过污水管进入污水厂，导致污水厂外水严重高位运行。部分污水处理厂已不能满足现有污水处理需求，如高沟镇污水处理厂、繁昌第二污水处理厂已满负荷运行，且执行标准不高，需要进行提标、扩建。乡镇污水处理设施虽然实现了中心村全覆盖，但由于缺乏运营维护，污水处理效果较差，排放标准低。中心村小散户畜禽养殖点数量较多，存在治污设施不配套，畜禽粪便资

源化利用率低的问题。

③生态流量保障有待加强。近年来，一些河流水资源量呈下降趋势，如青通河、七星河2019年地表水资源总量相较2015年减少50%，流域水系均为山丘来水，上游河流未经整治，河流间水力连通性较差，上游来水补给不足。黄浒河河道来水年际丰枯变化大，枯水期河道内生态用水无法得到满足，生态用水保障程度低。黄浒河现状工业用水以水泥生产、服装生产洗涤等行业用水为主，工业取水、耗水、排水量较大，水资源开发利用率逐年升高，万元工业增加值用水量为34立方米/万元，高于芜湖市平均水平，工业用水水平有较大提高空间，工业节水潜力大。

④供水安全存在潜在风险。随着我市城乡供水一体化工程的推进，芜湖供水安全得到改善。但部分地区供水能力已无法保证居民用水和经济发展，如湾沚区现有10万吨/日自来水厂，取水口取水量不足，需要另行选址；同时长江三山水厂取水口、芦南水厂取水口、白茆取水口保护区范围内存在码头、排涝口等污染源，饮用水水源地存在用水安全风险；乡镇地区饮用水水源地零星分布，取水口保护难度大，水源地规范化建设及后期监管保护压力大。

（2）意见与建议。

①一水一策，标本兼治。一是随着我市城区黑臭水体的基本消除，城区水环境治理要从黑臭水体治理转变为消除劣Ⅴ类水体，要把简单的治理技术问题上升到区域产业结构调整、社会管理、生态环境管理等诸多环节的复合问题，实现"治污"向"提质"迈进。二是针对农村黑臭水体，积极探索农村黑臭水体治理模式，分类制定整治方案，对黑臭水体周边村庄生活污水采用因地制宜的方式进行治理；开展乡镇河道连通改造工程，探索合理化调水引流机制，建立常态化活水制

度，合理安排河道换水周期，保证生态基流，促进水利流动，提高水体自净能力。三是严格落实黑臭河道整治各项重点任务，健全河道水体、岸带、排口精细化网格化管理，建立长效管护机制，不断巩固整治成效，切实改善城乡黑臭水体水环境质量。

②系统谋划，加快建设。一是加快推进管网建设，重点实施城区主干管及泵站完善工程和次支管网完善工程，掌握城区各重要片区道路排水走向，着力构建智慧管网系统和厂、网、河水质水位实时监控系统，不断提升精细化管理水平。二是结合道路改造，加快推进老城区雨污分流管网建设，提高城区污水收集率，进一步减少污染物随雨水泥流进入河道；对已覆盖的农村区域，应强化入户管网的建设与改造，争取将纳管率提高到95%以上。三是对各乡镇畜禽养殖企业开展排查，取缔违法小畜禽养殖点，支持企业自建畜禽养殖粪便资源化处理设施；健全农村生活污水治理管护机制，对工艺滞后、设备不完善或处理单元失效的设施进行提标改造。

③合理配置，高效利用。一是落实最严格的水资源管理制度，实行计划用水管理和用水总量控制；全面落实水资源开发利用红线，加强产业经济及城镇建设规划和项目建设布局水资源论证，严格实行取水许可、水资源有偿使用、水环境功能区分类管理等制度。二是淘汰和限制高耗水行业，鼓励企业实施清洁生产，节水减耗，适时开展污水处理厂中水回用工程建设。三是健全水生态环境空间管控体系，划定河湖生态缓冲带，实施流域控制单元精细化管理，分解落实各级责任，坚决遏制沿江沿河各类无序开发活动。

④保障水源，严格管控。建立各级政府、各部门合力保障的饮用水源地长效管理机制，进一步规范饮用水源地保护，加快推进城乡供水一体化，对部分整治难度较大的饮用水源地，采取整并水厂或调整

取水口位置的方式，确保集中式饮用水源地水质达标率100%。

3.关于加强灾后水利基础设施建设，提升我市防洪抗灾能力的建议

近年来，市委、市政府高度重视水利工作，在国家、省的大力支持下，芜湖市水利建设取得巨大成就，逐步构建了以长江堤防、圩口防洪圈堤为屏障，流域、区域和城市三个层次的防洪除涝减灾工程体系，防洪能力显著提高，初步形成了防洪减灾、水环境保护、农村水利等骨干工程体系。在抗御水旱灾害、保障饮水安全等方面发挥了重要作用。然而我市水利基础设施建设仍然存在不少短板和不足，水利工程建设和管理与现代化的要求还有较大差距。民革芜湖市委会以现场调研、听取汇报、赴我市多地考察学习、座谈讨论等形式，对我市水利基础设施建设开展了专题调研。现将有关情况报告如下。

（1）我市水利基础设施的现状。

芜湖依江而建，因水而兴，境内河湖众多、水网密布，流域面积50平方公里及以上的河流有69条；面积1平方公里及以上的湖泊有14个，10平方公里及以上的湖泊有2个。全市现有在册圩口（耕地千亩以上或有重要设施的圩口）145个。堤防总长度2134.324公里。其中：万亩以上圩口堤防长1345.501公里，万亩以下圩口堤防长788.823公里。"水情是我市最大的市情，水患是我市最大的隐患"。多年来，我市坚持以水利现代化建设为目标，建设了一批高质量的水利工程为全市防洪保安、除涝、水资源保障、水环境改善等方面做出重要贡献。得益于多年来的水利工程建设，得益于科学调度、超前防范，有效应对洪涝干旱灾害，成功防御了2016年、2017年夏旱、2019年连季旱和2019

年台风"利奇马"袭击，最大程度地减轻了灾害损失，确保了防洪安全和供水安全。这些水利基础设施，是芜湖农业多年连续丰收、社会经济可持续发展、人民生活幸福指数上升的重要保障。

2020年7月上旬以来，我市遭遇持续强降雨天气，发生了仅次于1954年的特大洪涝灾害，造成直接经济损失54.445亿元。此次特大洪涝灾害持续时间长、突发险情多、水毁工程重、受灾范围广，水利基础设施发挥了重要防护作用，通过全市上下团结一致、众志成城，经受住了本次"大考"。

（2）我市水利基础设施建设存在的问题。

水利作为经济社会可持续发展的基础和支撑，为芜湖市经济社会的发展做出了重要贡献。发展是可持续的，自然灾害是无情的，对水利建设工作提出更高要求。在调研中，我们发现，芜湖市的水利基础建设在防控减灾方面，还依然存在不少薄弱环节。

①灾害造成水利设施损毁。此次我市特大洪涝灾害损毁的水利设施主要包括堤防、护岸、水闸、塘坝、灌溉设施、水文测站、机电泵站及其他损毁。其中堤防损坏574.6公里、护岸损坏18处、水闸损坏29座，塘坝损坏40座、灌溉设施损坏50处、水文测站损坏3个、机电泵站损坏55个，其他损毁35处。

②水利薄弱环节和短板仍然存在，政府整体重视程度有待进一步提高。水利工程良性运行体制需进一步健全，工程管理体制应更为完善，整体管理体制改革需进一步深化。例如，水利工程管理范围不够全面，局部先进和部分粗放的管理并存，工程管护经费不足，农村水利投入不足，少数水利工程老化等问题，亟待建立新时期水利投入和运营机制。

③中小河流治理能力需提高。本年度防洪减灾中，我市堤防加固、

水库治理、中小河流治理、泵站建设等工程，发挥了巨大作用。但这些治理工作的系统性，尤其是针对中小河流的治理水平，迫切需要进一步提高。在今年的洪灾中，出险成灾情况，基本上都出现在中小河流周边，说明当前的治理方式存在零散性、局部性且不连续等问题。

④资金管理方面。水利项目地方配套资金压力大，水利投资融资渠道单一。目前，项目式的建设资金管理方式，不能完全满足地方防洪减灾的工作实际需要。在水利基础建设中，河道、水库、堤防、闸门、泵站、监测预警系统种类较多，涉及新建、改建、升级换代、运行维护等不同阶段的资金投入需要，迫切需要系统性使用和统一投入安排。

（3）对我市灾后水利基础建设的建议灾情过后，加强水利基础设施建设，提升我市防洪抗灾能力应作为当前政府重点工作落实。因此，我们提出以下几点建议。

①加快水毁工程修复。灾后，我市水毁工程修复工作点多面广，任务非常繁重。市委、市政府应针对全市水毁情况，科学、合理制定水毁工程修复实施方案：明确责任主体、编制任务清单，分类造册、建立台账实现市、县（区）联动，完成一项、销号一项。同时督促指导各县（市）区制定水毁修复方案，特别是涉及民生的水毁工程要优先列入修复计划，切实做好对各县（市）区水毁工程修复指导工作，适时派出专家组深入基层一线进行技术指导。以只争朝夕的精神，加快推进各项工作，力争在2021年汛期来临前全面完工。

②提升水利基础建设管理能力，继续加快水利基础设施建设，加大监督检查力度。灾后水利基础设施建设事关人民生命财产安全和社会经济发展，各级政府应进一步重视水利发展，从机构、编制、人员等方面保障水利人才队伍建设等。市水利行政主管部门要把对水利基

础设施建设监督检查工作摆上重要事项日程，健全监督检查、考核评价和问责追责等机制，加强施工过程质量管理和安全隐患排查，加大项目质量监督和把控，按规定对工程关键部位和重点环节进行质量抽查和检测尤其对各类水毁修复工程做好跟踪督导，发现问题及时通报整改，严格质量评定和验收把关，确保工程建设质量和安全。

③优化中小河流水利设施建设规划和布局。根据省委、省政府"四启动一建设"工作安排，我市要进一步科学谋划实施重大水利工程，同时积极优化中小河流水利设施布局，特别是要编制好灾后水利薄弱环节建设项目清单，结合《安徽省加快灾后水利水毁修复和薄弱环节建设性治理三年行动方案》要求，重点加强中小河流、易涝区、城乡防洪圈堤等部位水利基础设施规划，及时调整项目投资，补齐中小河流水利设施的短板和不足，力争我市灾害防御等级得到大幅提高，全面提升我市综合防灾减灾能力。

④统筹建设资金调度。据统计，灾后我市共计划实施重点水毁工程（单个工程100万以上）34处，计划总投资15228万元；一般水毁工程（单个工程100万以下）1131处，计划总投资29739.4万元。为保证灾后水利基础设施建设有稳定的资金来源，市委、市政府一方面要主动督促财政、发改部门落实项目建设资金，协调地方财政资金对不足部分予以补助；另一方面，加大跑部跑省力度，积极争取上级项目建设资金支持。建议市政府出台资金配套政策。省级以上水利项目市财政按照不低于20%的比例给予市级补助。同时，要积极关注各县（市）区财政承担能力，建立和完善以政府资金为引导的投入机制，对于资金配套缺口要动员社会力量积极参与，形成多元化、多渠道的筹资机制。建议成立水利投资公司，充分拓宽融资渠道，整合各类资金，确保水利建设工程所需资金按时投入到位。

我们相信，通过以上几项举措，将不断提升我市水利基础设施防洪抗灾能力，进一步推动我市水利事业高质量发展，为打造宜居宜业的美好芜湖提供坚实保障。

4.关于科学规划，加强水利建设的建议

芜湖市境内既有长江，又有巢湖，长江跨境内 190 多公里，沟渠密布，水网纵横。辖区内既有皖南的山区，又有江北的圩区和丘陵岗区。

近年来，长江流域发生过多次大洪水，仅 2010—2020 年这 10 年，分别在 2016、2020 年，发生两次特大洪水，每次都给芜湖一些地方造成严重洪涝灾害，给人民的生活和生命财产安全造成重大影响。

人们在受灾和防汛抗洪中，对一些出现的问题和现象颇有微词，必须予以重视。主要有：

①每次洪水都说是百年未遇，而现在仅仅几年就遇一次，是过去雨量少，现在雨量大，还是其他什么，有无科学的依据和标准。

②一些大型的水闸，在排涝的关键时刻，竟然出现机械故障，而且不止一台套。

③一些镇村泵站，急需排水时，却说：泵站圩堤不牢实，开机有垮堤的危险。

④一些较大的圩堤至今仍然是土路，运送防汛物资还是肩挑手提。殊不知，现在在圩堤上防汛的除镇村干部外，都是 60—80 岁的老人。

⑤江、湖、河、沟、渠内的障碍物不能够及时清除，发水时，挡水去路，临时抱佛脚。

⑥防汛物资储备不足不全。

少数水利设施，没有认真地调查研究，位置不正确，设计不合理。

自古就说：水能载舟，也能覆舟。为了减少洪水给芜湖造成的损害，让水更好地造福于人民，建议如下：

（1）高度重视，加大投入。水利建设，关系到国计民生，更是关系到普通老百姓生产生活的一项基础工作；每次洪涝灾害受其影响最大的大多数都是比较贫困的家庭，老人和小孩。每次防汛，一线防汛人员、镇村干部他们的劳动强度、劳动时间、精神压力，非亲身参与的人所能感受到的。

（2）加强平时练兵。从事水利工作人员，加强平时防汛、排涝、抗旱等相关业务的演练；水利设施设备要经常性地检查、维修、保养和试用检测。对于一些小的圩堤，充分考虑到防汛时物资运送道路等基础建设。

（3）奖惩。近年防汛工作中，非常注重汛时一线人员的执勤情况、劳动表现、任务完成质量和时限等；而对长期从事水利事业的单位和工作人员平时的谨守职责、业务能力等注重不足，必须奖惩并举，赏罚分明。

（4）物资储备。防汛抗旱是一项长期的工作，在目前生产基础情况下，将会经常性地发生。因此，政府和有关部门，要充足有关人员、机械、物资材料的储备，做到有备无患．不要临时抱佛脚。

（5）科学规划。有关水利工程的实施，水利项目的建设，事前一定要经过认真细致的调查走访；特别是要了解当地的水的历史，水文水系水路，走访当地的老人和曾经长期从事水利工作的退休人员。

（6）抓住重点，兼顾一般。芜湖市江北的鸠江区、无为市每次大的洪涝，防汛时间之长，受灾群众之多，损失之严重触目惊心。特别是无为市严桥镇政府所在地，每隔几年就要被淹一次，要特别予以关注。一旦被淹，虽说吃、住、穿由政府安排不愁，但受灾群众生活之不便，安置、管理工作量之大，令人发忧。

5.关于进一步加强我市水环境治理的建议

（1）存在问题。

一是水环境质量持续改善空间变窄。虽然我市国控断面水环境质量居全省前列，但从改善幅度看，2020年水环境指数同比改善幅度为1.01%，继续改善的空间明显变小，保持水环境质量持续改善的形势依然严峻。

二是水环境质量尚不稳固。我市长江干支流河流水质总体较好，但总氮、总磷控制难度较大，特别是总磷浓度长期在0.09毫克／升左右徘徊，逼近地表水二类标准限值，亟待加强总氮、总磷总量控制。

三是黑臭水体治理成效亟待巩固。目前，城市建成区黑臭水体基本消除，农村黑臭水体摸排全面完成，但农村黑臭水体治理模式尚未成熟，保兴埠、板城埠等城乡黑臭水体治理长效保障机制仍需加快完善。

四是废水综合排放评估体系不健全。尽管当前芜湖市污水处理厂排放污水均达到排放标准，但对芜湖市工业废水污水处理厂（包含处理工业废水的生活污水处理厂和工业园区污水处理厂）排放污水应该加强特征因子分析检测评估。

（2）有关建议。

以"两江三河四湖"（长江、青弋江、漳河、黄浒河、裕溪河、龙窝湖、凤鸣湖、银湖、奎湖）为重点，以降磷控氮为主攻方向，进一步提升水环境质量。

一要加强源头治理。完成入河排污口排查确定，编制排污口清单，制定监测方案，落实溯源整治，坚持以排污许可制为核心，强化排污许可事中事后监管，进一步推进排污口在线监测能力，对接纳经开区、高新区等园区的城市污水厂试点开展特征因子监测分析，科学评估环境影响。

二要开展河流氨氮、湖泊总磷治理研究。针对我市长江干流及漳河、青弋江等流域，加强氮磷控制研究，推进水生植物恢复、科学管护，加强奎湖等湿地保护。控制农业面源污染，推广低毒、低残留农药使用，实行测土配方施肥，推广精准施肥技术和机具，实现化肥农药使用量负增长；加强畜禽粪污资源化利用，加强畜禽粪污资源化利用技术，因地制宜推广粪污全量收集还田利用等技术模式，落实高标准农田相关环保要求。

三要开展重点区域"水平衡"调查。补齐治污设施短板，不断提高污水收集率；持续加强工业园区污水处理设施整治。坚持上下游、干支流、左右岸协同治理，实施工业、生活、农业、交通四源共治，推进重点流域整治；加强水功能区、河长制等断面监测点位和水质考核目标，不断完善考核排名机制，压实属地治水责任；加强水源地监测预警管理，保障水源地安全。

四要大力强化水环境整治及水生态修复。加强水生态环境保护与修复设计，坚持共抓大保护、不搞大开发，加强我市河流湖库保护，树立生态库容理念，保障生态流量。加强河流湖泊生态环境安全健康监测评价，推进两岸城市规划范围内滨水绿地等生态缓冲带建设。强化实施禁渔休渔政策。结合南陵县试点，开展农村黑臭水体治理工作，形成可复制的农村黑臭水体治理模式，逐步消除全市农村黑臭水体，实现城乡黑臭水体治理长效机制全面建立。

6.加强我市农村黑臭水体治理的建议

（1）我市农村黑臭水体治理现状与存在问题。

与城市黑臭水体整治工作相比，农村黑臭水体治理起步晚、基础设施薄弱，成为制约农村人居环境的突出短板。

①农村黑臭水体量大面广。自2018年起，我市相继完成农村黑臭水体调查工作，排查统计农村黑臭水体160条，总长度99公里。经过治理，截至目前，现存农村黑臭水体71条。与城市黑臭水体集中连片相比，农村黑臭水体分散、点多面广，多为封闭式水域，自净能力差，治理工作量大。

②治理技术标准体系不明。从全国范围看，农村黑臭水体治理都处于起步阶段，技术支撑力量薄弱，无成熟的经验和治理模式可供借鉴。尽管我市生态环境部门已向社会公开征集农村黑臭水体治理技术模式及成熟案例，但效果并不理想。

③农业面源污染治理难度大。农业生产中使用化肥、农药、地膜及畜禽粪便、秸秆焚烧等造成的农业面源污染问题日益突出，给农村黑臭水体源头治理带来较大难度。据我市农村黑臭水体成因分析显示，由农业面源污染造成的黑臭水体超过5％。

④农村基础设施建设薄弱。农村垃圾处理厂、污水处理厂和污水管网建设不足。截至2020年9月底，全市尚有6个镇未建成污水处理设施，695个行政村污水设施覆盖率仅为30％左右。部分美丽乡村生活污水处理存在管网不配套、设计过大情况，污水纳管率低，没有发挥应有作用。农村改厕未能与污水治理有效衔接，存在改厕污水外排。

⑤治理体制机制有待健全。农村黑臭水体治理系统性强、监管面广，涉及生态环境、水利、农业农村、城乡建设等部门，部门之间工

作合力还没有充分发挥。部分农村黑臭水体流经不同行政区域，治理责任分属于不同主体，上下游之间缺乏整体治理。

（2）加强我市农村黑臭水体治理的几点建议。

①健全工作机制。发挥河湖长制在治水工作中的统领作用，推动河湖长制体系向村级延伸，明确农村黑臭水体河湖长。加强部门间协调，进一步明确生态环境、水利、农业农村、城乡建设等部门职责，整合调动各方资源。明确县（市）人民政府农村黑臭水体治理主体责任，坚持区域联动、综合治理。

②优化治理方案。各级政府要按照"属地管理、分级负责"的原则，对辖区内河塘、沟渠进行拉网式换底排查，建立农村黑臭水体台账。在实地调查的基础上，精准识别每条黑臭水体的形成原因和污染状况，结合污染源、水系分布和补水来源情况，确定治理技术方案。按照"一水一策"原则，委托有关研究机构编制农村黑臭水体治理方案，明确具体治理方式，突出源头治理。对列入整治的农村黑臭水体，制定详细的整治工程设计方案，实行挂图作战。

③实施综合治理。黑臭水体是"黑臭在水里，问题在岸上"。有关责任部门要综合采取控源截污、清淤疏浚、水体净化等措施，全面消除我市农村黑臭水体。控源截污环节以河塘沟渠为重点，实施垃圾清理、清淤疏浚，对生活污水集中处理，净化回收利用，有条件的可以引用活水或蓄滞收集降水，建设微小景观水面。清淤疏浚环节要根据农村黑臭水体水质和底泥状况开展，严禁清淤底泥随意堆放，避免产生二次污染。水体净化环节要维持河塘沟渠的自然岸线，因地制宜推进水体水系连通，增强水体流动性及自净能力。

④坚持治本为先。从源头上控制黑臭水体，将农村黑臭水体整治与农村生活污水治理、农业化肥使用、畜禽粪污、水产养殖污染、农

村改厕等工作统筹推进。加大基础设施投入，通过前期资金、融资支持，建成后运营补贴的方式，加大农村生活垃圾设施和污水管网建设。严格化肥农药监管，利用生态沟渠和自然水塘建设生态缓冲带，净化农田退水和地表径流。加快畜禽粪污治理，实现畜禽粪污源头减量和资源化利用。加强水产养殖污染防控，发展稻渔综合种养、循环流水养殖。加大农村厕所粪污治理，与农村庭院经济和农业绿色发展相结合，因地制宜推进厕所粪污分散处理、集中处理、接入污水管网统一处理。严格执行国家产业政策，加大农村工业企业污染排放监管。

⑤加大资金投入。加大财政投入，整合相关渠道资金，积极争取上级资金，用于支持农村黑臭水体治理、污水处理设施项目建设。推行"地方+央企"管理模式，积极引进具有国内领先治水能力、经验丰富的央企，服务农村黑臭水体治理。设立黑臭水体治理产业基金，支持引导社会资本、金融机构广泛参与，多元化、多渠道筹措农村黑臭水体治理资金。

⑥建立长效机制。加强农村水质监测，强化监管执法，严厉处罚涉水违法行为。建立农村生活污水处理及黑臭水体治理设施第三方运行维护机制，多渠道落实管护经费，建立政府补助支持和受益群众自主管理的农村黑臭水体长效管护机制，发挥新闻媒体宣传教育和舆论监督作用，争取社会各界和农民群众积极支持参与，建立农村水环境信息公开制度，定期发布农村水体监测信息，保证公众知情权，形成共管共治共享的良好氛围。

后　记

　　《芜湖政协"言"水萃编》历经遴选、录入、整理、编校，即将付梓。

　　本书收录了芜湖市六届政协至十三届政协期间168件关于"水"方面的提案、社情民意、会议发言、建言报告等，时间跨度长，内容丰富，特色鲜明。这些建言从一个独特的角度记录了芜湖市政协工作的发展历程、政协委员履行职责的历史足迹，反映了芜湖市经济发展、社会变迁的轨迹。

　　建言献策是人民政协和委员履行职责的重要方式之一，也是推动党委政府工作、促进经济社会发展的重要力量。在历届芜湖政协的资政建言中，涉及水环境综合治理、长江青弋江生态保护治理、城市下水整改、水文化建设等有关"水"的建言非常多。本书选入的有关城市"水"的建言，大多经过深入调研、反复论证，具有较高的质量和可行性。许多建言附录了相关职能部门的回复意见。这不仅反映出人民政协的职责使命，委员的专业素养和参政议政能力，更体现出他们对城市发展、民生问题的深切关注和积极作为。这些建言的提出和办理，展现了人民政协履行政治协商、民主监督、参政议政和凝聚共识的职能，政协委员坚持为国履职、为民尽责的担当，也体现了作为江南鱼米之乡的芜湖重视水灾害防治、水环境治理、水生态保护在城市建设和发展中的重要作用。

本书所收录的有关城市"水"的建言，不仅展示了政协和委员在不同时期通过"言"水对城市治水护水所作的贡献与智慧，也体现了政协"言"水工作本身的持续性与创新性。从早期的建言到近年来的建言，我们可以看到政协"言"水工作的不断改进与完善，以及政协委员对"言"水质量的不断追求与提升。同时，随着时代的发展和社会的进步，人民政协和委员正在不断拓宽建言工作的领域和思路，积极探索新的建言方式和途径。

需要提及的是，早年"言"水提案、建言都是手写件、打印件（无电子件），给遴选、录入、核对等工作带来一些困难。在整理过程中，我们本着"一仍其旧"原则，忠实录入，力争保留原貌，只修改一些明显的错别字和病句。有些难以识读或不通的字句，不擅改不妄加，在不损害原意的情况下予以删除。

衷心感谢"言"水者和整理者，感谢安徽师范大学出版社及相关编校人员，没有他们的辛勤努力，就没有这本书。

本书的出版，不仅是对芜湖市政协工作成果的一次回顾与总结，也是对广大政协委员履职尽责的鼓励与鞭策。我们相信在未来的日子里人民政协和委员将继续发挥积极作用，为推动地方经济社会发展贡献新的智慧和力量。

政协芜湖市委员会办公室

2024 年 8 月 15 日